Dirk Drechsel

Regelbasierte Interpolation und Fuzzy Control

Dirk Drechsel

Regelbasierte Interpolation und Fuzzy Control

Ursprünglich erschienen bei Friedr. Vieweg & Sohn Verlagsgesellschaft mbH, Braunschweig/Wiesbaden, 1996

ISBN 978-3-663-11261-7 ISBN 978-3-663-11260-0 (eBook)
DOI 10.1007/978-3-663-11260-0

Vorwort

Durch die Fuzzy-Logik ist ein neuer Geist in die sonst so klar und nüchtern wirkende Automatisierungstechnik eingezogen. Nach einer langen Vorlaufphase und einer anfänglich schleppenden Akzeptanz ist die Fuzzy-Theorie mittlerweile unter dem Schlagwort Fuzzy Control zu einer sehr populären Automatisierungsmethode avanciert.

Die Fuzzy-Theorie wird vor allem in der Informatik, der Ingenieurtechnik und der Mathematik zur Modellierung von menschlichem Expertenwissen und zur Automatisierung eingesetzt. Das vorliegende Buch richtet sich zum einen an den Einsteiger in dieses Gebiet und zum anderen an den Fachmann, der seine Kenntnisse vertiefen möchte und darüber hinaus auf der Suche nach neuen wissensbasierten Ansätzen ist. Grundkenntnisse auf den Gebieten der Systemtheorie und der Regelungstechnik nützen dem Verständnis des Lesers, sind aber keine notwendige Voraussetzung.

Die Repräsentation des Expertenwissens in Form von *wenn...dann...*-Regeln mit unscharfen Begriffen wie *klein*, *heiß* und die heutigen Software Tools motivieren den Praktiker als auch den Wissenschaftler zur Entwicklung und zum Spiel mit Fuzzy-Systemen. Durch die Einbeziehung von unscharfen und qualitativen Begriffen ermöglicht die Fuzzy-Logik eine anwenderfreundliche Repräsentation und Umsetzung von Expertenwissen, das durch klassische Expertensysteme bis heute nicht in dieser Form erreicht werden konnte. Dem geübten Anwender, der sowohl mit einem fundierten systemtheoretischen als auch einem entsprechenden Fuzzy Control Background ausgestattet sein sollte, eröffnet die Fuzzy-Methode ungeahnte Reglereinstellungen. Einem ungeübten Anwender der Fuzzy-Methode werden jedoch bei dem Versuch einer systematischen Optimierung eines bestehenden Reglers meist schnell seine Grenzen bewußt. Die anfängliche Transparenz von Fuzzy Control wird dabei durch die Vielzahl und die Auswirkungen der verschiedenen Einstellmöglichkeiten getrübt.

Fuzzy Control ist stets unter dem Aspekt einer wissensbasierten Entwurfsmethode und nicht als eine spezielle Klasse von Reglern zu sehen. Durch die Entwurfsmethode *Fuzzy Control* bewegt sich der Anwender (bewußt oder unbewußt) in der Welt der nicht-linearen Systemtheorie mit all ihren Vor- und Nachteilen. Viele Publikationen über Fuzzy Control vernachlässigen dabei eine systematische und umfassende Beurteilung ihrer Ergebnisse, mit dem Resultat, daß ihre Schlußfolgerungen nur für einen engbegrenzten Bereich zutreffen und keinen Anspruch auf Allgemeingültigkeit besitzen. Die Vielfalt der Einstellungsmöglichkeiten ist einer der großen Vorteile von Fuzzy Control; dies gilt aber zugleich als einer ihrer größten Nachteile und Hemmnisse auf dem Weg zu einer systematischen und transparenten Entwurfsmethode.

Auf der Grundlage meiner gesammelten Erfahrungen im Umgang mit der Fuzzy-Methode entwickelte ich die Idee einer alternativen wissensbasierten Entwurfsmethode. Der Ausgangspunkt dieser Entwicklung war, die Wissensrepräsentation unscharfer Begriffe mit einer geringen Anzahl und transparenten Freiheitsgraden zu verbinden. Das Grundprinzip der neuen wissensbasierten Entwurfsmethode basiert auf der Umsetzung von Expertenregeln mit Stützpunkten und Interpolationsverfahren in eine Systemübertragungsfunktion. Aufgrund der Verbindung von Regeln mit Interpolationsverfahren entstand der Begriff *Regelbasierte Interpolations-Methode* oder kurz *RIP-Methode*. Entsprechend dazu wird die Anwendung der *RIP*-Methode in der Automatisierungstechnik als *RIP* Control bezeichnet.

Ein zentrales Ziel der *RIP*-Methode besteht in der Nutzung von mehrdimensionalen Interpolationsverfahren für den Entwurf von Automatisierungssytemen. Interpolationsverfahren sind in der numerischen Mathematik weit verbreitet und blicken auf eine lange Historie zurück. Innerhalb von modernen Datenverarbeitungssystemen wie z.B. *CAD*-Systemen werden sie mit großem Erfolg eingesetzt. Hingegen nutzt die Automatisierungstechnik die Möglichkeiten der mehrdimensionalen Interpolationsverfahren noch nicht in genügendem Maße, obwohl diese viele Vorteile versprechen.

Die *RIP*-Methode zeichnet sich im wesentlichen durch die folgenden Vorteile aus:

- Wissensrepräsentation durch linguistische *wenn...dann...*-Regeln, ähnlich wie in Fuzzy Control.
- Nutzung von mehrdimensionalen Interpolationsverfahren zur Umsetzung von Expertenwissen.
- Automatische Vervollständigung bei unvollständigem Expertenwissen.
- Kombination von klassischen und wissensbasierten Entwurfsmethoden durch hybride Regelbasen.
- Vielfältige Controller-Einstellmöglichkeiten trotz geringer Zahl von Freiheitsgraden.

Aus der Idee im Jahre 1991 wurde die *RIP*-Methode im Rahmen meiner Tätigkeit an der Universität Kaiserslautern und am Indian Institute of Science in Bangalore, Indien entwickelt. Nach einer relativ kurzen Entwicklungszeit für eine erste *RIP*-Shell konnten einige technisch interessante Prozesse erfolgreich geregelt werden. Dies motivierte zur Weiterentwicklung der *RIP*-Methode. Neben der Entwicklung einer eigenständigen wissensbasierten Methode entstanden einige Synergien mit Fuzzy Control. Vor allem die Vervollständigung von Fuzzy Controllern mit Interpolationsverfahren ist in diesem Zusammenhang zu nennen.

Aufgrund der noch recht jungen *RIP*-Methode besteht derzeit kein so reichhaltiges Angebot an Entwicklungstools, wie es der Anwender der Fuzzy-Methode gewohnt ist. Zudem fokussiert sich das Interesse der meisten wissenschaftlichen Publikationen über wissensbasierte Controller weitgehend auf Fuzzy Control. Es bleibt für die Zukunft zu wünschen, daß die *RIP*-Methode durch die Entwicklung und die Anwendung weiterer *RIP* Controller alle ihre Potentiale unter Beweis stellen kann und zu einer sinnvollen Alternative der Fuzzy-Methode wird.

Häufig werde ich nach Publikationen und Vorträgen mit der Frage konfrontiert, ob die *RIP*-Methode nicht ein Sonderfall der Fuzzy-Methode sei, bzw. ob die *RIP*-Methode nicht als ein Sonderfall der Fuzzy-Methode interpretiert werden könne. Aufgrund der unterschiedlichen Interpretation und der Umsetzung der Regelbasis in der *RIP*- und Fuzzy-Methode halte ich die Unterscheidung in zwei Methoden für sinnvoll. Dieses Buch soll dazu beitragen, daß sich der Leser zu dieser Frage eine eigene Meinung bildet.

Danksagung

Dieses Buch wäre sicherlich nicht ohne die Unterstützung weiterer Personen entstanden. Deshalb möchte ich allen danken, die mich bei diesem Vorhaben in unterschiedlicher Art und Weise unterstützt haben.

Den Hauptteil der *RIP*-Methode entwickelte ich mit Unterstützung von Prof. Dr. M. Pandit und einigen Studenten am Lehrstuhl für Regelungstechnik und Signaltheorie der Universität Kaiserslautern. Prof. Dr. H. Kiendl von der Universität Dortmund möchte ich für die offene und spontane Stellungnahme zu meinem Vortrag über *RIP* Control am 3. GMA-Workshop *Fuzzy Control* 1993 in Dortmund danken, ebenso gebührt ihm großer Dank für die weitere Unterstützung und das Interesse am Thema. Prof. Dr. Y. V. Venkatesh vom Indian Institute of Science in Bangalore, Indien danke ich für interessante fachliche Diskussionen und Prof. Dr. D. Wüstenberg von der Universität Kaiserslautern für einige hilfreiche Gespräche. Prof. Dr. R. Kruse von der Universität Braunschweig danke ich für die Begutachtung und die Anmerkungen zum Manuskript.

Für die stetige und vielfältige Unterstützung möchte ich meinen Eltern Marianne und Heinrich Drechsel herzlichst danken. Für die gute Zusammenarbeit und die Ausarbeitung meiner Ideen danke ich den Studenten, die an der Entwicklung der *RIP*-Methode mitwirkten; insbesondere Wolfgang Stauch für die Realisierung der ersten *RIP* Shell.

Kirchheimbolanden, im Januar 1996 **Dirk Drechsel**

Inhaltsverzeichnis

Struktur des Buches

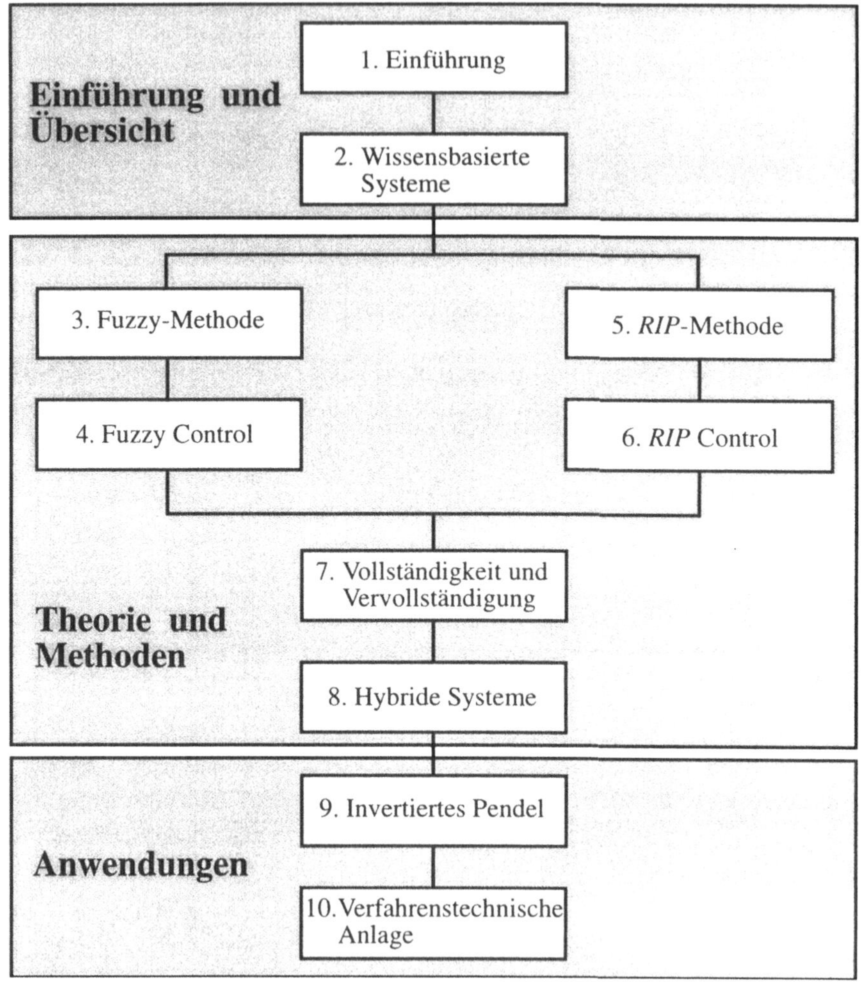

Kapitel 1

Einführung

Zur Kommunikation mit seinen Mitmenschen benutzt der Mensch seine natürliche Sprache. Durch Sprache tauschen die Menschen gegenseitig Informationen aus. Innerhalb dieses Informationsaustausches werden meist keine eindeutigen und mathematisch exakt definierten Wörter und Begriffe, sondern vielmehr unscharfe bzw. vage Formulierungen verwendet. Die Verwendung unscharfer Informationen gestattet es dem Menschen, sich bei der Kommunikation auf das Wesentliche zu beschränken. Innerhalb der Mensch-Mensch-Kommunikation werden Begriffe wie *kalt*, *klein*, *schön* verwendet, ohne daß eindeutige Definitionen solcher Begriffe vorliegen. Der Kern der Begriffe und die Zusammenhänge sind dabei meist nicht eindeutig einzugrenzen, und in aller Regel besteht eine starke Kontextabhängigkeit. Beispielsweise ist der Begriff *klein* im Rahmen der Atomphysik anders zu interpretieren ist als in der Astronomie. Durch die Unschärfe in den Formulierungen wird eine einfache Reduzierung der Komplexität der betreffenden Sachverhalte erreicht. Diese Beschränkung auf das Wesentliche und die Verwendung alltäglicher Begriffe gestatten es dem Menschen, schnell und einfach mit komplexen Sachverhalten zu agieren.

Im Gegensatz zur Mensch-Mensch-Kommunikation, die überwiegend auf unscharfen und kontextabhängigen Begriffen basiert, ist die Mensch-Maschine-Kommunikation durch eindeutige und kontextunabhängige Begriffe und Formulierungen geprägt. Die Mensch-Maschine-Kommunikation wird dabei vor allem durch die binäre klassische Logik bestimmt. So ist der Zustand einer Signallampe mit *an* bzw. *aus* eindeutig definiert. Alles, was nicht in dieser zweiwertigen Menge {*an*, *aus*}, {0,1} bzw. {*wahr*, *falsch*} enthalten ist, wird als unzulässig interpretiert. Die Mensch-Maschine-Kommunikation wird durch starre Dialogprotokolle festgelegt. Durch die Programmierung der Maschine wird das Verhalten zwischen Mensch und Maschine eindeutig definiert. Unscharfe Formulierungen und nicht eindeutig vorherbestimmte Programmabläufe sind dabei nicht vorgesehen und werden -wenn überhaupt- als Unzulänglichkeit bzw. Fehler deklariert. Diese Fehler gilt es durch eine systematische Entwicklung und aufwendige Tests zu vermeiden oder zumindest zu minimieren. Die Mensch-Maschine-Kommunikation wird somit nicht durch den Anwender, den Menschen, sondern durch die Maschine bestimmt. Als Beispiel sei das Lösen einer Bahnkarte an einem Automaten im Gegensatz zu dem Kauf einer Karte beim Schaffner genannt. Der Mensch muß sich bei der Kommunikation mit einer Maschine von seinen gewohnten, unscharfen Begriffen und Anweisungen lösen und die eindeutigen Begriffe und Anweisungen der Maschine akzeptieren.

Dieser Unterschied zwischen der Mensch-Maschine- und der Mensch-Mensch-Kommunikation kennzeichnet das Verhältnis zwischen Mensch und Maschine. Zur Überwindung dieser Diskrepanz müssen verbesserte Kommunikationsschnittstellen und Anpassungen geschaffen werden. Der Mensch soll sich dabei nicht an die Maschine anpassen müssen, sondern die Maschine an den Menschen. Ein primäres Ziel der heutigen wissensbasierten Informationsverarbeitung besteht deshalb in der Verbesserung der Mensch-Maschine-Kommunikation bzw. -Schnittstelle durch die Akzeptanz von Unschärfe durch die Maschine. Weniger wichtig erscheint in diesem Zusammenhang die Untersuchung der Streitfrage: "Inwieweit wird die Realität durch unscharfe Gesetzmäßigkeiten bestimmt?" Die Untersuchung solcher Fragen endet meist in unauflösbaren philosophischen Grundannahmen [Black 37], [Haak 79], [Kosko 93]. Das Ziel dieses Buches ist deshalb nicht die Erklärung der Gesetzmäßigkeiten der Realität mittels Unschärfe, sondern die Untersuchung der Zweckmäßigkeit von Unschärfe in der Mensch-Maschine-Kommunikation.

Im Rahmen dieses Buches werden zwei unterschiedliche Methoden zur Modellierung und Verarbeitung unscharfer Begriffe und unscharfer Informationen vorgestellt:

- **Fuzzy-Methode**
- ***RIP*-Methode (*R*egelbasierte *I*nter*p*olations-Methode)**

Beide Methoden sind dem Bereich der wissensbasierten Informationsverarbeitung zuzuordnen und ähneln sich stark in der Darstellung des Expertenwissens. In beiden Methoden wird die Information in Form von *wenn...dann-* bzw. *if...then...*-Ausdrücken dargestellt, wie z.B.

if { ***Temperatur=kalt und Wind=stark*** } **then** { ***Ventilator=minimal*** }
if { ***Temperatur=heiss*** } **then** { ***Ventilator=maximal*** }.

Durch solche Regeln kann der Mensch sein Wissen in einer einheitlichen und angemessenen Form darstellen, ohne seine *a priori* unscharfen Begriffe wie *kalt*, *stark*, *minimal* etc. aufgeben zu müssen. Die Art der Informationsverarbeitung und die Modellierung der unscharfen Begriffe unterscheiden sich bei diesen beiden Methoden.

Bei der Fuzzy-Methode werden die unscharfen Begriffe durch sogenannte unscharfe Mengen modelliert. Unscharfe Mengen, die auch als Fuzzy-Mengen bezeichnet werden, besitzen Elemente mit mehr oder minder starken Zugehörigkeiten zu dieser Menge. Das bedeutet, daß jedem Element ein Zugehörigkeitsgrad zwischen den beiden Extremwerten 0% und 100% zugeordnet werden kann. Im Gegensatz dazu können Elemente einer klassischen Menge nur die beiden Extremwerte 0% oder 100% annehmen. In der Fuzzy-Methode werden Schlußfolgerungen aus einer Regelbasis durch approximative Inferenzmethoden abgeleitet.

Im Gegensatz dazu werden bei der *RIP*-Methode klassische Mengen zur Beschreibung der unscharfen Begriffe verwendet. Die Ableitung einer Schlußfolgerung aus einer Regelbasis erfolgt hierbei mit Hilfe von mehrdimensionalen Interpolationsverfahren. Durch die Interpolationsverfahren können somit auch Schlußfolgerungen für Elemente, die nicht Elemente der linguistischen Werte der Regelbasis sind, abgeleitet werden.

Trotz der unterschiedlichen Interpretation und Umsetzung der Regeln bei beiden Methoden ist das resultierende Übertragungsverhalten der wissensbasierten Systeme einander ähnlich. Die Umsetzung des Expertenwissens auf ein wissensbasiertes System mit *RIP*- oder Fuzzy-Methoden ist in Abb. 1.1 angedeutet.

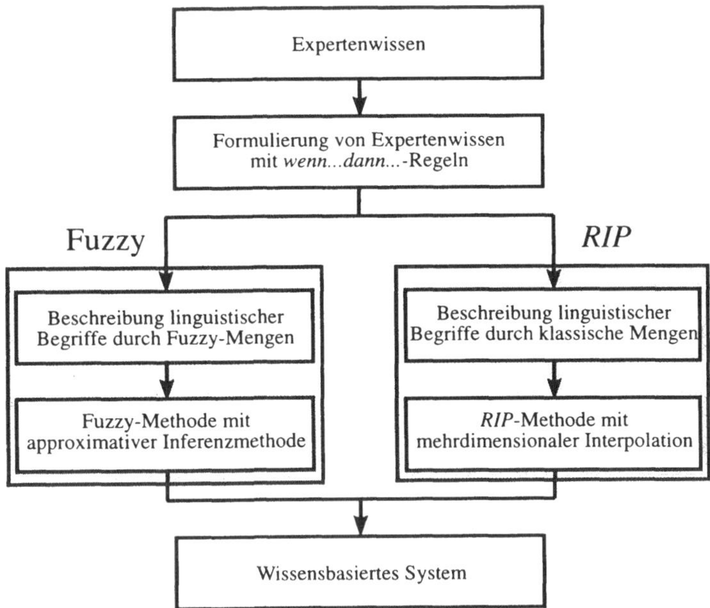

Abb. 1.1: Umsetzung von Expertenwissen

Fuzzy-Methode:
Die wissenschaftliche Untersuchung der Modellierung von unscharfen Begriffen und die dadurch entstandenen Diskussionen wurden durch L. A. Zadeh im Jahre 1965 durch die Einführung der unscharfen Mengen bzw. Fuzzy-Mengen initiiert [Zadeh 65]. Ende der 60er Jahre definierte Zadeh grundlegende Operatoren und Inferenzmechanismen zur Verarbeitung von Fuzzy-Mengen [Zadeh 73]. Mamdani und Assilian entwickelten bereits Anfang der 70er Jahre den ersten Fuzzy Controller [Mamdani 73], [Mamdani 74]. Mit ihm wurde im Rahmen eines Laboraufbaues eine Dampfmaschine geregelt. In den siebziger Jahren folgten einige industrielle Anwendungen, z.B. die Regelung eines Zementofens [Østergraad 77]. Erst seit den 80er Jahren wurde in größerem Maße die Fuzzy-Theorie zur Regelung von industriellen Anwendungen aufgegriffen [Homblad 82], [Sugeno 4/85]. Als eines der populärsten Beispiele ist in diesem Zusammenhang die Automatisierung der U-Bahn in Sendai zu nennen [Yasunubo 85]. In Europa und Amerika setzte erst wieder mit Beginn der 90er Jahre ein gesteigertes Interesse der Industrie und Wissenschaft an der Fuzzy-Theorie ein. Der zu dieser Zeit entstandene Fuzzy-Boom in der westlichen Welt wurde maßgeblich durch die Erfolge und ein geschicktes Marketing der japanischen Fuzzy-Anwendungen ausgelöst. Über die Möglichkeiten und den Nutzen der Fuzzy-Theorie wurde dabei sehr konträr diskutiert. Heute ist die Fuzzy-Methode international als eine Entwurfsmethode für wissensbasierte Systeme anerkannt. Ein weiterer Grund für den verspäteten Fuzzy-Boom Anfang der 90er Jahre besteht in der rasanten Entwicklung und dem Preisverfall im Bereich der Mikroprozessoren und Computer seit Mitte der 80er Jahre. Die für Fuzzy Control notwendige Hard- und Software läßt sich seither preisgünstig erwerben und einsetzen. Auf der Basis der ersten Veröffentlichungen von Zadeh ist mittlerweile eine umfassende Theorie entstanden, die heute in vielen Bereichen der wissensbasierten Informationsverarbeitung angewendet wird und innerhalb der Informatik, Ingenieurtechnik und Mathematik weltweit starke Beachtung findet.

***RIP*-Methode:**
Die *RIP*-Methode wird in diesem Buch als eine neue wissensbasierte bzw. regelbasierte Methode zur Verarbeitung unscharfer Informationen vorgestellt. Die Entwicklung der *RIP*-Methode wurde durch die Erfahrungen mit dem Einsatz der Fuzzy-Methode in der Automatisierungstechnik initiiert. Die hierbei entdeckten Stärken und Schwächen der Fuzzy-Methode waren die Motivation zur Entwicklung und Untersuchung der *RIP*-Methode. Die wissensbasierte Darstellung von unscharfem Expertenwissen in Form von *wenn...dann...*-Regeln wurde als eine der größten Stärken der Fuzzy-Methode in der *RIP*-Methode übernommen. Auf der anderen Seite wurden Schwächen der Fuzzy-Methoden, wie das undefinierte Verhalten bei unvollständigem Expertenwissen, die oft fehlende Systematik beim Reglerentwurf und die Reduzierung der Anzahl von Freiheitsgraden verbessert. Wie der Name der *RIP*-Methode (***R***egelbasierte ***I***nter***p***olation) bereits andeutet,

werden zur Umsetzung von Expertenwissen in ein wissensbasiertes System mehrdimensionale Interpolationsverfahren verwendet. Ausgehend von Stützpunkten, die aus den Expertenregeln abgeleitet werden, wird mit Hilfe dieser Interpolationsverfahren das Übertragungsverhalten eines *RIP*-Systems berechnet.

Die *RIP*-Methode basiert derzeit noch nicht auf einer mit der Fuzzy-Methode vergleichbaren theoretischen Grundlage, da sie erst seit Anfang der 90er Jahre entwickelt und untersucht wird. Zu Beginn der Entwicklung der *RIP*-Methode stellte sich die Frage: "Inwieweit kann ein allgemeines Verfahren entwickelt werden, das durch die Kombination von wissensbasierten Regeln mit mehrdimensionalen Interpolationsverfahren zu einem einfach handhabbaren Regler-Entwurfswerkzeug führt?" In diesem Buch wird dargelegt, wie mit der *RIP*-Methode technische Prozesse unter Verwendung von Expertenwissen automatisiert werden. Im Gegensatz zu anderen wissensbasierten Methoden ermöglicht die *RIP*-Methode auch eine direkte Kombination von klassischen mathematischen mit wissensbasierten Reglerentwurfsmethoden. Die Vorteile der *RIP*-Methode zeigen sich vor allem bei der Regelung technischer Prozesse und regen zur weiteren Entwicklung und Untersuchung dieser recht jungen Methode an. Darüber hinaus wird in diesem Buch erläutert, welche *RIP*-Techniken zu einer Erweiterung und Verbesserung der Fuzzy-Methode führen. Sowohl im theoretischen als auch im praktischen Teil wird ein Vergleich mit der Fuzzy-Methode angestrebt.

Die *RIP*- und die Fuzzy-Methode weisen sowohl Gemeinsamkeiten als auch signifikante Unterschiede auf. Im folgenden werden die wichtigsten Gemeinsamkeiten und Unterschiede aufgelistet. Eine detaillierte Erläuterung erfolgt in den betreffenden Kapiteln.

Gemeinsamkeiten der *RIP*- und Fuzzy-Methode:

- Die Einstellung und die Parametrisierung eines *RIP*- oder Fuzzy-Systems beruht auf wissensbasiertem und qualitativem Expertenwissen.

- Das Expertenwissen wird in regelbasierter Form durch Produktionsregeln (*if...then...* bzw. *wenn...dann...*) formuliert.

- Die Produktionsregeln verwenden linguistische Begriffe bzw. linguistische Werte wie *klein*, *mittel* etc..

- Das Übertragungsverhalten eines Fuzzy- und *RIP*-Systems entspricht einer statischen und im allgemeinen nicht-linearen Abbildung bzw. Funktion. Zur Veranschaulichung dieser Abbildungen werden oft (dreidimensionale) Kennfelder verwendet. Aus diesem Grund werden *RIP*- und Fuzzy Controller auch der Klasse der Kennfeldregler zugeordnet.

Unterschiede zwischen der *RIP*- und Fuzzy-Methode:

- Die linguistischen Werte werden in der *RIP*-Methode durch Subintervalle bzw. klassische Mengen und in der Fuzzy-Methode durch Zugehörigkeitsfunktionen bzw. Fuzzy-Mengen beschrieben.

- Die Interpretation und die Verarbeitung der Produktionsregeln sind verschieden. Die *RIP*-Methode setzt die Regelbasis durch die Generierung von Stützpunkten und Interpolationsverfahren um. Im Gegensatz dazu verwendet die Fuzzy-Methode approximative Inferenzmechanismen, welche sich in der technischen Anwendung in Form der Fuzzification, der Inferenz und der Defuzzification manifestieren.

- Es bestehen unterschiedliche Freiheitsgrade und Parameter, die unmittelbar aus der Funktionsweise beider Methoden resultieren.

- Im Gegensatz zu der Fuzzy-Methode ermöglicht die *RIP*-Methode eine automatische Gewährleistung bestimmter Kennfeldeigenschaften (z.B. Multilinearität) unabhängig von der Regelbasis. In der *RIP*-Methode können diese Kennfeldeigenschaften durch die Wahl entsprechender Interpolationsverfahren sichergestellt werden. In der Fuzzy-Methode sind hierfür aufwendige Einstellungen der Freiheitsgrade und der Regelbasis durch den Anwender notwendig.

Es bestehen noch weitere Unterschiede, die sich aus der jeweiligen Interpretation und der unterschiedlichen Funktionsweise der beiden Methoden ergeben.

Aufbau des Buches

Das zentrale Thema dieses Buches ist die Einführung und der Vergleich der Fuzzy- und der *RIP*-Methode. Dabei wird stets die Anwendung dieser Methoden in der Automatisierungstechnik hervorgehoben.

In Kapitel 1 wird eine allgemeine Einführung in das Thema der wissensbasierten Informationsverarbeitung mit unscharfen bzw. vagen Methoden gegeben. Anschließend erfolgt in Kapitel 2 eine Übersicht und Erläuterung der **wissensbasierten Systeme** und des **Knowledge-Engineering**. Dabei wird eine Abgrenzung von *RIP*- und Fuzzy-Systemen gegenüber **klassischen wissensbasierten Systemen** vorgenommen. Grundlegende Begriffe werden erläutert.

Kapitel 3 stellt die Grundlagen der Fuzzy-Theorie dar, wobei auf eine einheitliche Begriffsbildung geachtet wird. Hierbei ist es zweckmäßig, zwischen der theoretischen Betrachtung unter dem Begriff der **Fuzzy-Methode** bzw. **Fuzzy-Theorie** in Kapitel 3 und der praktischen Anwendung in der Automatisierungstechnik in Kapitel 4 unter dem Begriff von **Fuzzy Control** zu differenzieren. In Kapitel 4 wird das Fuzzy Control-Verfahren bestehend aus Fuzzification, Inferenz und Defuzzification vorgestellt. Die populärsten Einstellungen der Fuzzy-Freiheitsgrade werden hervorgehoben. Neben einer formalen Beschreibung veranschaulichen praktische Beispiele die Funktionsweise und die Möglichkeiten von Fuzzy Control.

Kapitel 5 dient der Einführung der ***RIP*-Methode** und einer Festlegung der Begriffe **Vollständigkeit**, **Konflikt** und **Redundanz**. Ein Exkurs in das Gebiet der mehrdimensionalen Interpolationsverfahren erläutert das Umfeld und die Möglichkeiten der *RIP*-Methode. Die Anwendung der *RIP*-Methode in der Automatisierungstechnik und deren Entwurfsmethoden stellen den Inhalt von Kapitel 6 ***RIP* Control** dar. Das Entwurfsverfahren mittels **hybriden Regelbasen** wird als eine neue effiziente Möglichkeit der Kombination klassischer und linguistischer Entwurfsmethoden innerhalb einer Regelbasis vorgestellt. Darüber hinaus wird eine ***RIP*-Entwicklungsumgebung** und die Struktur eines **adaptiven *RIP* Controllers**, bestehend aus einem *RIP* Controller und einer *RIP*-Adaptionseinheit, aufgezeigt.

Kapitel 7 befaßt sich mit der grundlegenden Untersuchung der Effekte von **unvollständigem Expertenwissen** und deren Einflüsse auf das Regelverhalten von Fuzzy Controllern. Es werden unterschiedliche Möglichkeiten zur Verbesserung des Regelverhaltens bei unvollständigem Expertenwissen diskutiert. Für Fuzzy Control wird die **explizite Vervollständigungsmethode** ausgehend von Techniken der *RIP*-Methode vorgestellt. Eine Begriffsbildung und Gegenüberstellung mit bestehenden Vervollständigungsmethoden in Fuzzy Control und in *RIP* Control werden durchgeführt.

Kapitel 8 "**Hybride Systeme**" setzt sich mit Kombinationen und Gemeinsamkeiten von *RIP*- und Fuzzy-Systemen sowie Neuronalen Netzen auseinander. **Interpolative Reasoning** wird als gemeinsame Basis beider Methoden vorgestellt. Ein Exkurs in das Gebiet der **künstlichen Neuronalen Netze (*KNN*)** zeigt, wie die Lernfähigkeit der *KNN* mit der *RIP*- und Fuzzy-Methode kombiniert werden kann. Im weiteren werden die Potentiale der **Reduktion der Komplexität** von wissensbasierten Regelbasen aufgezeigt. Hierbei werden die Möglichkeiten der **hybriden Controller-Strukturen** und der **Controller mit hybriden Regelbasen** erläutert. Anschließend wird das **Stabilitätsverhalten** solcher Regelkreise dargelegt und der **Informationsgehalt von wissensbasierten Regelbasen** beleuchtet.

In den beiden letzten Kapiteln werden *RIP*- und Fuzzy Control an ausgewählten praktischen Problemstellungen bzgl. ihres Entwurfes und ihres Regelverhaltens gegenübergestellt und bewertet. Als populäres Benchmark-Problem dient in Kapitel 9 das **invertierte Pendel**. Dieses Beispiel vergleicht die Effekte von unvollständigem Expertenwissen und die unterschiedlichen Vervollständigungsmethoden von

Fuzzy Control mit denen von *RIP* Control. Kapitel 10 untersucht das Verhalten einer **verfahrenstechnischen Durchflußregelung** bei Änderungen von verschiedenen Freiheitsgraden in *RIP*- und Fuzzy Control. Außerdem werden die Potentiale des Entwurfsvorganges mit hybriden Regelbasen in *RIP* Control an der verfahrenstechnischen Durchflußregelung aufgezeigt und nachfolgend mit hybriden *RIP*- und Fuzzy Controllern verglichen.

Kapitel 2

Wissensbasierte Systeme

Im täglichen Leben tritt der Mensch ständig mit seiner Umwelt in Interaktion. Er nimmt seine Umwelt durch Reize, die auf seine Sinnesorgane wirken, wahr und versucht, durch seine Handlungen kontrollierend auf diese einzuwirken. In großem Maße basieren seine Handlungen auf Erfahrungen und Wissen, das durch zurückliegende Interaktionen mit der Umwelt erworben wurde. Diese Erfahrungen und die aktuellen Einflüsse der Reize aus der Umwelt bestimmen seine Handlungen und Verhaltensweisen maßgeblich. Von einem stark vereinfachten und abstrahierten Standpunkt aus betrachtet, bildet der Mensch eine Steuer- bzw. Reglereinheit (Controller), die ausgehend von Reizen auf Erfahrungen beruhende Regelgesetze anwendet, um seine aktuellen Handlungen festzulegen.

Mit großem Erfolg steuern, regeln und überwachen Menschen in der industriellen Praxis in ähnlicher Weise unter Verwendung von empirischem Wissen die unterschiedlichsten technischen Prozesse. Das empirische Wissen zum Betreiben eines technischen Prozesses entwickelt sich dabei durch die ständige Interaktion von Mensch und Prozeß. Ein Ziel der wissensbasierten Automatisierungstechnik ist es, dieses Potential an Wissen auf technische Systeme zum Zwecke der Automatisierung, Qualitätsverbesserung und Reproduzierbarkeit zu portieren. Durch die rasante Entwicklung der Digital- und Computertechnologie in den letzten Jahrzehnten können heute technische Systeme entwickelt werden, die das bestehende Wissen aufnehmen und verarbeiten. Das Wissen, das im Zusammenhang mit einem betreffenden Sachgebiet vorhanden ist, wird kurz als Expertenwissen bezeichnet.

Zur Verarbeitung, Handhabung und Umsetzung des Wissens in technischen Systemen muß das Expertenwissen formalisiert und strukturiert werden. Das Grundprinzip und die damit verbundenen Probleme werden in diesem Kapitel erläutert.

2.1 Knowledge Engineering

Die Umsetzung von menschlichem Expertenwissen auf technische Systeme, die in diesem Zusammenhang auch wissensbasierte Systeme oder Expertensysteme genannt werden, ist ein komplexer Vorgang. Die damit verbundenen Aufgaben und Probleme werden als Knowledge Engineering bezeichnet [Feigenbaum 80].

Selbst das Expertenwissen zur Bewältigung alltäglicher Situationen und Handlungen läßt sich meist nicht in einfacher Form darstellen und formulieren. Dies kann anschaulich am Beispiel des Fahrradfahrens aufgezeigt werden. Bei dem Versuch, den Vorgang des Fahrradfahrens verbal oder schriftlich zu fixieren, ist leicht festzustellen, wie komplex und wenig eindeutig eine solche Beschreibung ist. Noch relativ einfach ist die Festlegung der Beobachtungs- und Steuergrößen wie Geschwindigkeit, Abstand zum Straßenrand, Gleichgewichtslage, Lenkerstellung, Pedalumdrehungen etc.. Wesentlich schwieriger gestaltet sich eine mathematisch exakte sowie eine wissensbasierte Formulierung der Gesetzmäßigkeiten zwischen den Beobachtungsgrößen und den Steuergrößen. Obwohl nahezu jeder mit Leichtigkeit das Fahrradfahren beherrscht, ist fast niemand in der Lage, sein Verhalten mit gleicher Leichtigkeit in schriftlicher oder verbaler Form zu formulieren. Während des Fahrradfahrens laufen viele komplexe Vorgänge ab, die einem Fahrradfahrer nicht bewußt sind. Diese Schwierigkeiten bei der Entwicklung technischer Expertensysteme oder Experten Controller spiegeln sich in vielen anderen alltäglichen Situationen und technischen Anwendungen wider.

Um das Vorgehen bei der Entwicklung wissensbasierter Systeme zu systematisieren und in weniger komplexe Teilschritte zu unterteilen, sind grundlegende Modelle für das Knowledge Engineering notwendig. In Abb. 2.1 ist ein grundlegendes Modell für das Knowledge Engineering bei manueller Wissensaquisition dargestellt [Gaines 93].

An dem Prozeß der Umsetzung des Expertenwissens sind prinzipiell drei unterschiedliche Personen bzw. Personengruppen beteiligt. Der Experte besitzt das Expertenwissen, das dem Anwender (Nicht-Experte) über ein wissensbasiertes System zugänglich zu machen ist. Der Knowledge Engineer (Wissens-Ingenieur) spielt hierbei die Vermittlerrolle zwischen dem Experten und dem Anwender. Er ist mit dem Knowledge Engineering, d.h. der Konzipierung des wissensbasierten Systems, betraut. Hierzu sind die in Abb.2.1 dargestellten Teilschritte zu lösen.

Die Wissensaquisition beschäftigt sich mit der Extraktion und der Strukturierung des Wissens eines Experten oder den prozeßgebundenen Verhaltensweisen eines Anlagenführers. Die Wissensaquisition des Expertenwissens kann auf mehrere Arten erfolgen. Zum einen durch einen intensiven Dialog zwischen dem Experten und dem Knowledge Engineer. Hierzu wird sehr häufig auf Interviewtechniken

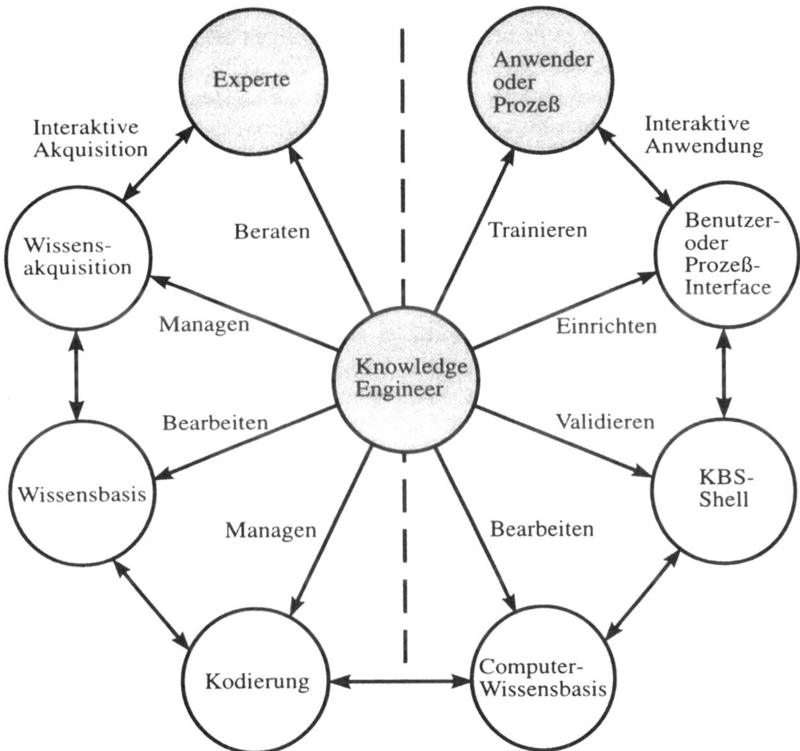

Abb. 2.1: Knowledge Engineering

zurückgegriffen. Zum anderen kann durch Beobachten des Experten bei der Ausübung seiner Tätigkeiten und Erstellen eines Protokolls das Wissen extrahiert werden. Dies ist vor allem dann vorteilhaft, wenn der Experte nicht in der Lage ist, sein Wissen und seine Erfahrungen verbal zu formulieren. Innerhalb der Automatisierungstechnik wird häufig die Beobachtung und Protokollierung des Verhaltens eines Prozeßführers eingesetzt. Die Protokollierung kann (zumindest teilweise) automatisiert werden und erzielt dann ein größeres Maß an Objektivität. Eine weitere Alternative zur Wissensaquisition bilden die indirekten Techniken, bei denen keine gezielten, sondern (scheinbar) neutrale Fragen gestellt werden. Aus deren Beantwortung werden dann Rückschlüsse auf die eigentlichen Sachverhalte gezogen.

Die Wissensaquisition ist ein *Flaschenhals* bei der Entwicklung eines wissensbasierten Systems [Hayes 83]. Dies wird durch mehrere Aspekte verursacht. Zum einen besitzt der Knowledge Engineer meist nur ein sehr geringes Vorwissen über das zu transferierende Wissen des Experten. Zum anderen sind die anfänglich verwendeten Begriffe und Formulierungen des Experten meist nicht adäquat für die Problemlösung, wodurch es gemeinsamer Anstrengungen bedarf, um eine Präzisierung bzw. Verfeinerung der Begriffe zu erreichen. Ein weiterer schwieriger Aspekt ist die Strukturierung und Ordnung des Wissens des Experten, welches zu Beginn nicht in einer einheitlichen Form vorliegt. Informationsverluste und Fehler, die in dieser Phase der Entwicklung eines wissensbasierten Systems erfolgen, können nicht mehr durch die darauffolgenden Schritte kompensiert werden.

Nach der Erstellung einer Wissensbasis kann mit der Kodierung (engl. Encoding) der Wissensbasis begonnen werden. Durch die Kodierung wird eine Umsetzung der Wissensbasis in eine computergerechte Form vorgenommen. Die Form und Struktur der Computer-Wissensbasis richtet sich nach der Wissensrepräsentation des verwendeten wissensbasierten Systems (**K**nowledge **B**ased **S**ystem ≙ *KBS*) vgl. Kapitel 2.2 und 2.3. Abhängig von der Wissensrepräsentation ist eine entsprechende Umsetzung der Wissensbasis in eine Computer-Wissensbasis durch den Knowledge Engineer vorzunehmen. Die Computer-Wissensbasis kann dann in die entsprechende *KBS* Shell (Wissensbasis-Hülle) eines Computers eingegeben werden.

Um das Expertenwissen der *KBS* Shell einem Anwender zur Verfügung zu stellen oder an einen technischen Prozeß anzukoppeln, ist ein Benutzer- bzw. ein Prozeß-Interface notwendig, das auf die jeweilige Anwenderzielgruppe oder den entsprechenden technischen Prozeß angepaßt ist. Die Anwender sind in der Regel nicht mit der *KBS* Shell vertraut und benötigen meist nicht den vollen Umfang der Funktionsmöglichkeiten, wie zum Beispiel die Einbindung von überarbeitetem oder neuem Expertenwissen. Innerhalb der Automatisierungstechnik tritt an die Stelle des Anwenders der zu regelnde oder zu steuernde Prozeß. In diesem Fall greift das Prozeß-Interface auf eine von der *KBS* Shell generierte Datenbasis zurück. Weiterhin ist die Trennung des Prozeß-Interfaces von der eigentlichen *KBS* Shell bei vielen praktischen Anwendungen aufgrund von Echtzeitanforderungen und der Forderung nach einer kostengünstigen Hardware-Realisierung der Automatisierungseinheit notwendig.

In der Praxis ist die Unterscheidung in z.B. Experte, Anwender und Knowledge Engineer, wie in Abb. 2.1 gezeigt, häufig nicht explizit gegeben. Abhängig von der Komplexität der Problemstellung werden diese Aufgaben von nur einer oder mehreren Personen in Kooperation gelöst. Dieses Schema ist jedoch bei der Entwicklung und Verifikation eines Automatisierungssystems basierend auf Expertenwissen nützlich, da es die grundlegende Methodik und Problematik des Knowledge Engineering illustriert. Es bildet die allgemeine Grundlage für die in den folgenden Kapiteln beschriebenen wissensbasierten Systemen, die auf klassischen, Fuzzy- oder *RIP*-Methoden beruhen.

2.2 Wissensrepräsentation

Wie in Kapitel 2.1 bereits erläutert wurde, muß das Expertenwissen für die weitere Verarbeitung und Handhabung formalisiert und strukturiert werden. Die formalen Methoden der Logik bieten nicht immer geeignete Hilfsmittel, um mit Experten der unterschiedlichen Fachgebiete zu kommunizieren. Außerdem bieten diese Methoden keine generellen Darstellungsformen des Expertenwissens. Daher wurden unterschiedliche Verfahren der Wissensrepräsentation entwickelt, die eine Strukturierung und Verarbeitung des Expertenwissens effizient unterstützen können [Nebendahl 87].

Semantische Netze: Semantische Netze sind Graphen zur Repräsentation semantischer Einheiten und deren Relation; d.h. sie ermöglichen eine graphische Darstellung von Wissen über Objekte und ihre Beziehungen.

Frames: Frames sind Datenstrukturen zur Repräsentation von Objekten. Frames wurden von M. Minsky [Minsky 75] entwickelt und gehen auf den Schema-Begriff der Psychologie zurück.

Prädikatenkalkül: Der Prädikatenkalkül ist eine formale Sprache, die logische Aussagen auswertet und Schlußfolgerungen zur Erzeugung weiterer Aussagen ziehen kann. Der Prädikatenkalkül wird meist mit der Programmiersprache PROLOG realisiert.

Produktionssysteme: Produktionssysteme beschreiben das Wissen in Form von *wenn...dann...*-Regeln (Kap. 2.3).

Im folgenden werden ausschließlich Produktionssysteme näher betrachtet, da den anderen Methoden keine vergleichbare praktische Bedeutung innerhalb wissensbasierter Systeme der Automatisierungstechnik zukommt.

2.3 Produktionssysteme

Expertensysteme basierend auf Produktionssystemen sind heute wohl am gebräuchlichsten und erfolgreichsten. Bei Produktionssystemen ist eine explizite Trennung der Problemlösungskomponente von der Wissensbasis gegeben. Produktionssysteme bzw. regelbasierte Systeme sind durch folgende Eigenschaften charakterisiert.

- Eine Wissensbasis, die Produktionsregeln enthält.
- Eine Datenstruktur, die den aktuellen Kontext beschreibt.
- Ein Interpreter, der die in den Regeln festgelegten Aktionen ausführt.

In Abb. 2.2 ist ein grundlegendes Instanzennetz[1] für wissensbasierte Systeme mit Produktionsregeln dargestellt. Der Regelinterpreter ist die zentrale Instanz, die aus den aktuellen Eingangsdaten unter Verwendung des Expertenwissens eine Schlußfolgerung für die Ausgabe ableitet.

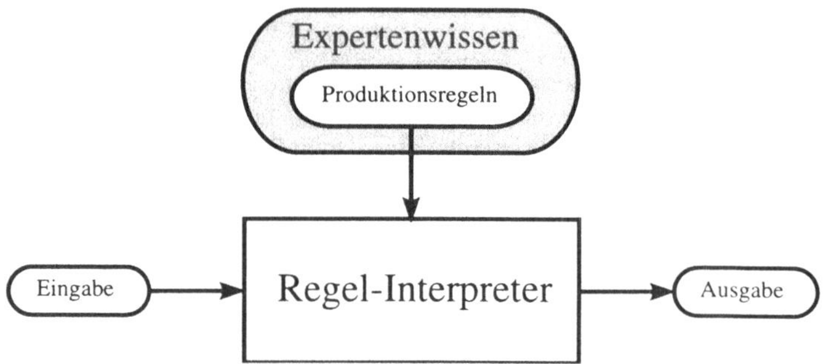

Abb. 2.2: Wissensbasiertes System mit Produktionsregeln

Die besondere Eigenschaft regelbasierter Systeme ergibt sich aus einer konsequenten Zweiteilung in eine Untersuchung der Situation und ihrer anschließenden Modifikation. Diese Teilung ist im Formalismus der Produktion spezifiziert. Das bedeutet: eine Regel stellt ein geordnetes Paar, bestehend aus Situations- (Prämissen, Antecedens, Vorbedingung) und Aktionsteil (Konklusion, Konsequenz, Schlußfolgerung) dar, wobei der Situationsteil die Bedingung für die Ausführung der Aktion ("Feuern einer Regel") festlegt. Produktionsregeln haben die folgenden Strukturen.

if	*Premise*	then	*Conclusion*
wenn	*Prämisse*	dann	*Konklusion*
	Prämisse	⇒	*Konklusion*

Die Prämissen bestehen aus logisch komplexen Aussagen, die aus Elementaraussagen über Verknüpfungsoperatoren zusammengesetzt sind. Die komplexen Aussagen der Prämisse werden deshalb auch zusammengesetzte Aussagen genannt. Als Verknüpfungsoperatoren der Elementaraussagen fungieren logische Operatoren

[1] Der Begriff *Instanzennetz* nach Wendt wird hier verwendet [Wendt 89].

wie *und* (∧,&) oder *oder* (∨,|). Hierdurch können innerhalb der Prämisse beliebig komplexe Aussagen gebildet werden.

Die Konklusion enthält die Aktionen bzw. die Handlungsanweisungen der Regeln bei erfüllter Prämisse. Die Struktur der Konklusion ist bei den üblichen Produktionssystemen wesentlich einfacher als die Struktur der Prämisse. Die Konklusion besteht aus Zuweisungen von Handlungsanweisungen zu den entsprechenden Ausgangsgrößen. Die detaillierte Struktur der Prämisse bzw. der Konklusion hängt zum Teil von der Interpretation der Produktionsregel ab und wird später in den Kapiteln 3 bis 6 eingehender erläutert.

Die Vorteile von Produktionssystemen liegen in dem explizit definierten Wissen, in der zumindest theoretisch minimalen Interaktion verschiedener Regeln und damit in einer einfachen Modifizierbarkeit der Wissensbasis [Retti 86]. Produktionsregeln besitzen einen hohen Grad an Modularität, deshalb können sie einfach ergänzt und aus einer Regelbasis gelöscht werden [Klir 88]. Des weiteren hat sich herausgestellt, daß Experten am ehesten in der Lage sind, ihr Wissen mit Hilfe von *wenn...dann...*-Regeln zu formulieren. Im folgenden Text wird fast ausschließlich von Regeln gesprochen, gemeint sind dann Produktionsregeln.

2.4 Syntaxdiagramme

Zur Beschreibung von Produktionsregeln mit komplexen Strukturen eignen sich Syntaxdiagramme. Syntaxdiagramme werden zur Beschreibung der Grammatik von formalen Sprachen verwendet [Lauber 89]. Sie ermöglichen eine effiziente graphische Darstellung komplexer Strukturen. Durch eine Verschachtelung der Syntaxdiagramme können die komplexen Strukturen übersichtlich definiert werden. Für den Menschen ist vor allem die graphische und hierarchische Struktur von Syntaxdiagrammen vorteilhaft. Zur Umsetzung auf einem Computer geben die Syntaxdiagramme direkt die Ableitungsregeln einer Grammatik an.

In Abb. 2.3 und 2.4 ist die in Kapitel 2.3 beschriebene Struktur der Produktionsregeln durch Syntaxdiagramme angedeutet. Alles, was in einem Syntaxdiagramm in eckigen Kästchen steht, wird in weiteren Syntaxdiagrammen erklärt. Dies erfolgt solange bis nur noch End-Symbole vorhanden sind, die oval oder kreisförmig umrandet sind. Da wie in Kapitel 2.3 auf eine detaillierte Beschreibung der Elementaraussagen, der Verknüpfungsfaktoren und Konklusion verzichtet wird, ergeben sich zwei sehr einfache Syntaxdiagramme. Die Ersetzung der eckigen Kästchen kann entsprechend fortgesetzt werden.

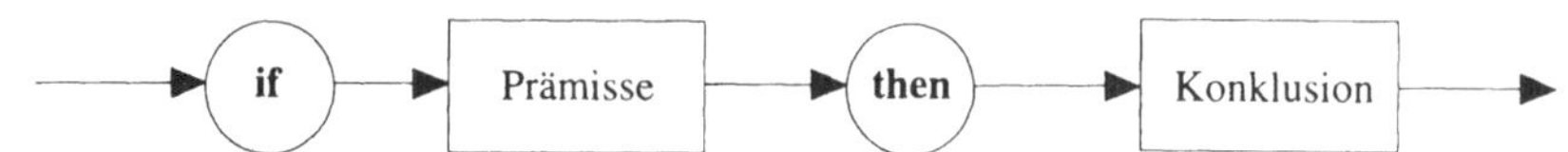

Abb. 2.3: Grundstruktur von Produktionsregeln

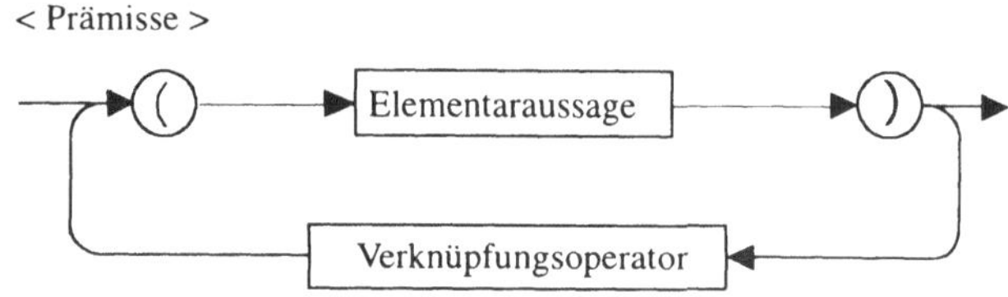

Abb. 2.4: Struktur der Prämissen

2.5 Experten Controller

Experten Controller[2] wurden durch Åström und Anton in die Automatisierungstechnik eingeführt [Åström 84]. Die Schwächen damaliger adaptiver Regler, die Forderung nach *a priori* Prozeßwissen sowie schlechtes Benutzerverständnis führten zum Einsatz von Experten Controller [Arzen 93]. Experten Controller (klassische, Fuzzy oder *RIP*) verwenden zur Wissensrepräsentation Produktionsregeln, jedoch ist die Interpretation und die Verarbeitung der Produktionsregeln bei den einzelnen Methoden unterschiedlich.

2.5.1 Klassische Experten Controller

Der Umgang mit mehrdeutigen qualitativen Begriffen und Wissen ist das Ziel von Experten Controllern [Åström 86]. Im Gegensatz zu den konventionellen Reglern wird bei Experten Controllern der Entwurf anstatt mit mathematischen und quantitativen Prozeßmodellen mit heuristischen und qualitativen Prozeßmodellen vollzogen. Diese qualitativen Prozeßmodelle werden aus dem empirisch gewonnenen

---

[2] Die Bezeichnung *Control* wird der Bezeichnung *Regelung* vorgezogen, da *Control* neben der Bedeutung der *Regelung* auch die Bedeutung der *Steuerung* und der *Überwachung* mit einbezieht [Litz 93].

Expertenwissen der Prozeßbetreiber bzw. Experten abgeleitet (siehe Kapitel 2.1) und liegen somit nicht in einer mathematisch exakten und widerspruchsfreien bzw. konsistenten Form vor.

Es wurden in den letzten Jahren einige experimentelle klassische Experten Controller realisiert, jedoch bleibt die Mehrheit der Arbeiten auf diesem Gebiet im Versuchs- bzw. Forschungsstatus [Arzen 93]. Die anfängliche Euphorie wurde durch eine eher skeptische Zurückhaltung in der industriellen Praxis verdrängt, da die anfänglichen Erwartungen nicht in genügendem Maße erfüllt wurden. Klassischen Experten Controllern mangelt es vielfach an der angemessenen Verarbeitung von qualitativem, inkonsistentem und unvollständigem Expertenwissen. Hierfür gibt es mehrere Gründe.

Innerhalb klassischer Experten Controller bereitet die angemessene Repräsentation linguistischer Begriffe bzw. linguistischer Werte[3] wie *kalt, schön, sehr groß* Probleme. Jedoch basieren gerade menschliche Formulierungen auf der Verwendung von solchen unscharfen bzw. unpräzisen linguistischen Werten. Das bedeutet, daß der Mensch bzw. Experte nicht in der Lage ist, die von ihm verwendeten linguistischen Werte eindeutig zu spezifizieren. Dies soll im folgenden am Beispiel der Klassifizierung der sommerlichen *Temperaturen* erläutert werden. Im alltäglichen Sprachgebrauch werden hierfür linguistische Werte wie etwa *kalt, warm* und *heiß* verwendet. Abb. 2.5 zeigt eine Zuordnung dieser linguistischen Werte zu den physikalischen Sommertemperaturen. Die linguistischen Werte repräsentieren klassische (Teil-)Mengen bzw. (Sub-)Intervalle der Basismenge der *Temperaturen*.

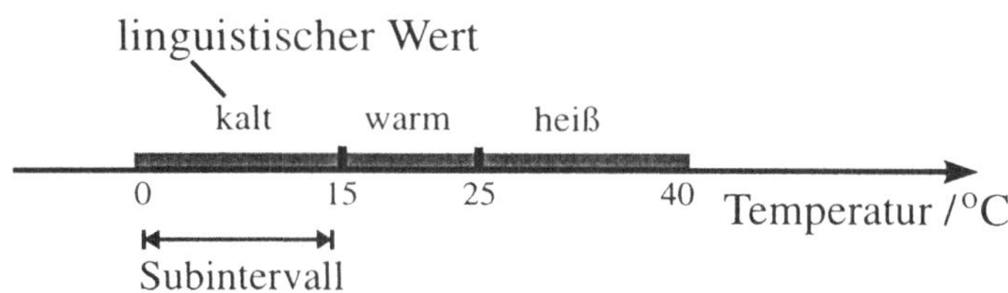

Abb. 2.5: Linguistische Werte (1. Version)

Die präzise Angabe der Intervalle und ihrer Grenzen, wie in Abb. 2.5 dargestellt, ist natürlich mehr oder minder willkürlich. Ein anderer Mensch wird aufgrund subjektiver Empfindungen diese linguistischen Werte in modifizierter Weise festlegen (Abb. 2.6).

[3] *Linguistische Begriffe* werden in Fuzzy- und *RIP* Control als *linguistische Werte* bezeichnet. Dies erfolgt in Anlehnung an den Begriff *numerischer Wert* der Mathematik.

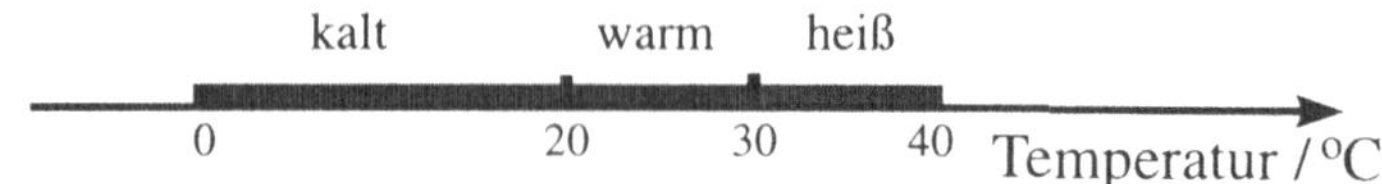

Abb. 2.6: Linguistische Werte (2. Version)

Somit ergibt sich bei der Festlegung der linguistischen Werte mit klassischen Mengen ein Defizit bei der Modellierung, da die Unschärfe bei der Festlegung der linguistischen Werte nicht angemessen berücksichtigt werden kann. Besser ist eine Modellierung dieser Unschärfe durch Auslassen der nicht eindeutig zuordenbaren Bereiche zu einem linguistischen Wert (Abb. 2.7).

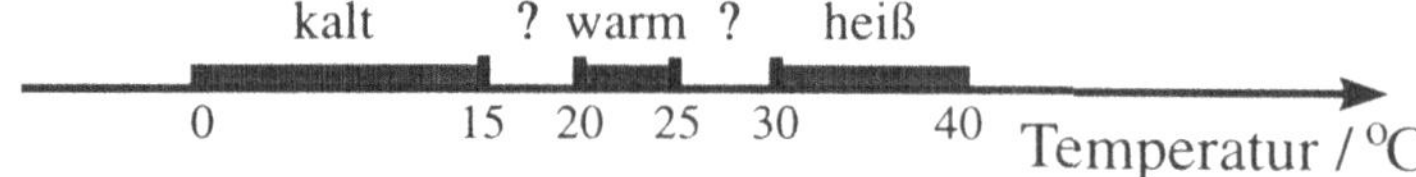

Abb. 2.7: Linguistische Werte und nicht zuordenbare Bereiche

Durch die Einführung von sogenannten Zugehörigkeitsfunktionen ermöglicht die Modellierung mit Fuzzy-Methoden auch graduelle Übergänge zwischen den linguistischen Werten (siehe Kap. 3 und 4). Innerhalb klassischer Expertensysteme ist eine Modellierung mit undefinierten Bereichen oder mit graduellen Übergängen nicht vorgesehen. Die Basismenge sollte bzw. muß durch die linguistischen Werte bzw. ihre korrespondierenden Intervalle vollständig überdeckt werden.

Bisher wurde die Festlegung der linguistischen Werte betrachtet. Im folgenden wird auf die Probleme im Zusammenhang mit der Regelbasis eingegangen.

Die scharfen Mengen klassischer Expertensysteme werden innerhalb der Regel-Prämisse über zweiwertige logische Aussagen wie *wahr* oder *falsch* in Beziehung gesetzt. Besonders am Anfang der Wissensaquisition kann es hierbei leicht zu inkonsistenten und unvollständig spezifizierten Regelbasen kommen. In der Praxis wird versucht, dies durch einen intensiven Austausch zwischen Experte und Knowledge Engineer zu mildern. Jedoch ist es meist nicht möglich, vollständige und konsistente Regelbasen zu erstellen, da vor allem bei mehreren Eingangsgrößen die Anzahl der Regeln sehr groß werden kann. Die Anzahl der Regeln zur Formulierung einer vollständigen Regelbasis steigt exponentiell mit der Anzahl der Eingangsgrößen der Wissensbasis. Hierdurch ist es für den Menschen (Experte oder Knowledge Engineer) ohne Computerunterstützung nur schwer oder gar nicht möglich, große Wissensbasen auf Widersprüche und Vollständigkeit zu überprüfen. Selbst wenn die inkonsistenten oder fehlenden Regeln lokalisiert werden, ist der Mensch nicht ohne weiteres in der Lage, die Widersprüche zu eliminieren oder die fehlenden Regeln anzugeben. Die klassischen Experten Controller bieten hierfür nur wenige oder unzureichende Hilfestellungen an, die sich in der Praxis der

Automatisierungstechnik nicht durchsetzen konnten. Durch die im folgenden beschriebenen Experten Controller (Fuzzy oder *RIP*) werden diese Unzulänglichkeiten der klassischen Experten Controller zumindest teilweise behoben.

Trotz der zuvor angesprochenen Nachteile von klassischen Expertensystemen ist für den Menschen die Formulierung seines Expertenwissens in Form von linguistischen Werten und Regeln vorteilhaft, da er mit den linguistischen Werten sofort eine Bedeutung verknüpft. Intervalle und Zahlen eignen sich hierfür weniger, weil der Mensch mit ihnen nicht unmittelbar eine Bedeutung assoziiert. Beispielsweise bevorzugt der Mensch in umgangsprachlichen Dialogen die Aussage "*Die Temperatur ist heiß*" anstelle von "*Die Temperatur ist zwischen 30°C und 40°C*". Der Mensch bewertet meist unbewußt die erste Aussage ohne Kenntnis des gesamten Kontextes. Fast automatisch setzt er die Existenz einer Temperatur *kalt* voraus und impliziert, daß *heiß* größer als *kalt* ist. Die zweite Aussage enthält keinen derartigen Hinweis und ist deshalb für den Menschen sachlich neutral und weniger informativ. Die Aussage "*Die Temperatur ist heiß*" ist auf den ersten Blick losgelöst von einer exakten physikalischen Temperatur. So kann der Wert *heiß* abhängig vom Kontext anderen physikalischen Temperaturen zugeordnet sein. Weiterhin ermöglichen linguistische Werte eine Konzentrierung und Reduzierung der Information, indem sie stellvertretend für eine Menge von mehreren Parametern z.B. {30°C, 31°C,...,40°C} oder einer Zugehörigkeitsfunktion nach Kapitel 3 stehen. Zur Formulierung und Modellierung des heuristischen Expertenwissens eignen sich deshalb umgangssprachliche Begriffe für einen Menschen besser als Zahlenkolonnen oder Mengen von Parametern, die zur Verarbeitung auf einem Computer notwendig sind.

2.5.2 Experten Controller mit unscharfer Information

Aufgrund der zuvor angesprochenen Schwächen der klassischen Experten Controller verstärkte sich in den letzten Jahren das Interesse an Methoden, die eine angemessenere Modellierung und Verarbeitung von qualitativem Expertenwissen gestatten.

Experten Controller, die auf qualitativem Expertenwissen und linguistischen Werten mit Zugehörigkeitsfunktionen basieren, werden in der Literatur kurz als Fuzzy Controller bezeichnet. Die Bezeichnung *Fuzzy* ist abgeleitet aus dem Englischen und bedeutet etwas freizügig übersetzt: *Unschärfe*. Die Grundlagen dieser Theorie legte L. Zadeh in den 60er und 70er Jahren [Zadeh 65], [Zadeh 68], [Zadeh 73], [Zadeh 75]. Ziel von Zadeh war die Modellierung von Unschärfe über unscharfe Mengen (Fuzzy-Mengen) und die Angabe eines Inferenzschemas für Produktionsregeln basierend auf diesen unscharfen Mengen. Ausgehend von diesem Inferenzschema entwickelten Mamdani und Assilian einen ersten Fuzzy Controller [Mamdani 73], [Mamdani 74]. Die Theorie der Fuzzy-Methode wird in Kapitel 3 dargestellt. Kapitel 4 behandelt die Anwendung der Fuzzy-Methoden in Fuzzy Control.

Die Beschränkung der klassischen Experten Controller sowie die Stärken und Schwächen der Fuzzy Controller waren die Auslöser für die Entwicklung der ***R**egelbasierten **I**nter**p**olations-Methode* (*RIP*-Methode) als Alternative zur Fuzzy-Methode. Diese Methode gestattet die Formulierung von linguistischen Werten, deren Intervalle nicht vollständig die Basismenge überdecken müssen (Abb. 2.7). Die Vorstellung der *RIP*-Methode, sowie von *RIP* Control erfolgt in Kapitel 5 und 6. Der Vergleich von *RIP*- und Fuzzy-Methoden wird in Kapitel 7 ff. beschrieben.

2.5.3 Übertragunsgverhalten von Experten Controller

Ein wissensbasiertes System enthält aufgrund seiner Regelbasis eine linguistische Verknüpfungsvorschrift zwischen den linguistischen Werten der Eingangsgrößen und denen der Ausgangsgrößen. Diese linguistische Verknüpfungsvorschrift der linguistischen Werten bestimmt das Übertragungsverhalten des wissensbasierten Systems. Sie verkörpert und beschreibt das Wissen des Experten.

Mit den verschiedenen Methoden (klassischer Expertenregler, Fuzzy Control und *RIP* Control) können unterschiedliche Charakteristiken des Übertragungsverhaltens eines wissensbasierten Systems mehr oder minder einfach realisiert werden. Das Übertragungsverhalten eines Systems ohne interne Zustände läßt sich durch eine statische Abbildung bzw. eine mathematisch eindeutige Verknüpfungsvorschrift der Eingangs- auf die Ausgangsgröße darstellen. Als mathematische Beschreibung solcher statischer Abbildungen eignen sich Funktionen F: $\underline{\boldsymbol{X}} \rightarrow \boldsymbol{C}$ bzw. $c=F(\underline{x})$. In der Regel stellt man sich unter einer Funktion eine mathematische Formel wie $F(\underline{x})=\pi(x_1^2+x_2^2)$ vor. Dies ist bei wissensbasierten Systemen nicht der Fall. Bei wissensbasierten Systemen wird der funktionale Zusammenhang $F(\underline{x})$ nicht durch eine Formel, sondern durch das Expertenwissen in Form einer Regelbasis definiert. Zur Unterscheidung des Übertragungsverhaltens ist es deshalb sinnvoll, bei einer Formel von einer (mathematischen) Funktion und bei einer Regelbasis von einer Abbildung bzw. Verknüpfungsvorschrift zu sprechen (Abb. 2.8). Das Übertragungsverhalten eines wissensbasierten Systems mit einer statischen Abbildung bzw. Verknüpfungsvorschrift kann durch eine Kennlinie bzw. eine Kennfläche oder eine Tabelle dargestellt werden. In der Literatur der wissensbasierten Systeme wird oft keine klare Unterscheidung zwischen Funktion und Vernüpfungsvorschrift getroffen.

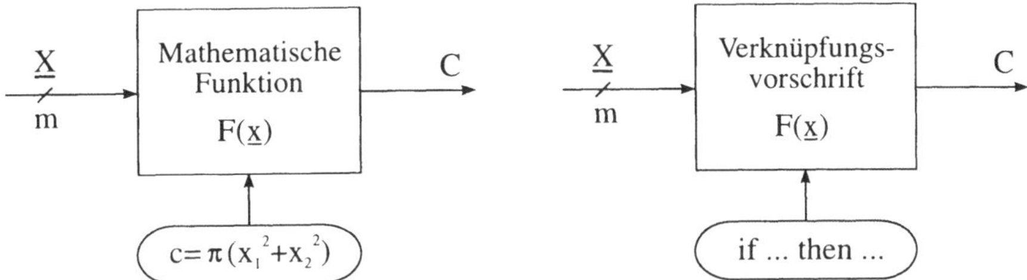

Abb. 2.8: Funktion und Verknüpfungsvorschrift (Abbildung)

In Tabelle 2.1 ist das Übertragungsverhalten wissensbasierter Systeme, die keine internen Zustände besitzen, für den Fall einer Eingangsgröße schematisch skizziert. Grundsätzlich sind dabei drei Abbildungsarten zu unterscheiden:

- **Schaltendes** (scharfes bzw. crisp) Übertragungsverhalten
- **Bereichsweise konstantes** Übertragungsverhalten
- **Fließendes** (weiches bzw. soft) Übertragungsverhalten

Tabelle 2.1: Übertragungsverhalten wissensbasierter Systeme

	Übertragungsverhalten		
Wissensbasierte Methode	schaltend (scharf bzw. crisp)	bereichsweise konstant	fließend (weich bzw. soft)
Klassischer Expertenregler	++	-	-
Fuzzy Control	+	++	++
RIP Control	+	++	++

Die klassischen Expertenregler gestatten ausschließlich ein schaltendes Übertragungsverhalten. Demgegenüber sind *RIP*- und Fuzzy Controller für alle drei Arten von Übertragungsverhalten geeignet. Das Haupteinsatzgebiet der *RIP*- und

Fuzzy Controller liegt vor allem bei Systemen mit bereichsweise konstantem und fließendem Übertragungsverhalten. Schaltendes Übertragungsverhalten ist möglich, jedoch werden für solche Fälle klassische Expertenregler bevorzugt. Die klassischen Expertenregler stellen, wie in Tabelle 2.1 gezeigt, einen Sonderfall der *RIP*- oder Fuzzy Controller dar. Die Interpretation und die Umsetzung des Expertenwissens einer Regelbasis mittels *RIP*- und Fuzzy Control wird das Thema weiterer Kapitel sein.

2.5.4 Regelstrukturen

Die Struktur der Produktionsregeln in *RIP*- und Fuzzy Control ist einander ähnlich. Aus diesem Grunde wird vor der Darstellung von *RIP*- und Fuzzy Control eine gemeinsame Notation eingeführt. Die richtige Interpretation und Umsetzung der Regelbasis hängt natürlich von der *RIP*- oder Fuzzy Methode ab. Zunächst wird als Erläuterung der Notation eine fiktive Regelbasis zur Steuerung eines Ventilators vorgestellt. Die Ventilatorsteuerung ist dabei nicht nach steuerungstechnischen Gesichtspunkten, sondern mit dem Ziel einer guten Veranschaulichung der *RIP*- und Fuzzy-Methode ausgewählt worden. Das Beispiel der Ventilatorsteuerung wird im weiteren Verlauf dieses Buches immer wieder zur Erläuterung der *RIP*- und der Fuzzy-Methode herangezogen. Im Anschluß an dieses Beispiel erfolgt dann die gemeinsame Notation für *RIP*- und Fuzzy Control.

Beispiel 2.1: Ventilatorsteuerung
In Abb. 2.9 ist das Strukturbild einer fiktiven Ventilatorsteuerung zur Klimatisierung eines Wohnraums angegeben. Die Einstellung des Ventilators erfolgt aufgrund der aktuellen Temperatur und der Windbewegung in dem Wohnraum. Hierzu werden zwei Eingangsgrößen $X_1 \triangleq Temperatur$ und $X_2 \triangleq Wind$ benötigt. Die Ausgangsgröße C ist die Stellgröße für einen Ventilator.

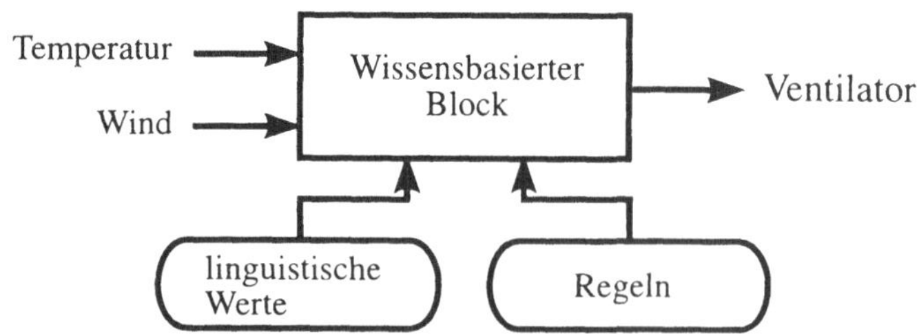

Abb. 2.9: Struktur der Ventilatorsteuerung

Das Expertenwissen kann in Form einer Regelbasis formuliert werden. Die Systemgrößen wie *Temperatur*, *Wind* und *Ventilator*, die innerhalb einer Regelbasis als linguistische Variablen bezeichnet werden, können in der Regelbasis mit linguistischen Werten in Beziehung gesetzt werden. Hierdurch entstehen logische Elementaraussagen wie *Temperatur=kalt*, die sich in der Prämisse jeder Regel durch logische Operatoren zu zusammengesetzten logischen Aussagen verknüpfen lassen. Die genaue Modellierung der linguistischen Werte (z.B. *kalt*, *minimal* etc.) wird dabei entscheidend durch die *RIP*- oder Fuzzy-Methode bestimmt. Eine detaillierte Beschreibung der linguistischen Werte erfolgt deshalb erst in den betreffenden Kapiteln über die *RIP*- oder die Fuzzy-Methode. Die linguistischen Variablen der Ventilatorsteuerung können mit den folgenden linguistischen Werten in Beziehung gesetzt werden.

Linguistische Variablen	**Linguistische Werte**
Temperatur	*kalt, warm, heiß*
Wind	*gering, mittel, stark*
Ventilator	*minimal, mittel, maximal*

Mit diesen linguistischen Werten kann die folgende Regelbasis ***R1*** formuliert werden.

Regelbasis (*R1*): Ventilatorsteuerung

R_1: if { ***Temperatur= kalt*** $\wedge$ ***Wind=stark*** } then { ***Ventilator=minimal*** } | 0.2

R_2: if { ***Temperatur= heiß*** } then { ***Ventilator=maximal*** } | 1

R_3: if { ***Temperatur=¬kalt*** $\wedge$ ***Wind=stark*** } then { ***Ventilator=mittel*** } | 0.2

R_4: if { ***Temperatur= kalt*** $\wedge$ ***Wind=gering*** } then { ***Ventilator=minimal*** } | 0.2

Die Regeln in der Regelbasis[4] ***R1*** sind durch Gewichtungsfaktoren am Zeilenende unterschiedlich gewichtet. Die Regel R_2 wird um den Faktor 5 stärker bewertet als die anderen Regeln. Außerdem wird in der Regel R_2 nur eine Eingangsgröße in der Prämisse verwendet. Die Regel R_2 enthält in der Prämisse das Komplement des linguistischen Wertes *kalt*. Dies kann als eine abkürzende Schreibweise für die zwei Regeln mit den Prämissen (*Temp=warm*)∧(*Wind=stark*) und (*Temp=heiß*)∧(*Wind=stark*) interpretiert werden.

□

[4] In der *RIP*-Methode werden Aussagen mit Komplement-Zeichen "¬", wie *Temperatur=¬kalt* in der Regel R_3, durch Aussagen mit Ungleich-Zeichen "≠", wie *Temperatur≠kalt*, ersetzt.

Um in den nächsten Kapiteln die mathematische Methodik bei der Umsetzung einer solchen Regelbasis auf einem wissensbasierten System zu erläutern, ist es angebracht, auf eine formalisierte Darstellung der Regelbasis zurückzugreifen. Hierzu werden die folgenden Bezeichnungen für ein wissensbasiertes System vorausgesetzt. Eine detaillierte und vertiefende Erläuterung dieser Bezeichnungen wird in den späteren Kapiteln durchgeführt.

Formale Bezeichner:

Anzahl der Eingangsgrößen des wissensbasierten Systems:	m	$k \in \{1, ..., m\}$
Anzahl der Regeln R_i :	$n \leq \alpha_1 \cdot ... \cdot \alpha_k \cdot ... \cdot \alpha_m$	$i \in \{1, ..., n\}$
Granularität bzw. linguistische Auflösung der Eingangsgröße X_k in linguistische Werte:	α_k	
Granularität bzw. linguistische Auflösung der Ausgangsgröße B in linguistische Werte:	$n = \beta$	
Basismengen der Eingangsgrößen:	$\boldsymbol{X_1}, \boldsymbol{X_2}, ..., \boldsymbol{X_k}, ..., \boldsymbol{X_m}$	$(\boldsymbol{X_k})$
Produktraum der Basismengen der Eingangsgrößen:	$\underline{\boldsymbol{X}} = \boldsymbol{X_1} \times ... \times \boldsymbol{X_k} \times ... \times \boldsymbol{X_m}$	
Basismenge der Ausgangsgröße:	$\boldsymbol{C}$	
Eingangsgrößen als linguistische Variablen innerhalb der Regelbasis:	$X_1, X_2, ..., X_k, ..., X_m$	
Ausgangsgröße als linguistische Variable innerhalb der Regelbasis:	C	
Scharfe Eingangswerte eines wissensbasierten Systems:	$x_1, x_2, ..., x_k, ..., x_m$ $(x_k \in \boldsymbol{X_k})$	
Eingangswertevektor:	$\underline{x} = (x_1, x_2, ..., x_k, ..., x_m) \in \underline{\boldsymbol{X}}$	
Scharfer Ausgangswert eines wissensbasierten Systems:	c	$(c \in \boldsymbol{C})$
Linguistische Werte der Eingangsgrößen der Regelprämisse:	$\boldsymbol{A_{1,1}}, \boldsymbol{A_{1,2}}, ..., \boldsymbol{A_{1,\alpha\_1}} \subseteq \boldsymbol{X_1}$ $\boldsymbol{A_{2,1}}, \boldsymbol{A_{2,2}}, ..., \boldsymbol{A_{2,\alpha\_2}} \subseteq \boldsymbol{X_2}$ ... $\boldsymbol{A_{k,1}}, \boldsymbol{A_{k,2}}, ..., \boldsymbol{A_{k,i\_k}}, ..., \boldsymbol{A_{k,\alpha\_k}} \subseteq \boldsymbol{X_k}$ ... $\boldsymbol{A_{m,1}}, \boldsymbol{A_{m,2}}, ..., \boldsymbol{A_{m,\alpha\_m}} \subseteq \boldsymbol{X_m}$	
Linguistische Werte der Ausgangsgrößen der Regelkonklusion:	$\boldsymbol{B_1}, \boldsymbol{B_2}, ..., \boldsymbol{B_i}, ..., \boldsymbol{B_n} \subseteq \boldsymbol{C}$	
i-te Regel:	R_i	
Regelbasis bestehend aus n Regeln:	$\boldsymbol{R} = \{R_1, ..., R_i, ..., R_n\}$	
Gewichtungsfaktor[5] der Regel R_i:	G_i	

[5] Der Gewichtungsfaktor einer Regel wird oft ausgelassen und durch den Defaultwert "1" ersetzt.

Zu diesen Bezeichnungen sind noch einige Anmerkungen nötig. Innerhalb der Textabschnitte werden klassische Mengen oder Fuzzy-Mengen durch fettgedruckte Buchstaben z.B. $\boldsymbol{X_l}$ hervorgehoben, um eine Unterscheidung von den Systemgrößen und den linguistischen Variablen z.B. X_l zu ermöglichen. Vektoren wie z.B. $\underline{x}$ werden durch einen Unterstrich gekennzeichnet. Im Gegensatz zu den Formeln dieses Buches werden innerhalb der Textabschnitte die mehrfach tiefgestellten Indizes durch einen Unterstrich "_" dargestellt (z.B. $\boldsymbol{B_i}$≙***B_i***).

Für die formale Beschreibung der Regelbasen eines wissensbasierten Systems eignen sich *Multi-Input-Single-Output-*(*MISO*)-Regelbasen nach Gl. 2.1 mit den zuvor eingeführten Bezeichnungen.

$$\begin{aligned} &\boldsymbol{R_i}: \quad \text{if} \quad X_1 = \boldsymbol{A_{1,i_1}} \wedge \ldots \wedge X_m = \boldsymbol{A_{m,i_m}} \quad \text{then} \quad C = \boldsymbol{B_i} \quad | \; G_i \\ &\text{für} \quad i \in \{1,\ldots,n\},\; i_1 \in \{1,\ldots,\alpha_1\} \;,\ldots,\; i_m \in \{1,\ldots,\alpha_m\} \end{aligned} \tag{2.1}$$

Die Form der Regelbasis nach Gl. 2.1 ist eine Normalform mit Konjunktionen bzw. *und*-Verknüpfungen. Diese Form wird auch als Vollkonjunktion bezeichnet. Zur besseren Übersichtlichkeit kann die Regelbasis in komprimierter Form dargestellt werden. Hierzu wird die Implikation "*if...then...*" durch den Implikationspfeil "⇒" und die logische *und*-Verknüpfungen durch einen vorangestellten "∧"-Operator ersetzt.

$$\boldsymbol{R_i}: \quad \bigwedge_{k=1}^{m} (X_k = \boldsymbol{A_{k,i_k}}) \;\Rightarrow\; C = \boldsymbol{B_i} \quad | \; G_i \qquad \text{für} \quad i \in \{1,\ldots,n\},\; i_k \in \{1,\ldots,\alpha_k\} \tag{2.2}$$

Die Normalform einer Regelbasis stellt keine Beschränkung der Allgemeinheit dar, auch wenn keine *oder*-Verknüpfungen oder Negationen wie in der Regelbasis ***R1*** verwendet werden. Es ist möglich, Regeln mit *oder*-Verknüpfungen durch mehrere Regeln mit *und*-Verknüpfungen zu ersetzen. Für die formale Beschreibung wird im weiteren davon ausgegangen, daß die Regelbasis in Normalform vorliegt. In Abb. 2.10 sind die Bezeichnungen einer Regelbasis in Normalform nochmals graphisch veranschaulicht. Es sollte beachtet werden, daß die Regelbasis ***R1*** der Ventilatorsteuerung nicht in Normalform vorliegt. Die Untersuchung von Regelbasen mit und ohne Normalform wird auch Thema der nächsten Kapitel sein.

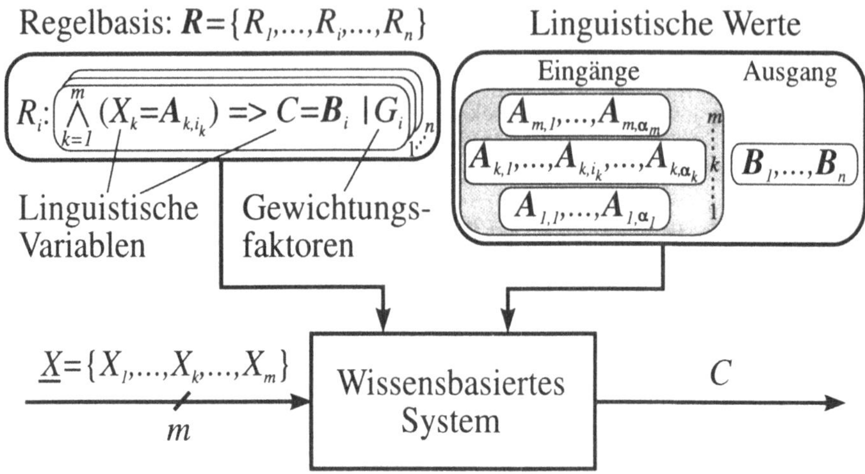

Abb. 2.10: Bezeichnungen eines wissensbasierten Systems

Kapitel 3

Fuzzy-Methode

Die Fuzzy-Methode bzw. die Fuzzy-Theorie bildet die Grundlage von Fuzzy Control. Zu Beginn dieses Kapitels werden die wichtigsten Definitionen und Operationen der Fuzzy-Methode eingeführt. Im weiteren werden die Grundlagen der Fuzzy-Logik und das approximative Schließen behandelt. Das approximative Schließen bildet die Basis für die Inferenz und ist damit die Grundlage zur Verarbeitung von Expertenwissen auf einem Fuzzy Controller. In der Literatur über Fuzzy-Methoden hat sich bisher noch keine einheitliche Begriffsbildung durchgesetzt [Zadeh 73], [Zadeh 75], [Kaufmann 75], [Klir 88], [Pedrycz 89], [Zimmermann 91], [Bandemer 92], [Kruse 93], [Kahlert 93], [Rommelfanger 94], [Grauel 95]. Aus diesem Grunde werden im folgenden alle relevanten Begriffe definiert und erläutert. Zadeh legte im Jahre 1965 in seiner Veröffentlichung "Fuzzy Sets" den Grundstein für die im folgenden vorgestellte Theorie der Fuzzy-Mengen bzw. unscharfen Mengen [Zadeh 65].

3.1 Fuzzy-Mengen (Fuzzy Sets)

In der Mathematik werden Daten allgemein durch Teilmengen A einer Grundmenge bzw. Basismenge X (Universe of discourse) beschrieben. Es existieren unterschiedliche Möglichkeiten, die Teilmengen A zu spezifizieren.

Beispielsweise können die Temperaturen in Abb. 2.5 mit der Eigenschaft *warm* relativ zu der diskreten Basismenge $X=\{0,...,40\}$ der sommerlichen Temperaturen mit Hilfe der Teilmenge

$$warm = \{ 20, 21, \ldots , 24, 25 \} \subseteq X \tag{3.1}$$

charakterisiert werden.

Neben dieser strukturell recht einfachen, aber vielfach nicht anwendbaren Repräsentationsform kann die Teilmenge *warm* auch durch die folgende Darstellung

$$warm = \{ x \mid x \in X,\ 20 \leq x \leq 25 \} \tag{3.2}$$

festgelegt werden.

Eine dritte Repräsentationsform der Teilmenge *warm* besteht in der Angabe ihrer charakteristischen Funktion $\mu_{warm}(x)$. Die charakteristische Funktion ist in diesem Fall wie folgt definiert.

$$\mu_{warm}: X \rightarrow M = \{ 0, 1 \},$$

$$\mu_{warm}(x) = \begin{cases} 1 & \text{falls} \quad 20 \leq x \leq 25 \\ 0 & \text{sonst} \end{cases} \qquad \text{mit } x \in X \tag{3.3}$$

Bei dieser Darstellung wird jedem Element x der Basismenge X (Menge aller möglichen Temperaturen) ein Wert 0 oder 1 über die charakteristische Funktion μ zugeordnet. Die Wertemenge M der charakteristischen Funktion μ ist innerhalb der klassischen Mengentheorie nur zweiwertig, d.h. Elemente x mit den Werten 1 oder 0 der charakteristischen Funktion μ gehören entweder zur spezifizierten Teilmenge, oder nicht.

Ausgehend von der dritten Darstellungsform von Teilmengen wurde von L. Zadeh [Zadeh 65] der Begriff der Fuzzy-Teilmengen (Fuzzy Subsets) eingeführt. Die entscheidende Erweiterung, die Zadeh einführte, ist die Ausdehnung der zweiwertigen bzw. diskreten Menge M der charakteristischen Funktion μ auf das kontinuierliche Intervall [0,1]. Eine mathematische Definition der Fuzzy-Mengen ist in [Kaufmann 75] und [Zimmermann 91] gegeben.

Definition 3.1:
X sei eine zählbare oder nicht zählbare Menge und x ein Element der Menge X; dann ist eine Fuzzy-Teilmenge (Fuzzy Subset) A der Menge X ein geordnetes Paar

$$A = \{ (x, \mu_A(x)) \mid x \in X \}.$$

Die Funktion $\mu_A(x)$ wird als Zugehörigkeitsfunktion (Membership Function) oder Zugehörigkeitsgrad von x in A bezeichnet. Die Zugehörigkeitsfunktion $\mu_A(x)$ weist der Menge X die Zugehörigkeitsmenge (Membership Set) M zu

$$\mu_A: \ X \rightarrow M \ ,$$

wobei die Zugehörigkeitsmenge M eine Untermenge der nicht negativen reellen Zahlen im Intervall [0,1] ist.

□

In der Definition 3.1 werden Fuzzy-Teilmengen (Fuzzy Subsets) einer Basismenge definiert. Der Einfachheit und Übersichtlichkeit wegen wird innerhalb der praxisorientierten Literatur auf die Unterscheidung zwischen Teilmengen (Subset) und Mengen (Sets) verzichtet; somit wird kurz von Fuzzy-Mengen oder Fuzzy Sets gesprochen.

Wird die Zugehörigkeitsmenge M einer Fuzzy-Menge auf die Werte 0 und 1 beschränkt, dann geht die Fuzzy-Menge in eine klassische Menge, die auch scharfe Menge (Crisp Set) genannt wird, über. In diesem Fall entspricht die mehrwertige Zugehörigkeitsfunktion der zweiwertigen charakteristischen Funktion von klassischen Mengen. Die Fuzzy-Mengen werden deshalb als eine Verallgemeinerung der klassischen Mengen angesehen und wie im folgenden noch gezeigt wird, kann die Theorie der Fuzzy-Mengen als eine Verallgemeinerung der klassischen Mengentheorie betrachtet werden.

Der zentrale Vorteil von Fuzzy-Mengen ist, daß graduelle Übergänge zwischen Zugehörigkeit und Nicht-Zugehörigkeit eines Elementes zu einer (Teil-)Menge möglich sind und somit das Tor zur Modellierung von Unschärfe und unscharfen Begriffen geöffnet wird. Eine wichtige Rolle spielt in diesem Zusammenhang die Zugehörigkeitsfunktion der Fuzzy-Mengen. In der Regel wird zur Spezifizierung einer Fuzzy-Menge A nicht das geordnete Paar $(x, \mu_A(x))$, sondern nur die korrespondierende Zugehörigkeitsfunktion $\mu_A(x)$ angegeben. Zadeh hat die in Tabelle 3.1 angegebene Darstellungsform einer Fuzzy-Menge A vorgeschlagen, wobei zwischen kontinuierlichen und diskreten Basismengen zu unterscheiden ist [Zadeh 1973].

Tabelle 3.1:

Kontinuierliche Basismenge X	Diskrete Basismenge X
$A = \int_X \mu_A(x) \,/\, x$	$A = \mu_1 / x_1 + \ldots + \mu_n / x_n$ bzw. $A = \sum_{i=1}^{n} \mu_i / x_i$

Es ist bei der Schreibweise nach Tabelle 3.1 zu beachten, daß das Integral- "$\int$" bzw. Summationszeichen "$\sum$" keine Integration bzw. Summation darstellen. Das Zeichen "/" ist nicht als Division zu interpretieren, sondern ist als Trennstrich zwischen dem Zugehörigkeitsgrad $\mu_A(x)$ und dem Element x zu verstehen. Das Integrationszeichen bzw. Summationszeichen stellt die Vereinigung der Elemente x_i nach Kapitel 3.2 dar. Die Verwendung des Additionszeichens "+" zur Darstellung der Vereinigung zweier Fuzzy-Mengen ist in der Fuzzy-Literatur üblich.

3.1.1 Zugehörigkeitsfunktionen

Wie bereits erläutert wurde, dienen die Zugehörigkeitsfunktionen der Spezifizierung von Fuzzy-Mengen und spielen damit eine zentrale Rolle innerhalb der Theorie der Fuzzy-Mengen. Für die Zugehörigkeitsfunktion $\mu_A(x)$ sind verschiedene Klassen von Funktionen möglich.

Im folgenden sind die verbreitetsten Klassen von Zugehörigkeitsfunktionen in Tabelle 3.2 aufgelistet. Hierbei ist $a \leq b \leq m \leq c \leq d$ und $a, b, c, d, m, x \in \mathbb{R}$. Die reellwertigen Zahlen $\mathbb{R}$ repräsentieren die Basismenge $\boldsymbol{X}$ der Fuzzy-Menge $\boldsymbol{A}$. Die Zugehörigkeitsfunktionen in Tabelle 3.2 müssen nicht unbedingt als maximalen Wert den Zugehörigkeitsgrad 1 erreichen.

Die monoton-linearen Zugehörigkeitsfunktionen werden sehr häufig zur Klassifizierung der Randbereiche einer geordneten und beschränkten Basismenge verwendet. Fuzzy-Mengen mit trapezförmigen Zugehörigkeitsfunktionen werden auch als Fuzzy-Intervalle bezeichnet, da sie für ein zusammenhängendes Intervall von Elementen der Basismenge den Zugehörigkeitsgrad 1 haben. Dreieckförmige Zugehörigkeitsfunktionen sind ähnlich wie trapezförmige Zugehörigkeitsfunktionen definiert, jedoch sind die Parameter b und c gleich ($m=b=c$). Fuzzy-Mengen mit dreieckförmiger Zugehörigkeitsfunktion werden als Fuzzy-Zahlen bezeichnet, da ihre korrespondierende Fuzzy-Menge nur für ein Element der Basismenge den Zugehörigkeitsgrad 1 hat. Die Besonderheit der Gauß'schen Zugehörigkeitsfunktionen liegt darin, daß alle Elemente x der Basismenge $\boldsymbol{X}$ mit einem Zugehörigkeitsgrad $\mu_A(x)$ größer Null verknüpft sind. Die rechteckförmigen und singletonförmigen Zugehörigkeitsfunktionen bilden zwei wichtige Sonderfälle, da sie durch ihre Form der Zugehörigkeitsfunktion wieder klassische Mengen definieren. Die rechteckförmigen Zugehörigkeitsfunktionen definieren für die Fuzzy-Menge $\boldsymbol{A}$ eine klassische Menge bzw. ein klassisches Intervall $[a,b]$. Die singletonförmige Zugehörigkeitsfunktionen definieren nur ein Element m der Basismenge $\boldsymbol{X}$ als zugehörig zu der Fuzzy-Menge $\boldsymbol{A}$. Sie werden in der Literatur als Singletons bezeichnet.

Tabelle 3.2: Zugehörigkeitsfunktionen

Typ	Mathematische Definition	Verlauf
Monoton (linear)	$\mu_A(x) = \begin{cases} 0 & \text{für } x<a \\ \frac{x-a}{b-a} & \text{für } a \leq x<b \\ 1 & \text{für } b \leq x \end{cases}$	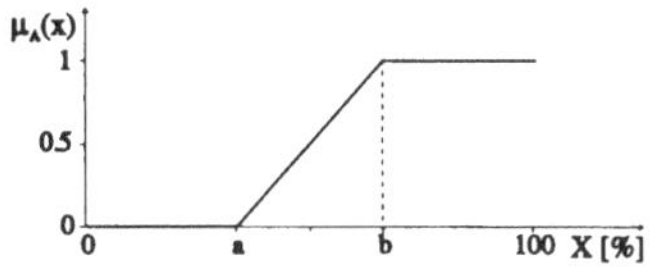
Dreieck	$\mu_A(x) = \begin{cases} 0 & \text{für } x<a \vee d \leq x \\ \frac{x-a}{m-a} & \text{für } a \leq x<m \\ \frac{x-d}{m-d} & \text{für } m \leq x<d \end{cases}$	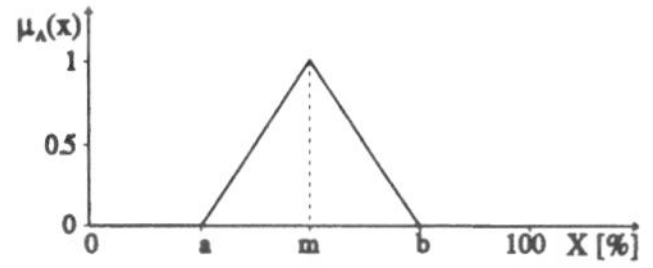
Trapez	$\mu_A(x) = \begin{cases} 0 & \text{für } x<a \vee d \leq x \\ \frac{x-a}{b-a} & \text{für } a \leq x<b \\ 1 & \text{für } b \leq x<c \\ \frac{x-d}{c-d} & \text{für } c \leq x<d \end{cases}$	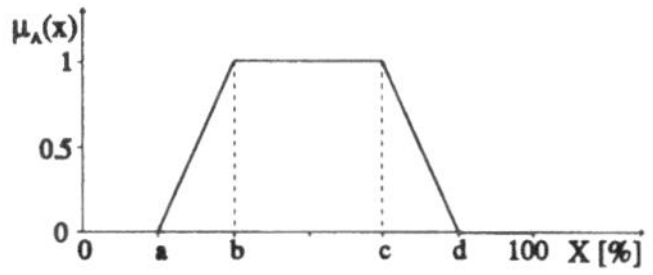
Gauß	$\mu_A(x) = e^{-a \cdot (x-m)^2} \quad a>0$	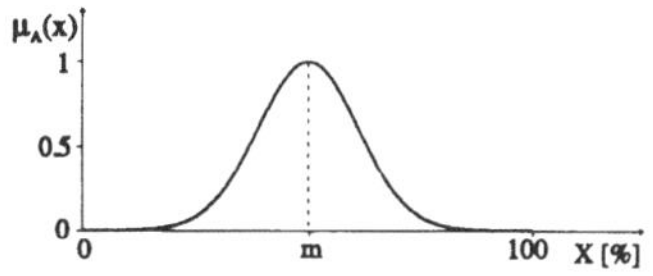
Rechteck	$\mu_A(x) = \begin{cases} 0 & \text{für } x<a \vee b<x \\ 1 & \text{für } a \leq x \leq b \end{cases}$	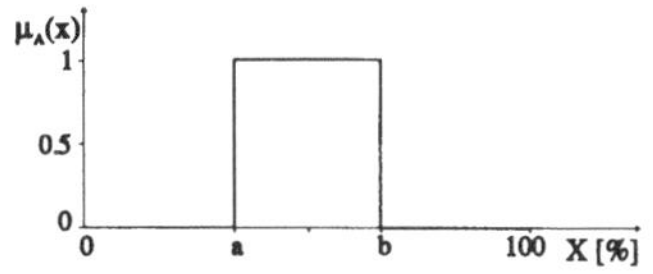
Singleton	$\mu_A(x) = \begin{cases} 0 & \text{für } x=m \\ 1 & \text{für } x \neq m \end{cases}$	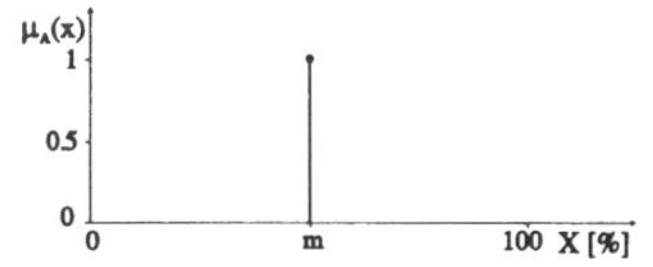

3.1.2 Definitionen spezieller Fuzzy-Mengen

Die Fuzzy-Mengen stellen eine Verallgemeinerung der klassischen Mengen dar. Um den Umgang mit den Fuzzy-Mengen zu erleichtern, existieren einige Mengen- und Begriffsdefinitionen. Es wird hierzu angenommen, daß die Basismenge X eine geordnete Menge, wie die der reellen oder natürlichen Zahlen, ist.

Definition 3.2:
Der Support (Träger) $Supp(A)$ einer Fuzzy-Menge A mit der Zugehörigkeitsfunktion $\mu_A(x)$ der Basismenge X ist die klassische Menge, für die gilt

$$Supp(A) \triangleq Supp(\mu_A(x)) = \{ x \mid x \in X, \mu_A(x)>0 \}.$$

□

Der Support $Supp(A)$ wird auch als Einfluß- oder Einzugsbereich einer Fuzzy-Menge A bezeichnet. Der Support einer Fuzzy-Menge mit Gauß'scher Zugehörigkeitsfunktion ist gleich ihrer Basismenge ($Supp(A)=X$), da für alle Elemente der Basismenge der Zugehörigkeitsgrad größer Null ist. Fuzzy-Mengen mit $Supp(A)=X$ werden im folgenden als Fuzzy-Mengen mit maximalem Einzugsbereich bezeichnet. Der Support einer Fuzzy-Menge A mit nicht Gauß'scher Zugehörigkeitsfunktion (z.B. dreieckförmig) repräsentiert eine echte Teilmenge der Basismenge ($Supp(A)\subset X$). Diese Unterscheidung mit maximalem und nicht maximalem Einzugsbereich ist vor allem im Zusammenhang mit der Vollständigkeit von Fuzzy Controllern in Kapitel 7 wichtig.

Definition 3.3:
Der α-Schnitt A_α einer Fuzzy-Menge A mit der Zugehörigkeitsfunktion $\mu_A(x)$ der Basismenge X ist die klassische Menge, für die gilt

$$A_\alpha = \{ x \mid x \in X, \mu_A(x) \geq \alpha \}.$$

□

Definition 3.4:
Der Kern $K(A)$ einer Fuzzy-Menge A mit der Zugehörigkeitsfunktion $\mu_A(x)$ der Basismenge X ist die klassische Menge, für die gilt

$$K(A) = \{ x \mid x \in X, \mu_A(x)=1 \}.$$

□

Der α-Schnitt A_α einer Fuzzy-Menge ist für $\alpha=1$ gleich dem Kern $K(A)$. Der Kern $K(A)$ einer Fuzzy-Menge mit trapezförmiger Zugehörigkeitsfunktion ist das Intervall $[b,c]$. Für dreieckförmige, singletonförmige und Gauß'sche Zugehörigkeitsfunktionen ist der Kern $K(A)$ genau ein Element m der Basismenge X. Der Kern

$K(A)$ einer Fuzzy-Menge wird auch als Toleranz $T(A)$ bezeichnet [Kahlert 93].

Definition 3.5:
Die Höhe $H(A)$ einer Fuzzy-Menge A mit der Zugehörigkeitsfunktion $\mu_A(x)$ ihrer Basismenge X ist

$$H(A) = \max \{ \mu_A(x) \mid x \in X \}.$$

□

Eine Fuzzy-Menge mit der Höhe $H(A)=1$ heißt auch normal, sonst subnormal.

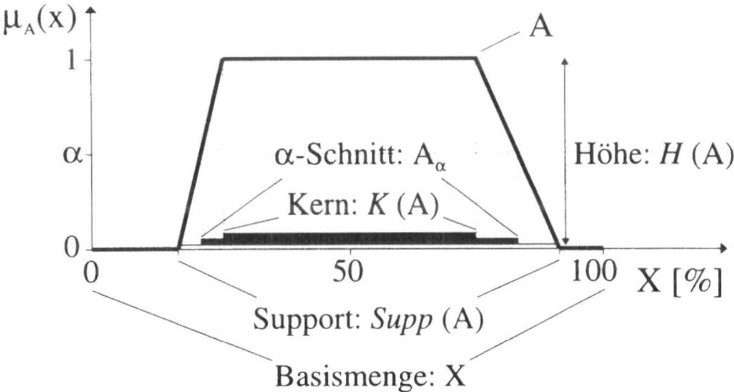

Abb. 3.1: Alpha-Schnitt, Support, Toleranz und Höhe einer Fuzzy-Menge

Definition 3.6:
Eine Fuzzy-Menge A_1 heißt Fuzzy-Teilmenge einer Fuzzy-Menge A_2 mit der Basismenge X, wenn gilt

$$\forall x \in X: \qquad \mu_{A_1}(x) \leq \mu_{A_2}(x)$$

□

Definition 3.7: [Kruse 93]
Eine Fuzzy-Menge A mit der Zugehörigkeitsfunktion $\mu_A(x)$ der Basismenge X heißt konvex, wenn

$$\forall a, b, c \in X: \qquad a \leq c \leq b \quad \Rightarrow \quad \mu_A(c) \geq \min \{\mu_A(a), \mu_A(b)\}.$$

□

Es ist zu beachten, daß die Konvexität einer Fuzzy-Menge $\boldsymbol{A}$ nicht gleichbedeutend mit der Konvexität ihrer Zugehörigkeitsfunktion $\mu_A(x)$ ist. Der Unterschied von konvexer und nicht-konvexer Fuzzy-Menge ist in Abb. 3.2 illustriert. Bei technischen Anwendungen sind die durch den Menschen definierten Fuzzy-Mengen üblicherweise konvex. Durch Operationen auf den konvexen Fuzzy-Mengen können nicht-konvexe Fuzzy-Mengen entstehen. Als Beispiel sind die Vereinigung von Fuzzy-Mengen im nächsten Kapitel oder die Inferenz der Fuzzy-Methode in Kapitel 4 zu nennen.

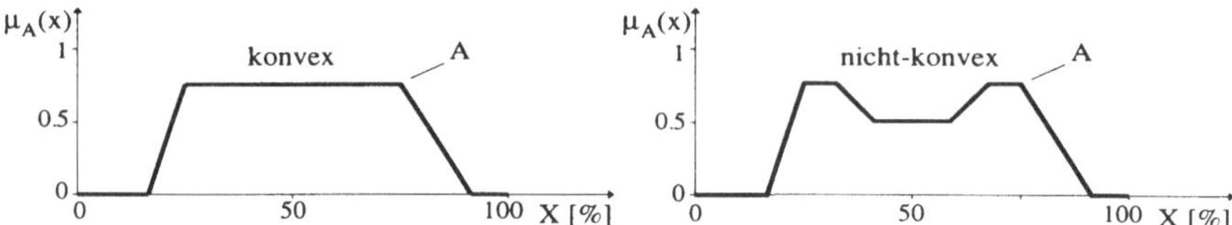

Abb. 3.2: Konvexe und nicht-konvexe Menge

Weitere Mengen und Begriffsdefinitionen sind z.B. in [Kahlert 93], [Klir 88] oder [Zimmermann 91] gegeben.

3.2 Operatoren auf Fuzzy-Mengen

Für die Verarbeitung von Fuzzy-Mengen sind Operatoren notwendig, welche die Verknüpfung und die Modifikation von Fuzzy-Mengen ermöglichen. In den vorherigen Kapiteln wurden die Fuzzy-Mengen und ihre Zugehörigkeitsfunktionen eingeführt. Es wurde verdeutlicht, daß die Zugehörigkeitsfunktion die wesentliche Komponente einer Fuzzy-Menge darstellt. Aus diesem Grund sind alle Operationen bzw. Verknüpfungen auf Fuzzy-Mengen über ihre Zugehörigkeitsfunktionen definiert.

Zadeh führte schon in seiner ersten Veröffentlichung über Fuzzy-Mengen [Zadeh 65] die elementaren Operatoren für den Durchschnitt, die Vereinigung und das Komplement von Fuzzy-Mengen ein.

Definition 3.8:
Der Durchschnitt oder die Schnittmenge $\boldsymbol{A}_1 \cap \boldsymbol{A}_2$ zweier Fuzzy-Mengen $\boldsymbol{A}_1$, $\boldsymbol{A}_2$ ist definiert durch

$$\forall x \in X: \qquad \mu_{A_1 \cap A_2}(x) = \min\{\mu_{A_1}(x), \mu_{A_2}(x)\}.$$

□

Die Schnittmenge zweier Fuzzy-Mengen wird auch als logische *UND*-Verknüpfung interpretiert.

Definition 3.9:
Die Vereinigung $A_1 \cup A_2$ zweier Fuzzy-Mengen A_1, A_2 ist definiert durch

$$\forall x \in X: \qquad \mu_{A_1 \cup A_2}(x) = \max\{\mu_{A_1}(x),\ \mu_{A_2}(x)\}.$$

□

In der Fuzzy-Literatur wird oftmals auch ein Additionszeichen "+" zur Darstellung der Vereinigung A_1+A_2 eingesetzt. Die Vereinigung zweier Fuzzy-Mengen wird auch als logische *ODER*-Verknüpfung interpretiert.

Definition 3.10:
Das Komplement $\neg A$ einer Fuzzy-Menge A ist definiert durch

$$\forall x \in X: \qquad \mu_{\neg A}(x) = 1 - \mu_A(x).$$

□

Das Komplement einer Fuzzy-Menge wird auch als logische Negation interpretiert.

Zur Illustration dieser Definitionen sind in der Abb. 3.3 die Auswirkungen der verschiedenen Operationen nochmals an einem Beispiel dargestellt. Diese Operationen auf Fuzzy-Mengen gelten natürlich auch für klassische Mengen und stellen somit eine Verallgemeinerung der klassischen Mengenoperationen dar.

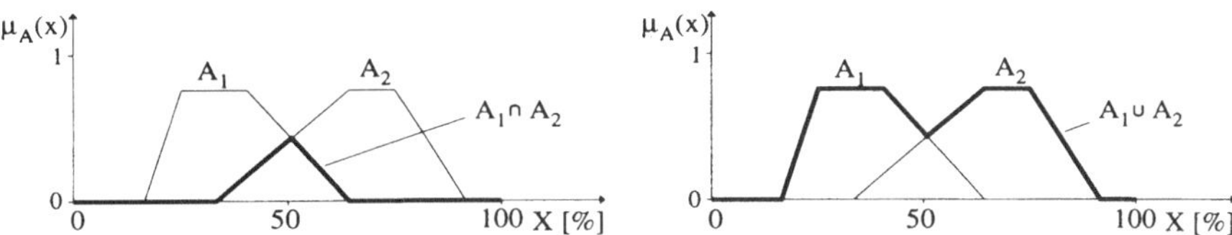

Abb. 3.3: Schnittmenge, Vereinigung zweier Fuzzy-Mengen

Im Laufe der Jahre wurden noch andere Operatoren auf Fuzzy-Mengen definiert. Diese Operatoren variieren in ihrer Allgemeinheit, Anpaßbarkeit und im Maße ihrer Rechtfertigung. Die Rechtfertigung schwankt zwischen intuitiver Argumentation und axiomatischer Begründung. Die Anpaßbarkeit reicht von festdefinierten Operatoren über parametrisierbare Operatoren bis zu allgemeinen Klassen von Operatoren, die bestimmte Eigenschaften erfüllen [Zimmermann 91].

Im folgenden werden zwei grundlegende Klassen von Operatoren vorgestellt. Die

T-Normen[1] werden zur Modellierung des Durchschnitts und die T-Co-Normen, auch S-Normen genannt, für die Modellierung der Vereinigung von Fuzzy-Mengen verwendet [Dubois 80], [Dubois 85]. Beide Klassen können in parametrisierbare und nicht-parametrisierbare Operatoren unterschieden werden. Die allgemeine Definition dieser Normen ist in Definition 3.11 und 3.12 gegeben.

Definition 3.11:
Eine Funktion T: $[0,1]\times[0,1] \rightarrow [0,1]$ heißt T-Norm, wenn folgende Bedingungen erfüllt sind.

1. $T(0, 0) = 0;\ T(\mu_A(x), 1) = T(1, \mu_A(x)) = \mu_A(x)$ $\qquad \forall x \in X$
2. $T(\mu_{A_1}(x), \mu_{A_2}(x)) \leq T(\mu_{A_3}(x), \mu_{A_4}(x))$
   wenn $\mu_{A_1}(x) \leq \mu_{A_3}(x)$ und $\mu_{A_2}(x) \leq \mu_{A_4}(x)$ (Monotonie)
3. $T(\mu_{A_1}(x), \mu_{A_2}(x)) = T(\mu_{A_2}(x), \mu_{A_1}(x))$ (Kommutativität)
4. $T(\mu_{A_1}(x), T(\mu_{A_2}(x), \mu_{A_3}(x))) = T(T(\mu_{A_1}(x), \mu_{A_2}(x)), \mu_{A_3}(x))$ (Assoziativität)

□

Definition 3.12:
Eine Funktion S: $[0,1]\times[0,1] \rightarrow [0,1]$ heißt T-Co-Norm bzw. S-Norm, wenn folgende Bedingungen erfüllt sind.

1. $S(1, 1) = 1;\ S(\mu_A(x), 0) = S(0, \mu_A(x)) = \mu_A(x)$ $\qquad \forall x \in X$
2. $S(\mu_{A_1}(x), \mu_{A_2}(x)) \leq S(\mu_{A_3}(x), \mu_{A_4}(x))$
   wenn $\mu_{A_1}(x) \leq \mu_{A_3}(x)$ und $\mu_{A_2}(x) \leq \mu_{A_4}(x)$ (Monotonie)
3. $S(\mu_{A_1}(x), \mu_{A_2}(x)) = S(\mu_{A_2}(x), \mu_{A_1}(x))$ (Kommutativität)
4. $S(\mu_{A_1}(x), S(\mu_{A_2}(x), \mu_{A_3}(x))) = S(S(\mu_{A_1}(x), \mu_{A_2}(x)), \mu_{A_3}(x))$ (Assoziativität)

□

Der Unterschied der Definitionen 3.11 und 3.12 liegt jeweils in der ersten Bedingung. Die T-Normen und die T-Co-Normen bilden aus der Sicht der Logik Gegenstücke und stehen über die folgende Beziehung von [Alsina 85] in Beziehung.

---

[1] T steht für triangular und soll den Zusammenhang mit der Dreiecksnorm in der Mathematik andeuten.

$$\forall x \in X: \qquad T(\mu_{A_1}(x), (\mu_{A_2}(x)) = 1 - S(1-\mu_{A_1}(x), 1-\mu_{A_2}(x)) \qquad (3.4)$$

Durch diese Beziehung (Gl. 3.4) kann aus jeder *T*-Norm eine *T-Co*-Norm und umgekehrt abgeleitet werden. In größerer Allgemeinheit zeigten Bonissone und Decker [Bonissone 86], daß für angemessene Negations-Operatoren "*n*" in Definition 3.10 die *T*-Norm und *T-Co*-Norm das DeMorgansche Gesetz erfüllen (Gl. 3.5).

$$\begin{array}{ll} T(\mu_{A_1}(x), (\mu_{A_2}(x)) = n(T(n(\mu_{A_1}(x)), n(\mu_{A_2}(x)))) & \textit{und} \\ S(\mu_{A_1}(x), (\mu_{A_2}(x)) = n(S(n(\mu_{A_1}(x)), n(\mu_{A_2}(x)))) & \forall x \in X \end{array} \qquad (3.5)$$

Die Tabelle 3.3 enthält eine Übersicht über die bekanntesten nicht-parametrisierbaren *T*-Normen und *T-Co*-Normen. Die von Zadeh in den Definitionen 3.8 und 3.9 vorgeschlagenen Minimum- und Maximum-Operatoren sind in der Tabelle 3.3 als Sonderfälle enthalten.

Tabelle 3.3:

Nicht-parametrisierbare Operatoren:	*T*-Norm: $T(\mu_{A_1}(x), \mu_{A_2}(x)) =$	*T-Co*-Norm bzw. *S*-Norm: $S(\mu_{A_1}(x), \mu_{A_2}(x)) =$
Maximum/Minimum T_{min} / S_{max}	$\min\{\mu_{A_1}(x), \mu_{A_2}(x)\}$	$\max\{\mu_{A_1}(x), \mu_{A_2}(x)\}$
Begrenzte Differenz/ Begrenzte Summe $T_{begrenzt}$ / $S_{begrenzt}$	$\max\{0, \mu_{A_1}(x)+\mu_{A_2}(x)-1\}$	$\min\{1, \mu_{A_1}(x)+\mu_{A_2}(x)\}$
Algebraisches Produkt/ Algebraische Summe $T_{algebraisch}$ / $S_{algebraisch}$	$\mu_{A_1}(x)\cdot\mu_{A_2}(x)$	$\mu_{A_1}(x)+\mu_{A_2}(x)-\mu_{A_1}(x)\cdot\mu_{A_2}(x)$
Drastisches Produkt/ Drastische Summe $T_{drastisch}$ / $S_{drastisch}$	$\min\{\mu_{A_1}(x), \mu_{A_2}(x)\}$ wenn $\max\{\mu_{A_1}(x),\mu_{A_2}(x)\}=1$, 0 sonst	$\max\{\mu_{A_1}(x), \mu_{A_2}(x)\}$ wenn $\min\{\mu_{A_1}(x),\mu_{A_2}(x)\}=0$, 1 sonst
Hamacher Produkt/ Hamacher Summe $T_{Hamacher}$ / $S_{Hamacher}$	$\dfrac{\mu_{A_1}(x)\cdot\mu_{A_2}(x)}{\mu_{A_1}(x)+\mu_{A_2}(x)-\mu_{A_1}(x)\cdot\mu_{A_2}(x)}$	$\dfrac{\mu_{A_1}(x)+\mu_{A_2}(x)-2\cdot\mu_{A_1}(x)\cdot\mu_{A_2}(x)}{1-\mu_{A_1}(x)\cdot\mu_{A_2}(x)}$
Einstein Produkt/ Einstein Summe $T_{Einstein}$ / $S_{Einstein}$	$\dfrac{\mu_{A_1}(x)\cdot\mu_{A_2}(x)}{2-[\mu_{A_1}(x)+\mu_{A_2}(x)-\mu_{A_1}(x)\cdot\mu_{A_2}(x)]}$	$\dfrac{\mu_{A_1}(x)+\mu_{A_2}(x)}{1+\mu_{A_1}(x)\cdot\mu_{A_2}(x)}$

Die Operatoren können bezüglich ihrer resultierenden Zugehörigkeitsmenge geordnet werden.

$$T_{drastisch} \leq T_{begrenzt} \leq T_{Einstein} \leq T_{algebraisch} \leq T_{Hamacher} \leq T_{\min} \quad (3.6)$$

$$S_{maximum} \leq S_{Hamacher} \leq S_{algebraisch} \leq S_{Einstein} \leq S_{begrenzt} \leq S_{drastisch} \quad (3.7)$$

Wichtig ist festzuhalten, daß alle *T*-Normen durch das drastische Produkt und den Minimum-Operator und alle *T-Co*-Normen durch den Maximum-Operator und die drastische Summe begrenzt sind. Neben diesen nicht-parametrisierbaren *T*-Normen und *T-Co*-Normen gibt es parametrisierbare Normen, deren Eigenschaften sich abhängig von ihrem Einsatzgebiet über einen weiten Bereich mittels eines Parameters einstellen lassen. Als Beispiel für diese Klasse werden die Operatoren von Yager [Yager 80] und Hamacher [Hamacher 78] vorgestellt.

Tabelle 3.4:

Parametrisierbare Operatoren:	*T*-Norm: $T(\mu_{A_1}(x), \mu_{A_2}(x), \gamma) =$	*T-Co*-Norm bzw. *S*-Norm: $S(\mu_{A_1}(x), \mu_{A_2}(x), \gamma) =$
Hamacher Durchschnitt/ Vereinigung $T_{Ham\_schnitt}$ / S_{Ham_ver}	$\frac{\mu_{A_1}(x)\cdot\mu_{A_2}(x)}{\gamma+(1-\gamma)(\mu_{A_1}(x)+\mu_{A_2}(x)-\mu_{A_1}(x)\cdot\mu_{A_2}(x))}$ $\gamma\geq 0$	$\frac{\mu_{A_1}(x)+\mu_{A_2}(x)-(2-\gamma)\cdot\mu_{A_1}(x)\cdot\mu_{A_2}(x)}{1-(1-\gamma)\cdot\mu_{A_1}(x)\cdot\mu_{A_2}(x)}$ $\gamma\geq 0$
Yager Durchschnitt/ Vereinigung $T_{Ham\_schnitt}$ / S_{Ham_ver}	$1-\min\{1,((1-\mu_{A_1}(x))^{\gamma}+(1-\mu_{A_2}(x))^{\gamma})^{1/\gamma}\}$ $\gamma\geq 0$	$\min\{1,(\mu_{A_1}(x)^{\gamma}+\mu_{A_2}(x)^{\gamma})^{1/\gamma}\}$ $\gamma\geq 0$

Neben dem Yager- und Hamacher-Operator existieren noch allgemeinere parametrisierbare Operatoren. Diese Operatoren sind jedoch keine *T*-Normen und *T-Co*-Normen. Das bedeutet, daß solche Operatoren meist nicht alle Bedingungen der Definitionen 3.11 oder 3.12 wie die Kommutativität und die Assoziativität erfüllen. Dies kann nachteilig für den Umgang mit diesen Operatoren sein. In [Werners 88] werden ein parametrisierbarer *Fuzzy-Und*-Operator W_{und} bzw. ein parametrisierbarer *Fuzzy-Oder*-Operator W_{oder} vorgeschlagen, welche eine Kombination des Minimum- bzw. des Maximum-Operators mit dem arithmetischen Mittel darstellen (Tab. 3.5). In Tabelle 3.5 kann abhängig von dem Parameter γ das Verhalten von dem Minimum- bzw. Maximum-Operator für γ=1 bis zu dem arithmetischen Mittel für γ=0 eingestellt werden.

Tabelle 3.5:

Parametrisierbare Operatoren [Werners 88]	Mathematische Beschreibung
Schnittmenge (*Fuzzy-Und*) W_{und}	$\gamma \cdot \min\{\mu_{A_1}(x), \mu_{A_2}(x)\} + (1-\gamma)\cdot\frac{\mu_{A_1}(x)+\mu_{A_2}(x)}{2} \quad \gamma\in[0,1]$
Vereinigung (*Fuzzy-Oder*) W_{oder}	$\gamma \cdot \max\{\mu_{A_1}(x), \mu_{A_2}(x)\} + (1-\gamma)\cdot\frac{\mu_{A_1}(x)+\mu_{A_2}(x)}{2} \quad \gamma\in[0,1]$

$\gamma=0$: $W_{und} \rightarrow$ arithmetisches Mittel
$W_{oder} \rightarrow$ arithmetisches Mittel

$\gamma=1$: $W_{und} \rightarrow T_{min}$
$W_{oder} \rightarrow S_{max}$

Noch allgemeiner als der *Fuzzy-Und-* und der *Fuzzy-Oder*-Operator ist der *kompensatorische* Operator Z_{komp}, auch γ-Operator genannt [Zimmermann 80].

$$\forall x\in X:\ Z_{komp}(\mu_{A_1}(x),\mu_{A_2}(x),\gamma) = (\mu_{A_1}(x)\cdot\mu_{A_2}(x))^{1-\gamma}\cdot(\mu_{A_1}(x)+\mu_{A_2}(x)-\mu_{A_1}(x)\cdot\mu_{A_2}(x))^{\gamma}\ ; \quad \text{mit}\quad \gamma\in[0,1] \tag{3.8}$$

Dieser Operator ist eine Kombination des algebraischen Produktes und der algebraischen Summe, dadurch kann der γ-Operator kontinuierlich zwischen dem Durchschnitt und der Vereinigung von Fuzzy-Mengen eingestellt werden. Vom Standpunkt der Logik aus kann somit eine Modellierung abhängig vom Parameter γ vom logischen *UND* bis hin zum logischen *ODER* mit nur einem Operator erreicht werden.

$\gamma=0$: $Z_{komp} \rightarrow T_{algebraisch}$
$\gamma=1$: $Z_{komp} \rightarrow S_{algebraisch}$

Die allgemeinen Operatoren W_{und}, W_{oder}, Z_{komp} sind monoton und kommutativ, aber nicht assoziativ. Somit erfüllen diese Operatoren nicht die Anforderungen von *T*-Normen bzw. *T-Co*-Normen vgl. Definition 3.11 oder 3.12. Auf den Verlust der Assoziativität muß bei praktischen Anwendungen dieser Operatoren geachtet werden.

Es stellt sich natürlich zu Recht die Frage, inwieweit solche fast völlig frei einstellbaren Operatoren überhaupt einen praktischen Sinn haben. Zimmermann und Zysno argumentieren [Zimmermann 80], daß der γ-Operator für die Modellierung von menschlichen Entscheidungsprozessen angemessener sei als andere Operatoren. Jedoch ist bis heute der Einsatz der allgemeinen Operatoren wie *Fuzzy-Und-*, *Fuzzy-Oder-* oder γ-Operator innerhalb von automatisierungstechnischen Applikationen äußerst gering.

Als letzte Operatoren werden in diesem Kapitel die sogenannten Modifikatoren (Hedges) von Fuzzy-Mengen vorgestellt. Wie der Negationsoperator beziehen sich die Modifikatoren nur auf eine Fuzzy-Menge. Im folgenden werden die drei bekanntesten Modifikatoren angegeben.

Definition 3.13:
Die Konzentration *CON*(**A**) einer Fuzzy-Menge **A** ist definiert durch

$$\forall x \in X: \qquad CON(A) \triangleq CON(\mu_A(x)) = \mu_A^2(x).$$

□

Die durch die Konzentration entstehende Fuzzy-Menge *CON*(**A**) ist eine Teilmenge (*CON*(**A**)⊂**A**) der Fuzzy Menge **A**.

Definition 3.14:
Die Dilation *DIL*(**A**) einer Fuzzy-Menge **A** ist definiert durch

$$\forall x \in X: \qquad DIL(A) \triangleq DIL(\mu_A(x)) = \sqrt{\mu_A(x)}\ .$$

□

Die Fuzzy-Menge **A** ist eine Teilmenge (**A**⊂*DIL*(**A**)), der durch die Dilation entstandene Fuzzy-Menge *DIL*(**A**).

Definition 3.15:
Die Kontrastintensivierung *INT*(**A**) einer Fuzzy-Menge **A** ist definiert durch

$$\forall x \in X: \qquad INT(A) \triangleq INT(\mu_A(x)) = \begin{cases} 2 \cdot \mu^2(x) & \text{falls} \quad \mu(x)<0.5 \\ 1-2 \cdot (1-\mu(x))^2 & \text{sonst.} \end{cases}$$

□

Durch die Kontrastintensivierung *INT*(**A**) wird die Zugehörigkeitsfunktion $\mu_A(x)$ in den Übergangsbereichen von Null auf Eins steiler und bewirkt somit eine gewisse "Verschärfung" der Fuzzy-Menge **A**.

Der Support *Supp*(A) einer Fuzzy-Menge A wird durch die Anwendung der Modifikatoren nicht verändert. Ebenso bleibt bei normalen Fuzzy-Mengen die Toleranz *T*(A) der Fuzzy-Menge erhalten. Die Modifikatoren dienen zur Nachbildung von Begriffen wie *sehr, wenig* in Verbindung mit einer Fuzzy-Menge bzw. einem linguistischen Wert (Kap. 3.4). Somit sind Konstruktionen wie *sehr groß*, oder *wenig klein* möglich, wobei *groß* und *klein* jeweils durch eine Fuzzy-Menge definiert sind. Die Konzentration *CON*(A) einer Fuzzy-Menge wird beispielsweise zur Modellierung des Begriffes *sehr* und die Dilation *DIL*(A) zur Modellierung des Begriffes *wenig* verwendet. Dem Einsatz der Modifikatoren in der Automatisierungstechnik kommt jedoch zumindest derzeit keine große Bedeutung zu.

3.3 Fuzzy-Relationen

Alle bis jetzt vorgestellten Operatoren verbinden Fuzzy-Mengen einer gemeinsamen Basismenge X. Operatoren wie die Relationen setzen Fuzzy-Mengen mit unterschiedlichen Basismengen $X_1,\dots,X_m$ in Beziehung. Das Kreuzprodukt oder cartesische Produkt von Fuzzy-Mengen wird zur Definition der Fuzzy-Relationen benötigt und ist wie folgt definiert.

Definition 3.16:
Das Kreuzprodukt bzw. cartesische Produkt $A_1\times\dots\times A_m$ der Fuzzy-Mengen $A_1,\dots,A_m$ mit den Basismengen $X_1,\dots,X_m$ ist definiert im Produktraum $X_1\times\dots\times X_m$ durch

$$\forall x_i \in X_i: \qquad \mu_{A_1\times\dots\times A_m}(x_1,\dots,x_m) = \min_{i=1}^{m} \{\mu_{A_i}(x_i)\} = \min\{\mu_{A_1}(x_1),\dots,\mu_{A_m}(x_m)\}.$$

□

Die Erläuterung des Kreuzproduktes erfolgt an einem einfachen Zahlenbeispiel.

Beispiel:
$A_1 = \{(3, 0.5), (5, 1), (7, 0.6)\}$
$A_2 = \{(3, 1), (5, 0.6)\}$
$A_1\times A_2 = \{[(3, 3), 0.5], [(5, 3), 1], [(7, 3), 0.6], [(3, 5), 0.5], [(5, 5), 0.6], [(7, 5), 0.6]\}$

Der Übersichtlichkeit wegen wird zur Darstellung des Kreuzproduktes die Matrizenschreibweise verwendet, wobei in der Matrix nur die Werte der Zugehörigkeitsfunktionen und nicht die der korrespondierenden Elemente der Basismenge angegeben werden. Die Matrix für das obige Beispiel lautet somit

$$\mu_{A_1 \times A_2}(x_1,x_2) = \begin{bmatrix} 0.5 & 0.5 \\ 1 & 0.6 \\ 0.6 & 0.6 \end{bmatrix}.$$

Aufbauend auf dem Kreuzprodukt können nun die Fuzzy-Relationen definiert werden. Fuzzy-Relationen bilden die Basis für die innerhalb der Fuzzy-Logik (Kap. 3.5) verwendeten Mechanismen des Schlußfolgerns bzw. der Implikation basierend auf Produktionsregeln. Fuzzy-Relationen werden auch zur Spezifizierung unscharfer Beziehungen wie "ungefähr gleich" oder "etwas kleiner" eingesetzt. Somit kommt den Fuzzy-Relationen eine wichtige Bedeutung innerhalb der Fuzzy-Logik zu.

Fuzzy-Relationen definieren Beziehungen zwischen Fuzzy-Mengen, welche im allgemeinen unterschiedliche Basismengen besitzen. Die Fuzzy-Relationen bilden eine Verallgemeinerung der Relationen von klassischen Mengen, ähnlich wie die in Kapitel 3.2 bereits vorgestellten Operatoren einer gemeinsamen Basismenge. Eine Fuzzy-Relation $\boldsymbol{R}$ ist selbst wieder eine Fuzzy-Menge, die eine Teilmenge des Produktraumes $\boldsymbol{X_1} \times \ldots \times \boldsymbol{X_m}$ der Basismengen $\boldsymbol{X_1},\ldots,\boldsymbol{X_m}$ ist. Eine Definition einer Fuzzy-Relation ist in Definition 3.17 gegeben.

Definition 3.17: [Zimmermann 91]
Eine Fuzzy-Relation (unscharfe Relation) R über dem Produktraum $\boldsymbol{X_1} \times \ldots \times \boldsymbol{X_m}$ mit den Basismengen $\boldsymbol{X_1},\ldots,\boldsymbol{X_m}$ ist definiert durch

$$R = R(X_1,\ldots,X_m) = \{ ((x_1,\ldots,x_m),\mu_R(x_1,\ldots,x_m)) \mid (x_1,\ldots,x_m) \subseteq X_1 \times \ldots \times X_m \}.$$

□

Nach Definition 3.17 ist eine Fuzzy-Relation eine Teilmenge des Produktraumes $\boldsymbol{X_1} \times \ldots \times \boldsymbol{X_m}$. Innerhalb der Fuzzy-Logik (Kap. 3.5) werden Fuzzy-Relationen zur Bildung einer Schlußfolgerung aus Produktionsregeln verwendet. Da Fuzzy-Relationen nur spezielle Fuzzy-Mengen sind, gelten alle zuvor vorgestellten Operatoren auch für Fuzzy-Relationen. Darüber hinaus gibt es weitere nur für Fuzzy-Relationen sinnvolle Operatoren bzw. Verknüpfungen. Die wichtigsten Verknüpfungen sind die inverse Relation und die Komposition (Verkettung) zweier Relationen, die im folgenden vorgestellt werden.

Definition 3.18:
Die inverse Fuzzy-Relation R^{-1} einer binären Fuzzy-Relation aus Definition 3.17 ist gegeben durch

$$R^{-1} = \{ ((x_1,x_2),\mu_R(x_2,x_1)) \mid (x_1,x_2) \subseteq X_1 \times \ldots \times X_m \}.$$

□

Bei einer inversen Fuzzy-Relation in Definition 3.18 wird die Zuordnung der Elemente und der Zugehörigkeitsfunktionen vertauscht.

Unscharfe binäre Relationen $\boldsymbol{R_1}(\boldsymbol{X_1}, \boldsymbol{X_2})$ und $\boldsymbol{R_2}(\boldsymbol{X_2}, \boldsymbol{X_3})$ mit unterschiedlichen Produkträumen und einer gemeinsamen Basismenge $\boldsymbol{X_2}$ können über den Kompositionsoperator (Verknüpfungsoperator) "$\circ$" verknüpft werden.

Definition 3.19:
Die Komposition (Verkettung) $\boldsymbol{R_{12}}(\boldsymbol{X_1}, \boldsymbol{X_3})$

$$R_{12}(X_1,X_3) = R_1(X_1,X_2) \circ R_2(X_2,X_3)$$

bzw.

$$R_{12} = R_1 \circ R_2$$

zweier binärer Fuzzy-Relationen $\boldsymbol{R_1}(\boldsymbol{X_1}, \boldsymbol{X_2})$ und $\boldsymbol{R_2}(\boldsymbol{X_2}, \boldsymbol{X_3})$ mit den Basismengen $\boldsymbol{X_1}$, $\boldsymbol{X_2}$ und $\boldsymbol{X_3}$ kann durch unterschiedliche Verknüpfungsoperatoren "$\circ$" definiert werden. In der Tabelle 3.6 sind drei bekannte Verknüpfungsoperatoren angegeben.

Tabelle 3.6: Kompositions- bzw. Verknüpfungsoperatoren

$\boldsymbol{R_{12}} = \boldsymbol{R_1} \circ \boldsymbol{R_2}$	$\mu_{R_{12}}(x_1,x_3) =$
max-min	$\max\limits_{x_2 \in X_2} \{ \min\{\mu_{R_1}(x_1,x_2), \mu_{R_2}(x_2,x_3)\} \}$
max-prod	$\max\limits_{x_2 \in X_2} \{ \mu_{R_1}(x_1,x_2) \cdot \mu_{R_2}(x_2,x_3) \}$
max-average	$1/2 \cdot \max\limits_{x_2 \in X_2} \{ \mu_{R_1}(x_1,x_2) + \mu_{R_2}(x_2,x_3) \}$

□

Wie bereits bei dem Kreuzprodukt angedeutet, können Kompositionen $\boldsymbol{R_1} \circ \boldsymbol{R_2}$ auf diskreten Fuzzy-Relationen auch in Matrizenschreibweise dargestellt werden. Der Verknüpfungsoperator "$\circ$" kennzeichnet dabei das Fuzzy-Matrizen-Produkt. Im Unterschied zum klassischen Matrizenprodukt werden bei der Verwendung der *max-min*-Komposition die Matrizenoperationen wie das Produkt durch den *min*-Operator und die Addition durch den *max*-Operator ersetzt.

Produktbildung	$\rightarrow$	*min*-Operator
Addition	$\rightarrow$	*max*-Operator

In der Literatur existieren noch weitere Kompositionen mit unterschiedlichen Eigenschaften. Die bekanntesten Kompositionen sind in Tabelle 3.6 aufgeführt. Die Auswirkungen der unterschiedlichen Kompositionen werden nun an einem Zahlenbeispiel gegenübergestellt.

Beispiel: [Kaufmann 75]
Gegeben seien zwei Fuzzy-Relationen $\boldsymbol{R_1}$ und $\boldsymbol{R_2}$ der Basismengen $\boldsymbol{X}$, $\boldsymbol{Y}$ und $\boldsymbol{Z}$.

$$X = (x_1, x_2, x_3), \quad Y = (y_1, y_2, y_3, y_4, y_5), \quad Z = (z_1, z_2, z_3, z_4).$$

$$R_1(X,Y) = \begin{bmatrix} 0.1 & 0.2 & 0 & 1 & 0.7 \\ 0.3 & 0.5 & 0 & 0.2 & 1 \\ 0.8 & 0 & 1 & 0.4 & 0.3 \end{bmatrix} \qquad R_2(Y,Z) = \begin{bmatrix} 0.9 & 0 & 0.3 & 0.4 \\ 0.2 & 1 & 0.8 & 0 \\ 0.8 & 0 & 0.7 & 1 \\ 0.4 & 0.2 & 0.3 & 0 \\ 0 & 1 & 0 & 0.8 \end{bmatrix}$$

Die Komposition $\boldsymbol{R_{12}} = \boldsymbol{R_1} \circ \boldsymbol{R_2}$ mit den Kompositionsoperatoren nach Tabelle 3.6 ergibt die folgenden Fuzzy-Relationen:

Komposition: $\boldsymbol{R_{12}(X, Z)}$		
max-min	*max-prod*	*max-average*
$\begin{bmatrix} 0.4 & 0.7 & 0.3 & 0.7 \\ 0.3 & 1 & 0.5 & 0.8 \\ 0.8 & 0.3 & 0.7 & 0.1 \end{bmatrix}$	$\begin{bmatrix} 0.4 & 0.7 & 0.3 & 0.56 \\ 0.27 & 1 & 0.4 & 0.8 \\ 0.8 & 0.3 & 0.7 & 0.1 \end{bmatrix}$	$\begin{bmatrix} 0.7 & 0.85 & 0.65 & 0.75 \\ 0.6 & 1 & 0.65 & 0.9 \\ 0.9 & 0.65 & 0.85 & 0.1 \end{bmatrix}$

Dieses Beispiel zeigt, daß sich die Relationen aufgrund der verschiedenen Kompositionsoperatoren der Tabelle 3.6 erheblich unterscheiden können.

□

In der Automatisierungstechnik werden fast ausschließlich die *max-min-* und die *max-prod*-Kompositionsoperatoren verwendet. Der *max-min*-Kompositionsoperator wurde schon von Zadeh vorgeschlagen [Zadeh 73]. Aufgrund der einfachen Wirkungsweise und der technischen Realisierbarkeit wird dieser Operator sehr häufig angewendet. In den folgenden Kapiteln wird der *max-min*-Kompositionsoperator deshalb zur Erläuterung der Fuzzy-Theorie verwendet.

In Kapitel 3.5 wird die Fuzzy-Logik behandelt, die auf der Fuzzy-Mengenlehre aufbaut, und sich mit dem fuzzy-logischen Schließen befaßt. Zuvor müssen jedoch die Begriffe der linguistischen Variablen und der linguistischen Werte erläutert werden.

3.4 Linguistische Variable und linguistische Werte

In Kapitel 2 wurde das Problem der Modellierung qualitativer und linguistischer Begriffe bereits angesprochen. Innerhalb der Fuzzy-Theorie werden sogenannte linguistische Variablen verwendet, deren Werte keine Zahlen, sondern sprachliche Konstrukte sind. Die sprachlichen Konstrukte werden in Anlehnung an Bezeichnungen in der Mathematik als linguistische Werte bezeichnet. Innerhalb der Fuzzy-Theorie wird die Bezeichnung linguistischer Wert gegenüber der etwas allgemeineren umgangssprachlichen Formulierung linguistischer Begriff bevorzugt. Eine mathematisch exakte Definition der linguistischen Variablen wird in [Zadeh 75] gegeben.

Linguistische Werte wie *klein*, *kalt* werden auf der Basismenge einer linguistischen Variablen wie z.B. *Größe*, *Temperatur* definiert (Abb. 3.4). Die Menge aller linguistischen Werte einer linguistischen Variablen wird linguistische Basismenge bzw. linguistische Grundmenge genannt. Die linguistische Basismenge beschreibt den Wertebereich einer linguistischen Variablen. Zur Modellierung der linguistischen Werte eignen sich Fuzzy-Mengen, da sie durch ihre Zugehörigkeitsfunktionen graduelle Übergänge zwischen der Zugehörigkeit und der Nicht-Zugehörigkeit eines Elementes einer Basismenge ermöglichen. Durch den graduellen Übergang wird im Gegensatz zur klassischen Mengentheorie die Modellierung sprachlicher und qualitativer Begriffe, wie sie in der Umgangssprache üblich sind, möglich.

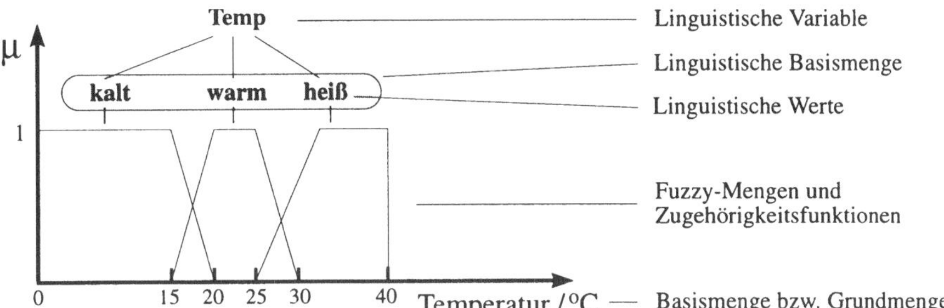

Abb. 3.4: Linguistische Werte modelliert durch Fuzzy-Mengen

Dieses soll nun an dem Beispiel gemäß Kapitel 2.5 erläutert werden. In Kapitel 2.5 wurden die linguistischen Begriffe (bzw. Werte) wie *kalt*, *warm* und *heiß* bereits unter Verwendung von klassischen Mengen definiert (Abb. 2.5-2.7). Die Begriffe *kalt*, *warm* und *heiß* können nun alternativ durch Fuzzy-Mengen (Abb. 3.4) definiert werden. Im Gegensatz zu Kapitel 2 sind die Übergänge zwischen den linguistischen Begriffen *kalt*, *warm* und *heiß* jetzt fließend. Die nicht zuordenbaren Bereiche in Abb. 2.7 werden durch Zugehörigkeitsgrade zwischen 0 und 1 beschrieben. Die Form und die Parametrisierung der betreffenden Zugehörigkeitsfunktion hängt von der jeweiligen Problemstellung ab. Aufgrund einfacher Implementierung werden in technischen Systemen meist lineare Übergänge gewählt, da sie mittels Polynomen erster Ordnung realisierbar sind.

Es wurde bereits gezeigt, daß die Bedeutung von linguistischen Werten durch Modifikatoren (Hedges) verändert werden kann. Die Modifikatoren stellen modifizierende Attribute der linguistischen Werte dar. Es ist möglich, zusammengesetzte linguistische Werte bzw. Terme über eine generative Grammatik aus linguistischen Werten und Modifikatoren zu definieren. Somit können linguistische Werte einer linguistischen Variable $T \triangleq \mathit{Temperatur}$ durch rekursive Gleichungen definiert werden; wie z.B.

$$T^{i+1} = \textbf{\textit{sehr}}\ T^{i} + \textbf{\textit{heiß}}, \qquad i \in \{0,1,2,...\}, \tag{3.9}$$

wobei die Leere-Menge $\emptyset$ der Initialisierungswert für T^{0} ist [Zadeh 75]. Das Additionszeichen in Gl. 3.9 steht wieder für die Vereinigung. Hierdurch ergibt sich die folgende linguistische Termmenge.

$$\{\ \textbf{\textit{heiß}},\ \textbf{\textit{sehr heiß}},\ \textbf{\textit{sehr sehr heiß}},\ ...\ \} \tag{3.10}$$

Solche formale Strukturen die durch rekursive Gleichung wie in Gl. 3.10 beschrieben sind, können durch Syntaxdiagramme nach Abb. 3.5 beschrieben werden.

< Temperatur: T >

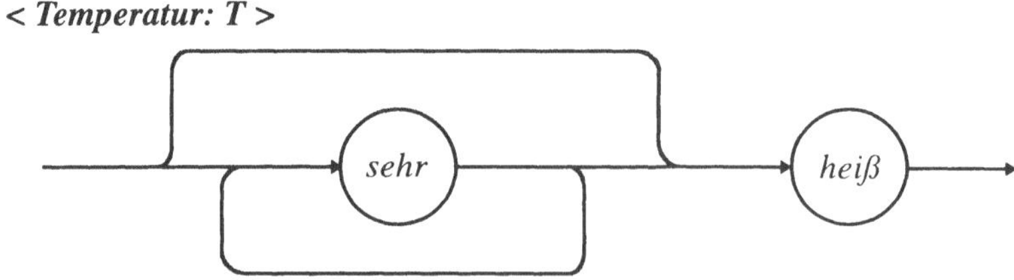

Abb. 3.5: Struktur der linguistischen Variablen *Temperatur* als Syntaxdiagramm

Zadeh schlägt vor, das Attribut *sehr* durch den *CON*-Modifikator festzulegen. Entsprechend kann das Attribut *etwas* bzw. *wenig* durch den *DIL*-Modifikator modelliert werden. Linguistische Variablen mit linguistischen Werten, die durch Regeln wie in Gl. 3.9 generiert werden, werden auch strukturierte linguistische Variablen genannt. Theoretisch sind solche strukturierte linguistischen Variablen zwar interessant, jedoch ist derzeit weitestgehend ungeklärt, ob solche modifizierende Attribute auch sprachlich angemessen sind.

Mit dem zuvor erläuterten Konzept der linguistischen Variablen können *Grob*-Modelle von technischen Prozessen allein aus qualitativen Prozeßinformationen erstellt werden. Jedoch wird in der Theorie über das Problem, welche Form oder Parametrisierung eine Fuzzy-Menge zur Beschreibung einer bestimmten qualitativen Information haben muß, keine Aussage gemacht. Es soll schon hier darauf hingewiesen werden, daß die Festlegung der linguistischen Werte über die Parameter und die Form ihrer Zugehörigkeitsfunktion sehr entscheidenden Einfluß auf das Modellergebnis oder das Regelverhalten haben. Im allgemeinen wird der Anwender mit nur wenig hilfreichen Hinweisen wie "man wähle möglichst geschickt und an das Problem angepaßt" bei der Spezifizierung der Fuzzy-Mengen im Stich gelassen [Bandemer 92]. Die Probleme und Richtlinien bei der Parametrisierung und Auswahl der Form von Fuzzy-Mengen werden in späteren Kapiteln ausführlicher behandelt.

3.4.1 Linguistische Variable *Wahrheit*

Im täglichen Leben werden (logische) Aussagen mit unterschiedlichem Grad an Wahrheitsgehalt wie *sehr wahr*, *wenig wahr*, *sehr falsch* gemacht. Ausgehend von der Ähnlichkeit dieser Ausdrücke und den Werten einer linguistischen Variablen (Kap. 3.4) schlägt Zadeh [Zadeh 75] vor, *Wahrheit* (*Truth*) als linguistische Variable einzuführen. Der Wertebereich der linguistischen Variablen *Wahrheit* umfaßt dann die linguistischen Wahrheitswerte wie z.B. *falsch* oder *sehr wahr*. Durch die Einführung der linguistischen Variablen *Wahrheit* wird die Basis für die Fuzzy-Logik in Kapitel 3.5 gelegt. Bevor die Fuzzy-Logik behandelt wird, stellt sich die Frage, wie eine solche linguistische Variable *Wahrheit* zu wählen ist.

In der Fuzzy-Literatur wird die linguistische Variable *Wahrheit* unterschiedlich gewählt. Die zwei populärsten Versionen sind von Zadeh [Zadeh 75] und Baldwin [Baldwin 79], deren Zugehörigkeitsfunktionen $\mu_{wahr}(x)$ für den linguistischen Wert *wahr* in Gl. 3.11 und Gl. 3.12 angegeben sind. Die Zugehörigkeitsfunktion des linguistischen Wertes *wahr* nach Zadeh lautet.

$$\forall x \in [0,1]: \qquad \mu^{Z}_{wahr}(x) = \begin{cases} 0 & \text{für} \quad 0 \le x \le a \\ 2 \cdot \dfrac{(x-a)^2}{(1-a)^2} & \text{für} \quad a \le x \le \dfrac{a+1}{2} \\ 1-2 \cdot \dfrac{(x-1)^2}{(1-a)^2} & \text{für} \quad \dfrac{a+1}{2} \le x \le 1 \end{cases} \tag{3.11}$$

In Abb. 3.6 sind die Zugehörigkeitsfunktionen der linguistischen Werte *wahr* und *falsch* nach der Definition von Zadeh graphisch dargestellt.

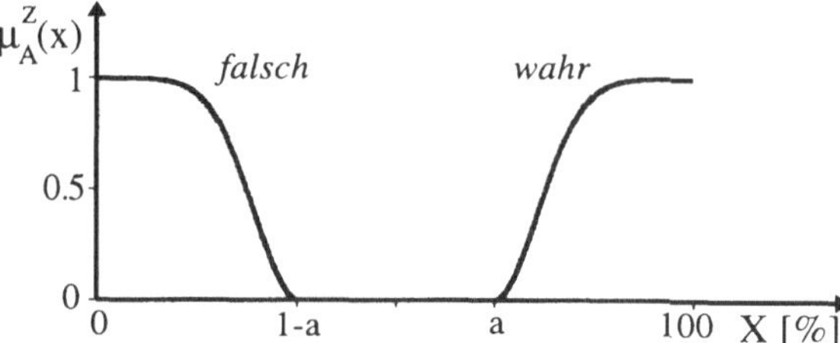

Abb. 3.6: Linguistische Werte *wahr* und *falsch* nach Zadeh

Die Zugehörigkeitsfunktion des linguistischen Wertes *wahr* nach Baldwin lautet.

$$\forall x \in [0,1]: \qquad \mu^{B}_{wahr}(x) = x \tag{3.12}$$

In Abb. 3.7 sind die Zugehörigkeitsfunktionen der linguistischen Werte *wahr*, *falsch*, *wenig wahr* und *sehr wahr* nach der Definition von Baldwin graphisch dargestellt.

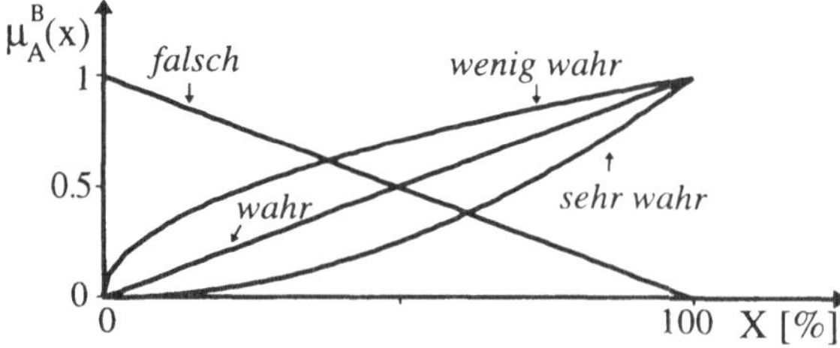

Abb. 3.7: Linguistische Werte *wahr* und *falsch* nach Baldwin

Die Werte von linguistischen Aussagen in der Fuzzy-Logik sind in Anlehnung an die klassische Logik durch die Werte {0,1} beschränkt. Baldwin definiert eine eindeutige lineare Zugehörigkeitsfunktion, wogegen Zadeh eine Parametrisierung durch den Parameter *a* gestattet. Linguistische Werte wie *sehr wahr* oder *wenig wahr* können bei beiden Versionen durch die Verwendung von Modifikatoren wie Konzentration *CON*(***A***) bzw. Dilation *DIL*(***A***) aus dem linguistischen Wert *wahr* abgeleitet werden (Abb. 3.7).

3.5 Fuzzy-Logik

Logik im allgemeinen Sinne beschäftigt sich mit den Methoden und Prinzipien des Schließens bzw. Schlußfolgerns basierend auf (logischen) Aussagen. Die klassische Logik ist eine Methode zum Ableiten oder Beweisen von Schlußfolgerungen basierend auf Aussagen, deren Wahrheitsgehalt entweder *wahr* (1) oder *falsch* (0) ist. Die klassische Logik wird daher auch als zweiwertige Logik bezeichnet.

Eine elementare Aussage A ist z.B. "Die Temperatur ist warm" oder in etwas formalisierter Schreibweise "*Temperatur=warm*". Solche Aussagen besitzen einen Wahrheitsgehalt bzw. einen Wahrheitswert *w*(A) wie *wahr* oder *falsch*. Komplexe Aussagen lassen sich durch die Kombination von elementaren Aussagen mittels Verknüpfungsoperatoren wie *und* (∧), bzw. *oder* (∨) erzeugen. Die Aussage "*Temperatur=warm*∧*Wind=gering*" ist ein einfaches Beispiel für eine komplexe Aussage, die auch zusammengesetzte oder kombinierte Aussage genannt wird. Somit ist es leicht möglich, über die Verwendung von Verknüpfungsoperatoren und Klammern beliebig komplexe Aussagen zu bilden. Üblicherweise wird die Struktur komplexer Aussagen unter Einhaltung entsprechender Grammatiken festgelegt.

In Tabelle 3.7 sind die wichtigsten logischen Operatoren auf zwei Aussagen A bzw. B dargestellt. Die Darstellung als Tabelle kann nur innerhalb der klassischen Logik vorgenommen werden, da der Umfang der Wahrheitswerte *w*(A) der Aussagen auf {0,1} bzw. {*wahr*, *falsch*} beschränkt ist und damit die Tabelle endlich ist. Die klassische Logik basiert auf der Zweiwertigkeit der Wahrheitswerte *w*(A) (Tabelle 3.7).

Tabelle 3.7: Klassische logische Operatoren

w(A)	*w*(B)	*w*(¬ A) Negation	*w*(A∧B) Und	*w*(A∨B) Oder	*w*(A⇒B) Implikation	*w*(A⊕B) exklusives Oder	*w*(A↔B) Äquivalenz
0	0	1	0	0	1	0	1
0	1	1	0	1	1	1	0
1	0	0	0	1	0	1	0
1	1	0	1	1	1	0	1

Die Hauptunterschiede zwischen klassischer Logik und Fuzzy-Logik sind vor allem durch zwei Aspekte begründet:

- Die Fuzzy-Logik operiert auf unscharfen Aussagen und ist eine mehrwertige Logik (Kap. 3.5.1).
- Die Fuzzy-Logik verwendet unscharfe Mechanismen des Schließens. Das Schließen mit unscharfen Mechanismen wird kurz auch als fuzzy-logisches Schließen oder approximatives Schließen bezeichnet (Kap. 3.5.2).

3.5.1 Unscharfe Aussagen

Innerhalb der Fuzzy-Logik wird die strikte Zweiwertigkeit der Wahrheitswerte $w(\mathrm{A})$ einer Aussage A aufgehoben. Die Wahrheitswerte $w(\mathrm{A})$ einer Aussage werden auf das Einheitsintervall [0,1] erweitert. Aus den klassischen scharfen Aussagen werden dann unscharfe Aussagen mit einem Wahrheitswert $\tilde{w}(\mathrm{A})$. Durch die Einführung von Wahrheitswerten wie *wahr* oder *sehr wahr* (Kap. 3.4.1) entstehen mehrwertige Logiken, wie die L_n-Logik von Łukasiewicz [Klir 88]. Mehrwertige Logiken werden nicht in Tabellenform nach Tabelle 3.7 angegeben, da die Anzahl ihrer Wahrheitswerte sehr groß oder sogar unendlich werden kann.

Das Prinzip der unscharfen Aussagen soll nun anschaulich an einem Beispiel unter Verwendung der linguistischen Wahrheits-Variablen nach Baldwin erläutert werden. Gegeben sei hierzu die folgende unscharfe Aussage A über das Lebensalter x einer Person:

$$\mathrm{A} \triangleq \text{"}\mathit{Alter} = \mathit{jung}\text{"} \triangleq \text{"}\mathit{Alter}\ \text{ist}\ \mathit{jung}\text{"}$$

Der Wahrheitswert $\tilde{w}(\mathrm{A})$ einer solchen unscharfen Aussage A wird durch die beiden folgenden Punkte bestimmt:

- Den Zugehörigkeitsgrad $g=\mu_{jung}(x)$ des Lebensalters x einer Person.
- Dem Maß an Wahrheit $\mu^B_{wahr}(g)$, das an diese unscharfe Aussage gestellt wird.

Der Wahrheitswert $\tilde{w}(\mathrm{A})$ der unscharfen Aussage A ergibt sich dann aus Gl. 3.13.

$$\tilde{w}(\mathrm{A}) = \mu^B_{wahr}(\mu_{jung}(x)) \qquad x \in X \tag{3.13}$$

Da die linguistische Wahrheits-Variable nach Baldwin (Gl. 3.12) eine lineare Funktion ist, kann die Gl. 3.13 wie folgt geschrieben werden.

$$\tilde{w}(A) = \mu_{jung}(x) \qquad x \in X \qquad (3.14)$$

Somit ist es möglich, den Wahrheitswert $\tilde{w}$(A) durch den Zugehörigkeitsgrad des linguistischen Wertes z.B. *jung* zu ersetzen.

Das Prinzip der unscharfen Aussagen soll nun noch an einem Beispiel nach [Klir 88] unter Verwendung der linguistischen Wahrheits-Variablen nach Baldwin erläutert werden. Gegeben sei die folgende Aussage über das Alter einer Person: "*Alter* ist *jung*". Der Wahrheitswert dieser Aussage hängt nun nicht nur von dem Zugehörigkeitsgrad der linguistischen Variablen *Alter* nach Abb. 3.8 ab, sondern auch von dem Maß an Wahrheit (*wahr*) oder Falschheit (*falsch*), die von der Aussage gefordert wird. Mögliche Beispiele für die gestellte Wahrheitsforderung der Aussage A≙"*Alter* ist *jung*" sollen sein:

(A)	ist	linguistischer Wahrheitswert
(*Alter* ist *jung*)	ist	*wahr*
(*Alter* ist *jung*)	ist	*wenig wahr*
(*Alter* ist *jung*)	ist	*sehr wahr*
(*Alter* ist *jung*)	ist	*falsch*

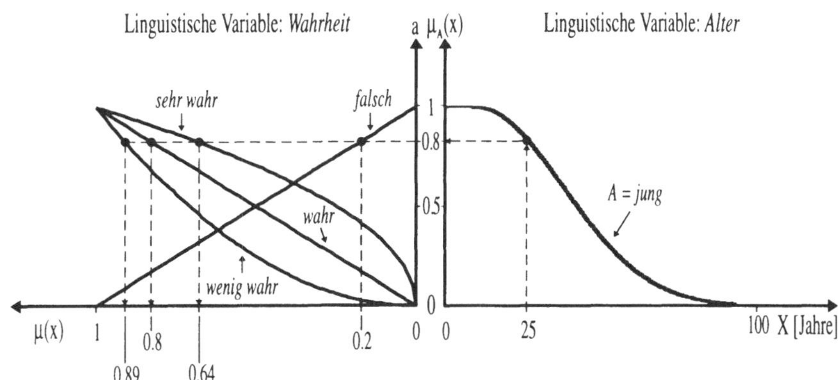

Abb. 3.8: Wahrheitswert unscharfer Aussagen

Jede Wahrheitsforderung (*wahr*, *wenig wahr* etc.) der Aussagen wird durch eine entsprechende Zugehörigkeitsfunktion ($\mu_{wahr}(a)$, $\mu_{wenig\ wahr}(a)$, etc.) bzw. Fuzzy-Menge nach Baldwin repräsentiert. Die Basismenge und die Zugehörigkeitsgrade dieser Fuzzy-Mengen sind Teilmengen des Einheitsintervalls [0,1]. Zur Verdeutlichung der Vorgehensweise sind in Abb. 3.8 die Zugehörigkeitsfunktionen nach

Baldwin aus Abb. 3.7 um 90° gedreht. Wird nun angenommen, daß eine bestimmte Person ein Alter von x=25 Jahre hat, dann ergibt sich für den linguistischen Wert *jung* der linguistischen Variablen *Alter* der Zugehörigkeitsgrad $\mu_{jung}(x=25)=a=0.8$ (Abb. 3.8). Der Wert der Zugehörigkeitsfunktion $\mu_{jung}(x)$ wird dann zur Bestimmung des linguistischen Wahrheitswertes der Aussage A verwendet. Der Zugehörigkeitsgrad des linguistischen Wertes z.B. *wahr* ergibt sich aus der Gl. 3.13 unter Berücksichtigung des aktuellen Alters x und der Aussage "*Alter* ist *jung*". Für die obigen Aussagen ergeben sich für das Alter (x=25) die folgenden Zugehörigkeitsgrade für die jeweiligen Wahrheitswerte.

(*Alter* ist *jung*) ist *wahr*	$\Rightarrow$	0.8
(*Alter* ist *jung*) ist *wenig wahr*	$\Rightarrow$	$\sqrt{0.8} = 0.89$ (*DIL*)
(*Alter* ist *jung*) ist *sehr wahr*	$\Rightarrow$	$0.8^2 = 0.64$ (*CON*)
(*Alter* ist *jung*) ist *falsch*	$\Rightarrow$	0.2

Ziel dieses Kapitels war es zu verdeutlichen, daß der Wahrheitswert einer unscharfen Aussage A durch ihre Fuzzy-Menge ***A*** bzw. deren Zugehörigkeitsfunktion $\mu_A(x)$ dargestellt werden kann. Im folgenden wird gezeigt, wie mit unscharfen Aussagen mögliche Schlußfolgerungen abgeleitet werden können.

3.5.2 Approximatives Schließen

Wie zuvor schon erwähnt, ist das sogenannte fuzzy-logische Schließen oder approximative Schließen eine zentrale Erweiterung der Fuzzy-Logik. Durch das fuzzy-logische Schließen werden unscharfe Schlußfolgerungen basierend auf unscharfen Aussagen möglich. In der englischsprachigen Literatur wird hierfür die Bezeichnung "Approximate Reasoning" verwendet.

Im Rahmen der klassischen Logik ist der Modus Ponens ein weitverbreitetes Prinzip des Schlußfolgerns. Hierbei wird ausgehend von dem Wahrheitswert w(A), der Aussage A der Prämisse, über die Implikation auf den Wahrheitswert w(B), der Aussage B der Konklusion, geschlossen. Die Struktur der Implikation entspricht der Struktur von Produktionsregeln aus Kapitel 2.

Modus Ponens:

Prämisse:	w(A)
Implikation:	**if** w(A) **then** w(B)
Konklusion:	w(B)

In der Fuzzy-Logik wird ein verallgemeinerter Modus Ponens angewendet [Zadeh 75]. Der Modus Ponens der klassischen Logik unterscheidet sich in zwei Punkten von dem verallgemeinerten Modus Ponens.

- Die Wahrheitswerte *w*(A) und *w*(B) werden durch Fuzzy-Mengen charakterisiert.
- Die exakte Identität der Aussagen der Prämisse und der Aussage der Konklusion mit den Aussagen der Implikation wird aufgehoben. Das bedeutet, daß die Fuzzy-Mengen der Prämisse $\boldsymbol{A}^*$ und der Konklusion $\boldsymbol{B}^*$ von den Fuzzy-Mengen der Implikation $\boldsymbol{A}$ und $\boldsymbol{B}$ unterschieden werden.

Durch diese Erweiterungen ergibt sich der verallgemeinerte Modus Ponens.

Verallgemeinerter Modus Ponens:

Prämisse:	$X=\boldsymbol{A}^*$
Implikation:	**if** $X=\boldsymbol{A}$ **then** $Y=\boldsymbol{B}$
Konklusion:	$Y=\boldsymbol{B}^*$

Zur Festlegung der Implikation definiert Zadeh in [Zadeh 73, Zadeh 75] den folgenden Ausdruck für eine Regel der Form *if...then...else*.

$$\text{if } \boldsymbol{A} \text{ then } \boldsymbol{B} \text{ else } \boldsymbol{C} \triangleq \boldsymbol{A} \times \boldsymbol{B} + (\neg \boldsymbol{A} \times \boldsymbol{C}) \tag{3.15}$$

In Gl. 3.15 wird die *if...then...else*-Regel durch die Vereinigung[2] der beiden cartesischen Produkte $\boldsymbol{A}\times\boldsymbol{B}$ und $\neg\boldsymbol{A}\times\boldsymbol{C}$ ersetzt. Die Fuzzy-Menge $\boldsymbol{A}$ bzw. die Fuzzy-Mengen $\boldsymbol{B}$, $\boldsymbol{C}$ sind definiert auf den Basismengen $\boldsymbol{X}$ bzw. $\boldsymbol{Y}$ der entsprechenden linguistischen Variablen X bzw. Y. Für den Fall, daß die Fuzzy-Menge $\boldsymbol{C}$ gleich ihrer Basismenge $\boldsymbol{Y}$ ist, ergibt sich die Implikation *if...then...*, d.h. die Fuzzy-Menge $\boldsymbol{C}$ entfällt und es gibt keinen *else*-Ausdruck.

$$\text{if } \boldsymbol{A} \text{ then } \boldsymbol{B} \triangleq \boldsymbol{A} \times \boldsymbol{B} + (\neg \boldsymbol{A} \times \boldsymbol{Y}) \tag{3.16}$$

Der in Gl. 3.16 abgeleitete Ausdruck für die Implikation definiert eine Fuzzy-Relation $\boldsymbol{R}_{A\Rightarrow B}$ basierend auf den Fuzzy-Mengen $\boldsymbol{A}$ und $\boldsymbol{B}$.

$$\boldsymbol{R}_{A\to B} \triangleq \boldsymbol{A} \times \boldsymbol{B} + (\neg \boldsymbol{A} \times \boldsymbol{Y}) \tag{3.17}$$

Bis jetzt noch offen ist die Frage, wie die Fuzzy-Menge $\boldsymbol{A}^*$ der Prämisse mit der Relation $\boldsymbol{R}_{A\Rightarrow B}$ der Implikation *if* $X=\boldsymbol{A}$ *then* $Y=\boldsymbol{B}$ zu verbinden ist, so daß eine Fuzzy-Menge $\boldsymbol{B}^*$ für die Konklusion abgeleitet werden kann. Zadeh schlägt hierzu

---

[2] Die Vereinigung der Fuzzy-Mengen wird durch ein Additionszeichen "+" dargestellt (Kap. 3.1).

die Kompositionsregel der Inferenz (Compositional Rule of Inference) vor [Zadeh 73 und 75]. Aufgrund der Kompositionsregel der Inferenz ergibt sich dann die Fuzzy-Menge $\boldsymbol{B}^*$ aus der Komposition der Fuzzy-Menge $\boldsymbol{A}^*$ und der Relation $\boldsymbol{R}_{A\Rightarrow B}$ der Implikation.

$$\boldsymbol{B}^* = \boldsymbol{A}^* \circ \boldsymbol{R}_{A\rightarrow B} \tag{3.18}$$

Im Vergleich zu der Definition 3.19 (Komposition von Relationen) ist hier eine Relation durch eine Fuzzy-Menge $\boldsymbol{A}^*$ ersetzt, was lediglich einen Sonderfall der Komposition von Fuzzy-Relationen darstellt.

Im folgenden soll die Berechnung der Gl. 3.15-3.18 näher erläutert werden. Der Übersichtlichkeit wegen empfiehlt sich die Darstellung in Form von Matrizen. Die Fuzzy-Mengen $\boldsymbol{A}$ und $\neg\boldsymbol{A}$ repräsentieren Spaltenvektoren und die Fuzzy-Mengen $\boldsymbol{B}$ und $\boldsymbol{C}$ Zeilenvektoren ihrer Zugehörigkeitsgrade $\mu_A(x_i)$, $\mu_B(y_j)$ und $\mu_C(y_j)$, wobei die Fuzzy-Mengen $\boldsymbol{A}=\{(x_i,\mu_A(x_i)|x_i\in \boldsymbol{X}=\{x_1,...,x_a\}\}$, $\boldsymbol{B}=\{(y_j,\mu_B(y_j)|y_j\in \boldsymbol{Y}=\{y_1,...,y_b\}\}$ und $\boldsymbol{C}=\{(y_j,\mu_C(y_j)|y_j\in \boldsymbol{Y}=\{y_1,...,y_b\}\}$ gegeben sind.

$$\textbf{if } A \textbf{ then } B \textbf{ else } C \triangleq \begin{bmatrix} \\ A \\ \\ \end{bmatrix} \cdot [\, B \,] + \neg \begin{bmatrix} \\ A \\ \\ \end{bmatrix} \cdot [\, C \,] \tag{3.19}$$

Die Gl. 3.19 kann nun wie folgt geschrieben werden,

$$\text{if } A \text{ then } B \text{ else } C \triangleq \begin{bmatrix} \mu_A(x_1) \\ \cdot \\ \cdot \\ \cdot \\ \mu_A(x_a) \end{bmatrix} \cdot [\mu_B(y_1) ,..., \mu_B(y_b)\,] + \begin{bmatrix} 1-\mu_A(x_1) \\ \cdot \\ \cdot \\ \cdot \\ 1-\mu_A(x_a) \end{bmatrix} \cdot [\,\mu_C(y_1) ,..., \mu_C(y_b)\,]. \tag{3.20}$$

Die einzelnen Koeffizienten der Relationsmatrix $\boldsymbol{R}_{A\Rightarrow B}$ der Implikation *if...then...* ergeben sich aus Gl. 3.20, wobei $\boldsymbol{C} = \boldsymbol{Y}$ (d.h. $\mu_C(y_j)=1$) ist. Es ist in Gl. 3.20 zu beachten, daß bei der *max-min*-Komposition das Produkt "·" als *min*-Operator und die Addition "+" als *max*-Operator zu interpretieren ist.

$$\mu_{R_{A\rightarrow B}}(x_i,y_j) = \max\{\min\{\mu_A(x_i),\mu_B(y_j)\},\ 1-\mu_A(x_i)\} \quad \text{für } i\in\{1,...,a\},\ j\in\{1,...,b\} \tag{3.21}$$

Im folgenden wird die Relation $\boldsymbol{R}_{A\Rightarrow B}$ über die Kompositionsregel der Inferenz (Gl. 3.18) mit der Fuzzy-Menge $\boldsymbol{A}^*$ der Prämisse verknüpft. Hieraus ergeben sich die Zugehörigkeitsgrade $\mu_{B^*}(y)$ der Fuzzy-Menge $\boldsymbol{B}^*$ der Konklusion.

$$[\ \mu_{B^*}(y_1),\ldots,\mu_{B^*}(y_b)\ ] = [\ \mu_{A^*}(x_1),\ldots,\mu_{A^*}(x_b)\ ] \circ \begin{bmatrix} \mu_{R_{A-B}}(x_1,y_1) & \cdots & \mu_{R_{A-B}}(x_1,y_b) \\ \vdots & & \vdots \\ \mu_{R_{A-B}}(x_a,y_1) & \cdots & \mu_{R_{A-B}}(x_a,y_b) \end{bmatrix} \tag{3.22}$$

Unter Verwendung der *max-min*-Komposition ergeben sich die Zugehörigkeitsgrade $\mu_{B^*}(y_j)$ nach Gl. 3.23.

$$\mu_{B^*}(y_j) = \max_{x_i \in X} \{\ \min\{\mu_{A^*}(x_i),\mu_{R_{A-B}}(x_i,y_j)\}\ \} \quad \text{für } i\in\{1,\ldots,a\},\ j\in\{1,\ldots,b\} \tag{3.23}$$

Gl. 3.23 repräsentiert die Zugehörigkeitsgrade der durch die Implikation abgeleiteten Fuzzy-Menge $\boldsymbol{B}^*=\{(y_j,\mu_{B^*}(y_j))|y_j\in \boldsymbol{Y}=\{y_1,\ldots,y_b\}\}$.

Über den verallgemeinerten Modus Ponens ist es möglich, eine Fuzzy-Menge $\boldsymbol{B}^*$ der Konklusion einer Produktionsregel aus einer Fuzzy-Menge $\boldsymbol{A}^*$ abzuleiten. Neben der von Zadeh eingeführten Interpretation des Modus Ponens in der obigen Art gibt es weitere Möglichkeiten, die Implikation zu vereinbaren. Im Kapitel 4 über Fuzzy Control werden weitere in der Praxis bewährte Implikationsmethoden vorgestellt. Jedoch bringen die dort vorgestellten Implikationsmethoden keine prinzipiellen Neuerungen in der Vorgehensweise.

Das approximative Schließen wird abschließend an einem Zahlenbeispiel veranschaulicht.

Beispiel: [Zadeh 73]
Gegeben sind die beiden linguistischen Werte *klein* und *groß* nach Gl. 3.24 und Gl. 3.25 mit der Basismenge {1,2,3,4,5}.

$$\textit{klein} = \{\ (1,1),(2,0.8),(3,0.6),(4,0.4),(5,0.2)\ \} \tag{3.24}$$

$$\textit{groß} = \{\ (1,0.2),(2,0.4),(3,0.6),(4,0.8),(5,1)\ \} \tag{3.25}$$

Des weiteren sei die folgende Regel R_1 gegeben.

$$R_1\text{:} \quad \text{if } X=\textit{klein} \text{ then } Y=\textit{groß} \text{ else } Y=\neg\textit{sehrgroß} \tag{3.26}$$

Gesucht wird die Fuzzy-Menge ***Y*** der linguistischen Variablen *Y*, wenn der linguistische Wert *sehr klein* für die linguistische Variable *X* in der Regel R_l eingesetzt wird.

Lösung:
Die Fuzzy-Menge ***Y*** wird durch das approximative Schließen für die Aussage "*sehr klein=klein*" in der Prämisse abgeleitet. Zuvor müssen in einer Zwischenrechnung die Fuzzy-Mengen der linguistischen Werte *sehr klein* und ¬*sehr groß* berechnet werden. Deren Zugehörigkeitsgrade ergeben sich nach Kapitel 3.2 und Kapitel 3.4 durch die beiden folgenden Gleichungen.

$$\mu_{sehr\,klein}(x) = \mu^2_{klein}(x) \tag{3.27}$$

$$\mu_{\neg sehr\,groß}(x) = 1 - \mu^2_{groß}(x) \tag{3.28}$$

Für die linguistischen Werte ergeben sich die folgenden Fuzzy-Mengen.

$$\boldsymbol{sehr\,klein} = \{\ (1,1),(2,0.64),(3,0.36),(4,0.16),(5,0.04)\ \} \tag{3.29}$$

$$\boldsymbol{\neg sehr\,groß} = \{\ (1,0.96),(2,0.84),(3,0.64),(4,0.36),(5,0)\ \} \tag{3.30}$$

Im weiteren muß die Relation ***R*** der Implikation bestimmt werden. Aus Gründen der Übersichtlichkeit wird die abkürzende Matrizenschreibweise verwendet. Nach Gl. 3.15 ergibt sich die Relation ***R*** der Regel R_l.

$$\boldsymbol{R} \triangleq \text{if } X = \boldsymbol{klein} \text{ then } Y = \boldsymbol{groß} \text{ else } Y = \boldsymbol{\neg sehr\,groß}$$

$$= \begin{bmatrix} 1 \\ 0.8 \\ 0.6 \\ 0.4 \\ 0.2 \end{bmatrix} \cdot [0.2 \quad 0.4 \quad 0.6 \quad 0.8 \quad 1] + \begin{bmatrix} 0 \\ 0.2 \\ 0.4 \\ 0.6 \\ 0.8 \end{bmatrix} \cdot [0.96 \quad 0.84 \quad 0.64 \quad 0.36 \quad 0] \tag{3.31}$$

$$= \begin{bmatrix} 0.2 & 0.4 & 0.6 & 0.8 & 1 \\ 0.2 & 0.4 & 0.6 & 0.8 & 0.8 \\ 0.4 & 0.4 & 0.6 & 0.6 & 0.6 \\ 0.6 & 0.6 & 0.6 & 0.4 & 0.4 \\ 0.8 & 0.8 & 0.64 & 0.36 & 0.2 \end{bmatrix}$$

Die gesuchte Fuzzy-Menge $\boldsymbol{Y}$ resultiert aus der Komposition der Fuzzy-Menge des linguistischen Wertes *sehr klein* mit der Relation $\boldsymbol{R}$.

$$\begin{aligned} Y &= \boldsymbol{sehrklein} \circ \boldsymbol{R} \\ &= [1 \quad 0.64 \quad 0.36 \quad 0.16 \quad 0.04] \circ \begin{bmatrix} 0.2 & 0.4 & 0.6 & 0.8 & 1 \\ 0.2 & 0.4 & 0.6 & 0.8 & 0.8 \\ 0.4 & 0.4 & 0.6 & 0.6 & 0.6 \\ 0.6 & 0.6 & 0.6 & 0.4 & 0.4 \\ 0.8 & 0.8 & 0.64 & 0.36 & 0.2 \end{bmatrix} \\ &= [0.36 \quad 0.4 \quad 0.6 \quad 0.8 \quad 1] \end{aligned} \tag{3.32}$$

Die Fuzzy-Menge $\boldsymbol{Y}$ kann natürlich auch in der etwas ausführlicheren Mengenschreibweise dargestellt werden.

$$Y = \{\ (1,0.36),(2,0.4),(3,0.6),(4,0.8),(5,1)\ \} \tag{3.33}$$

Kapitel 4

Fuzzy Control

Im Kapitel 3 wurden bereits Begriffe und Mechanismen der Fuzzy-Theorie vorgestellt. Hierbei wurde die Fuzzy-Theorie unabhängig von technischen Anwendungen erläutert. In diesem Kapitel wird unter dem Begriff "Fuzzy Control" die Fuzzy-Theorie in Hinblick auf ihre technische Anwendung innerhalb der Automatisierungstechnik betrachtet. Die Begriffsbildung und Methodenentwicklung von Fuzzy Control ist wie bei der Fuzzy-Theorie auch derzeit noch nicht umfassend abgeschlossen. Ferner mangelt es an Standardisierungen [Kahlert 95], [Zimmermann 93], [Kiendl et. al. 93], [Kosko 92], [Lee 90]. Um einen direkten Vergleich mit der *RIP*-Methode in Kapitel 5 und 6 zu ermöglichen, wurden bereits in Kapitel 2 konsistente Bezeichnungen für *RIP*- und Fuzzy-Methoden festgelegt. Hauptziel des Kapitels 4 ist die Darstellung der Funktionsweise eines wissensbasierten Systems basierend auf der Fuzzy-Methode. Hierzu wird auch ein allgemeiner Entwurfsvorgang und das Übertragungsverhalten einiger Fuzzy Controller vorgestellt. Eine Abgrenzung von Fuzzy Control gegenüber der Fuzzy-Logik und eine Diskussion offener Probleme werden dieses Kapitel beenden. Die Behandlung der Probleme und Lösungsansätze bei unvollständigem Expertenwissen in Fuzzy Control erfolgt in Kapitel 7 nach Einführung der *RIP*-Methode.

4.1 Grundstruktur eines Fuzzy Controllers

Die Grundstruktur eines Fuzzy Controllers kann in 3 Blöcke aufgeteilt werden.

1. Eingangs-Filter (Input-Filter)
2. Fuzzy-Block
3. Ausgangs-Filter (Output-Filter)

Die Eingangs- und Ausgangs-Filter eines Fuzzy Controllers dienen zur Anpassung des Fuzzy-Blockes an die äußeren Systemgrößen. Die Ein- bzw. Ausgangs-Filter beinhalten die dynamischen Teile eines Fuzzy Controllers wie Integrierer und Differenzierer. Die Ein- und Ausgangs-Filter können auch aus rein statischen Teilen wie Verstärkungsfaktoren oder Summierglieder bestehen. Den zentralen Kern eines Fuzzy Controllers bildet der Fuzzy-Block. Das Übertragungsverhalten eines Fuzzy-Blockes ist rein statisch, und der Fuzzy-Block enthält im Gegensatz zu den Eingangs- und Ausgangs-Filtern keine dynamischen Glieder oder interne Zustandsgrößen (Abb. 4.1).

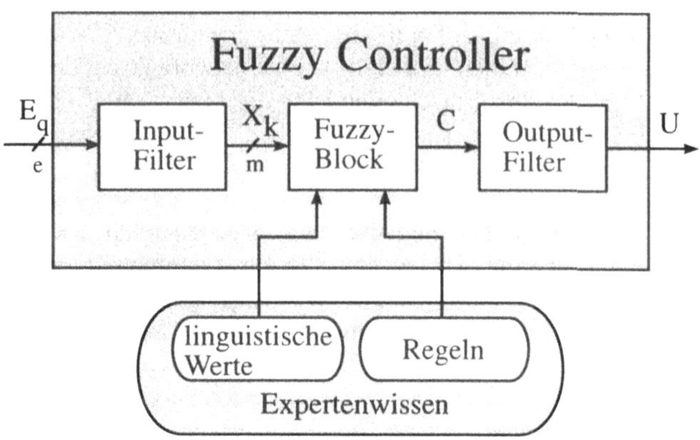

Abb. 4.1: Grundstruktur eines Fuzzy Controllers

Die Eingangs-Filter setzen die gemessenen Systemgrößen $E_1,...,E_e$ in die Eingangsgrößen $X_1,...,X_m$ eines Fuzzy-Blockes um. Die Eingangsgrößen X_k ($k \in \{1,...,m\}$) eines Fuzzy-Blockes werden innerhalb der Prämisse der Produktionsregeln verarbeitet. Da in manchen praktischen Anwendungen mehrere Systemgrößen zur Bildung einer Eingangsgröße benötigt werden, kann sich die Anzahl e der Systemgrößen $E_1,...,E_e$ von der Anzahl m der Eingangsgrößen $X_1,...,X_m$ unterscheiden. Ein einfaches Beispiel hierfür ist die Verwendung der Regeldifferenz Xd als Eingangsgröße des Fuzzy-Blockes. Die Regeldifferenz Xd wird hierzu aus dem Sollwert W und dem aktuellen Istwert Y des Streckenausganges erzeugt ($Xd=W-Y$).

Der Ausgangs-Filter paßt die Ausgangsgröße[1] C eines Fuzzy-Blockes an die Stellgröße U eines Stellgliedes oder einer Strecke an. Prinzipiell sind auch hier beliebige dynamische oder nicht-dynamische Operationen möglich. Bei der überwiegenden Mehrheit von Fuzzy Controllern besteht der Ausgangs-Filter entweder aus einem Verstärkungsfaktor oder einem Integrierer. Der Integrierer im Ausgangs-Filter ist zur Umsetzung von Stellgrößenänderungen innerhalb der

[1] Die Bezeichnung C für die Ausgangsgröße eines Fuzzy-Blockes ist in Anlehnung an den engl. Begriff "Conclusion" gewählt worden, um ihn von der Stellgröße U zu unterscheiden.

Konklusion der Produktionsregeln notwendig. Durch einen Integrierer im Ausgangs-Filter können Handlungsanweisungen wie "Erhöhe die Stellgröße etwas" bzw. "ΔU=*klein*" realisiert werden.

Fuzzy-Blöcke (Fuzzy Controller) mit mehreren Ausgangsgrößen (Stellgrößen) können durch mehrere parallel-geschaltete Fuzzy-Blöcke (Fuzzy Controller) mit nur einer Ausgangsgröße (Stellgröße) gebildet werden. Fuzzy-Blöcke mit einer Ausgangsgröße werden auch *Multi-Input-Single-Output*-(*MISO*)-Systeme genannt [Lee 90]. Die Beschränkung auf nur eine Ausgangsgröße C wird aufgrund der Übersichtlichkeit vorgenommen und stellt keine Einschränkung der Allgemeinheit der Struktur in Abb. 4.1 dar. Entscheidend für die Komplexität und den Realisierungsaufwand eines Fuzzy-Blockes ist die Anzahl seiner Eingangsgrößen, da der Umfang einer Regelbasis exponentiell mit der Anzahl der Eingangsgrößen steigt.

Die detaillierte Struktur und Funktionsweise eines Fuzzy-Blockes wird in den folgenden Kapiteln behandelt. Das eingegebene Expertenwissen in Form von Regeln und linguistischen Werten bestimmt das Übertragungsverhalten eines Fuzzy-Blockes. Die Struktur von Fuzzy-Regelbasen ist Inhalt des nächsten Kapitels.

4.1.1 Struktur der Regeln

Die Regelstruktur von Fuzzy-Blöcken entspricht der von Produktionsregeln nach Kapitel 2.5.4. Die Umsetzung des Expertenwissens wird neben der formalen Beschreibung anhand einer Ventileinstellung nach Beispiel 4.1 erläutert.

Beispiel 4.1: Regelbasis einer Ventileinstellung
Gegeben ist ein Fuzzy Controller mit den linguistischen Eingangsgrößen Temperatur (*Temperatur*) und Druck (*Druck*). Die Temperatur kann die linguistischen Werte *kalt* und *heiß*, der Druck die linguistischen Werte *niedrig* und *hoch* annehmen. Die Ausgangsgröße ist die Stellung eines Ventils (*Ventil*), welches die linguistischen Werte *zu, halb* und *offen* annehmen kann. Die Zugehörigkeitsfunktionen der linguistischen Werte werden in diesem Kapitel später eingeführt. Es sei die folgende Regelbasis gegeben.

Regelbasis: Ventileinstellung

R_1: if *Temperatur=kalt* $\wedge$ *Druck=hoch* then *Ventil=halb* | 1

R_2: if *Temperatur=heiß* $\wedge$ *Druck=hoch* then *Ventil=zu* | 1

Die Normalform-Beschreibung und Notation einer *MISO*-Regelbasis nach Gl. 4.1 ist bereits in Kapitel 2.5.4 vorgestellt worden. Im folgenden gelten die Annahmen aus Kapitel 2.5.4.

$$R_i: \bigwedge_{k=1}^{m} (X_k=A_{k,i_k}) \Rightarrow C=B_i \quad | \; G_i \qquad \text{für} \quad i\in\{1,...,n\},\; i_k\in\{1,...,\alpha_k\} \tag{4.1}$$

In Fuzzy Control werden Regeln, die nur linguistische Werte B_i wie Gl. 4.1 in der Konklusion beinhalten, als linguistische bzw. relationale Regeln oder als Regeln nach Mamdani bezeichnet [Mamdani 73, 74, 77]. Im Gegensatz zu diesen Mamdani ähnlichen Strukturen gibt es noch die Regelstrukturen nach Takagi/Sugeno [Takagi 83]. Diese Regeln R_i nach Takagi/Sugeno besitzen in der Konklusion der Regeln eine Funktion f_i und werden deshalb auch funktionale Regeln genannt. Zuerst wird die Umsetzung der relationalen Regeln und dann die Umsetzung der funktionalen Regeln in Kapitel 4.2.5 behandelt.

4.2 Fuzzy-Block

Wie bereits in Kapitel 4.1 angesprochen, enthält der Fuzzy-Block keine dynamischen Anteile. Deshalb kann jeder Fuzzy-Block durch eine statische Verknüpfungsvorschrift bzw. Funktion $F:\underline{X}\rightarrow C$ aus dem Produktraum $\underline{X}=X_1\times...\times X_m$ der Basismengen $X_1,...,X_m$ der Eingangsgrößen auf die Basismenge C der Ausgangsgröße beschrieben werden. Diese Verknüpfungsvorschrift $c=F(\underline{x})$ mit $\underline{x}\in\underline{X}$, $c\in C$ liegt nicht in mathematisch analytischer Form vor, sondern wird über linguistische Werte (Fuzzy-Mengen), Regeln und aufgrund weiterer Freiheitsgrade von Fuzzy Control festgelegt, d.h. die Verknüpfungsvorschrift wird durch qualitatives Expertenwissen bestimmt. Üblicherweise ist die Verknüpfungsvorschrift $F(\underline{x})$ nicht-linear. Es besteht, wie in Kapitel 10.2 noch gezeigt werden wird, die Möglichkeit, lineare Funktionen zu generieren, jedoch ist die große Mehrheit der Fuzzy Controller nicht-linear. Zur Veranschaulichung der Verknüpfungsvorschrift $F(\underline{x})$ werden häufig Kennfelder (Kennflächen) bzw. Kennlinien verwendet. Die Darstellung als Kennfeld bzw. Kennlinie ist aber nur für eine bzw. zwei Eingangsgrößen praktikabel. Bei Fuzzy Controllern mit mehr als zwei Eingangsgrößen ist eine direkte Visualisierung der Verknüpfungsvorschrift $F(\underline{x})$ nicht mehr durchführbar. Es besteht dann noch die Möglichkeit, unterschiedliche Projektionen der Verknüpfungsvorschrift darzustellen.

Es stellt sich hier die berechtigte Frage, was das eigentlich Neue an Fuzzy Control ist, wenn der Fuzzy-Block nichts weiter als eine nicht-lineare Funktion $F(\underline{x})$ ist, die nicht in analytischer Form vorliegt. Nicht-lineare Funktionen mit mehreren Eingangsgrößen werden schon seit längerem bei den sogenannten Kennfeldreglern eingesetzt. Das eigentlich Neue an Fuzzy Control ist also nicht das Laufzeitverhalten, sondern die Entwurfsmethode und die verbale Formulierung von Expertenwissen durch linguistische Regelbasen [Kiendl et. al. 93], [Kahlert 93]. Erst die Definition von linguistischen Werten bzw. Fuzzy Mengen macht es möglich, qualitative Beschreibungen von Objekten, wie sie durch Menschen entstehen, der Regelungstechnik direkt zugänglich zu machen [Preuß 1/92]. Die Entwurfsmethode unter Verwendung von linguistischen Werten und Regeln muß deshalb ein zentraler Gegenstand der Untersuchungen sein.

In Abb. 4.2 ist die Struktur eines Fuzzy-Blockes abgebildet. Der Fuzzy-Block ist ähnlich wie der Fuzzy Controller in 3 Blöcke unterteilt.

1. Fuzzification
2. Inferenz
3. Defuzzification

In der Automatisierungstechnik werden nur eindeutige bzw. scharfe Meßwerte gemessen und eindeutige Stellgrößen an einen Prozeß ausgegeben. Es ist nicht möglich, Fuzzy-Mengen direkt als technische Signale zu verwenden. Die Fuzzification und die Defuzzification bewirken eine Abbildung der eindeutigen Eingangs- und Ausgangsgrößen auf die Fuzzy-Mengen des Inferenz-Blockes.

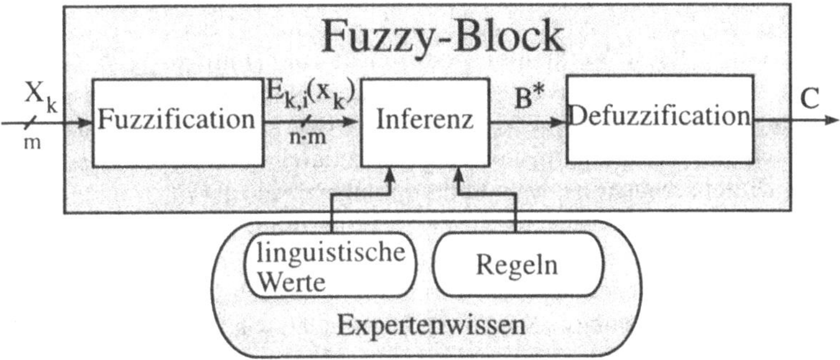

Abb. 4.2: Struktur eines Fuzzy-Blockes

Die Fuzzification und die Defuzzification sind keine Bestandteile der ursprünglichen Fuzzy-Theorie. In der ursprünglichen Fuzzy-Theorie [Zadeh 75] erscheint das Problem der Abbildung zwischen Fuzzy-Mengen und eindeutigen Systemgrößen nicht, da es dort nur um die Verarbeitung von "echten" Fuzzy-Mengen geht. Innerhalb von Fuzzy Control ist dies jedoch ein essentieller Aspekt. Es ist zu beachten, daß aufgrund der Fuzzification und der Defuzzification das Verhalten eines Fuzzy-Blockes, von seinen Eingangsgrößen $X_1,...,X_m$ und seiner Ausgangsgröße C aus betrachtet, als eine Funktion $F(\underline{x})$ beschrieben werden kann, obwohl intern mit Fuzzy-Mengen operiert wird.

Die Inferenz ist der zentrale Kern des Fuzzy-Blockes. Hier findet das fuzzy-logische Schließen statt. Die Funktionsweise und Bedeutung der einzelnen Blöcke wird in den Kapiteln 4.2.1 bis 4.2.3 im Detail beschrieben.

4.2.1 Fuzzification

Nachdem die Notwendigkeit der Fuzzification in Fuzzy Control bereits diskutiert wurde, wird hier das Funktionsprinzip erläutert.

Die Fuzzification ordnet jeder Elementaraussage $(X_k = \boldsymbol{A}_{k,i\_k})$ der Prämisse einer Regel R_i einen Erfülltheitsgrad $E_{k,i}(x_k)$ zu.

$$x_k \rightarrow E_{k,i}(x_k) \qquad \text{für} \quad i \in \{1,...,n\},\ k \in \{1,...,m\} \tag{4.2}$$

Die Erfülltheitsgrade $E_{k,i}(x_k)$ berechnen sich aus den Zugehörigkeitsfunktionen der linguistischen Werte $\boldsymbol{A}_{k,i\_k}$ und den aktuellen Eingangswerten x_k der Elementaraussagen $(X_k = \boldsymbol{A}_{k,i\_k})$ einer Regel R_i. Für die Eingangswerte x_k ergeben sich die Erfülltheitsgrade nach Gl. 4.3.

$$E_{k,i}(x_k) = \mu_{A_{k,i_k}}(x_k) \qquad \text{für} \quad i \in \{1,...,n\},\ k \in \{1,...,m\},\ i_k \in \{1,...,\alpha_k\}. \tag{4.3}$$

Nach der Fuzzification ergeben sich $n{\cdot}m$ Erfülltheitsgrade $E_{k,i}(x_k)$ entsprechend der Anzahl von Elementaraussagen. Die Erfülltheitsgrade werden innerhalb des Inferenz-Blockes weiterverarbeitet. Abb. 4.3 zeigt anhand der Regel R_l des Beispiels 4.1 die Wirkungsweise der Fuzzification und die Bestimmung des Erfülltheitsgrades $E_{k,i}(x_k)$ einer Elementaraussage.

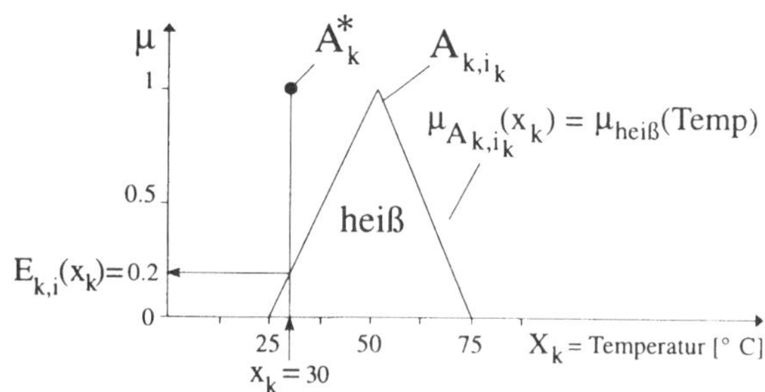

Abb. 4.3: Fuzzification

Formal gesehen erzeugt die Fuzzification aus den eindeutigen Eingangswerten x_k die Fuzzy-Mengen $\boldsymbol{A}^*_k$ (Abb. 4.3). Die eindeutigen Eingangswerte x_k des Fuzzy-Blockes werden somit auf Fuzzy-Mengen $\boldsymbol{A}^*_k$ mit singletonförmigen Zugehörigkeitsfunktionen einer Höhe von Eins abgebildet (Gl. 4.4).

$$x_k \rightarrow \{(A_k^*,\ \mu_{A_k^*}(\xi_k)) \mid \xi_k \in X_k\} \quad \text{für} \quad k \in \{1,\dots,m\}$$
$$\text{wobei} \quad \mu_{A_k^*}(\xi_k) = \begin{cases} 1 & \text{für} \quad \xi_k = x_k \\ 0 & \text{sonst} \end{cases} \tag{4.4}$$

Da die Fuzzy-Mengen $\boldsymbol{A}^*_k$ singletonförmig sind, ergeben sich durch die Verbindung mit den Elementaraussagen (X_k=$\boldsymbol{A}_{k,i\_k}$) die Wahrheitswerte $\tilde{w}(\boldsymbol{A}^*_k=\boldsymbol{A}_{k,i\_k})$, die nur für jeweils einen Eingangswert x_k einen Wert ungleich Null annehmen. Es ist zu beachten, daß die Wahrheitswerte $\tilde{w}(\boldsymbol{A}^*_k=\boldsymbol{A}_{k,i\_k})$ im Gegensatz zur klassischen Logik im Einheitsintervall [0,1] liegen. Die Erfülltheitsgrade $E_{k,i}(x_k)$ in Gl. 4.3 repräsentieren somit die Wahrheitswerte $\tilde{w}(\boldsymbol{A}^*_k=\boldsymbol{A}_{k,i\_k})$ von Elementaraussagen der Fuzzy-Logik in Kapitel 3.5 für einen bestimmten Eingangswert x_k.

4.2.2 Inferenz

Die Inferenz setzt das qualitative Expertenwissen in ein technisch realisierbares Regelgesetz um. Die Inferenz leitet ausgehend von der Regelbasis $\boldsymbol{R}$ und den Erfülltheitsgraden $E_{k,i}(x_k)$ der Elementaraussagen eine Fuzzy-Menge $\boldsymbol{B}^*$ ab. Die Erfülltheitsgrade $E_{k,i}(x_k)$ werden durch die Fuzzification bestimmt. Nach der Inferenz wird die Fuzzy-Menge $\boldsymbol{B}^*$ durch die Defuzzification wieder auf eine eindeutige Systemgröße C abgebildet (Kap. 4.2.3).

Die Inferenz des Fuzzy-Blockes gliedert sich, wie in Abb. 4.4 dargestellt, in drei Teilschritte.

1. Aggregation
2. Implikation
3. Akkumulation

Die Funktionsweise dieser Teilschritte wird im weiteren erläutert.

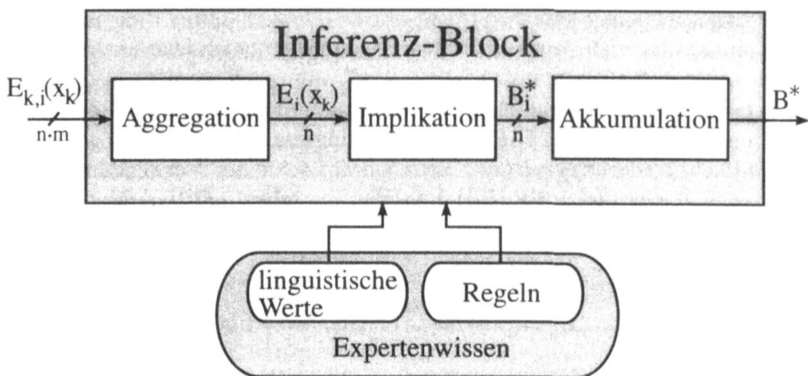

Abb. 4.4: Struktur der Inferenz

4.2.2.1 Aggregation

Die Aggregation führt die verschiedenen Elementaraussagen (X_k=$\boldsymbol{A}_{k,i\_k}$) einer Regel R_i zusammen und bildet die Wahrheitswerte bzw. die Erfülltheitsgrade der betreffenden Regelprämissen. Jede Prämisse einer Regel R_i besteht aus m Elementaraussagen (X_k=$\boldsymbol{A}_{k,i\_k}$), die über logische Verknüpfungen wie die *und*-Verknüpfung zu einer komplexen Aussage zusammengesetzt werden. Als Ergebnis der Aggregation ergibt sich für jede Regel R_i ein Erfülltheitsgrad $E_i(x_1,\ldots,x_m)=E_i(\underline{x})$, der abhängig von dem Eingangswertevektor $\underline{x}=(x_1,\ldots,x_m)$ ist. Durch die Aggregation werden somit die $n{\cdot}m$ Erfülltheitsgrade $E_{k,i}(x_k)$ der Elementaraussagen (X_k=$\boldsymbol{A}_{k,i\_k}$) auf n Erfülltheitsgrade $E_i(\underline{x})$ der Regel R_i abgebildet.

Die Aggregation der Erfülltheitsgrade $E_{k,i}(x_k)$ der Elementaraussagen (X_k=$\boldsymbol{A}_{k,i\_k}$) wird bestimmt durch die logischen Verknüpfungsoperatoren, die in den komplexen Aussagen verwendet werden. Diese Verknüpfungsoperatoren werden auch Aggregationsoperatoren "$\propto$" genannt. Der Erfülltheitsgrad $E_i(\underline{x})$ einer Regel R_i in Normalform ergibt sich dann aus Gl. 4.5.

$$E_i(\underline{x}) = E_{1,i}(x_1) \propto ,\ldots, \propto E_{m,i}(x_m) \qquad \text{für} \quad i\in\{1,\ldots,n\} \tag{4.5}$$

Als Aggregationsoperatoren "$\propto$" der Gl. 4.5 können alle in Kapitel 3.2 vorgestellten Operatoren verwendet werden. In der automatisierungstechnischen Praxis werden überwiegend die T_{min}- bzw. S_{max}- oder die $T_{algebraisch}$- bzw. $S_{algebraisch}$-Normen aufgrund ihrer einfachen Realisierbarkeit und der Transparenz ihrer Auswirkungen eingesetzt.

Für die Fälle, in denen keine Normalformen vorliegen, können zur Bildung von komplexen Aussagen die einzelnen Elementaraussagen auch über unterschiedliche logische Verknüpfungsoperatoren (*und*, *oder*) verbunden werden. In diesem Fall wird in Gl. 4.5 der Aggregationsoperator $\propto$ durch unterschiedliche Aggregationsoperatoren $\propto_1,\ldots,\propto_{m-1}$ ersetzt. Die beiden folgenden Gleichungen zeigen das Ergebnis des Erfülltheitsgrades $E_i(\underline{x})=E_i(x_1,\ldots,x_m)$ nach Gl. 4.5 unter Verwendung des T_{min}- bzw. $T_{algebraisch}$-Operators zur Realisierung von logischen *und*-Verknüpfungen.

Minimum-Aggregation:

$$E_i(\underline{x}) = \min\{E_{1,i}(x_1),\ldots,E_{m,i}(x_m)\} = \min_{k=1}^{m} E_{k,i}(x_k) \qquad \text{für} \quad i\in\{1,\ldots,n\} \qquad (4.6)$$

Produkt-Aggregation:

$$E_i(\underline{x}) = E_{1,i}(x_1) \cdot \ldots \cdot E_{m,i}(x_m) = \prod_{k=1}^{m} E_{k,i}(x_k) \qquad \text{für} \quad i\in\{1,\ldots,n\} \qquad (4.7)$$

Im Beispiel 4.1 lautet die Prämisse der Regel R_1: "*Temperatur=kalt* $\wedge$ *Druck=hoch*". Hieraus ergibt sich ein Erfülltheitsgrad $E_1(\underline{x})$=0.5 der Regel R_1. Das Aggregationsergebnis der Prämisse der Regel R_1 nach Beispiel 4.1 ist in Abb. 4.5 abgebildet.

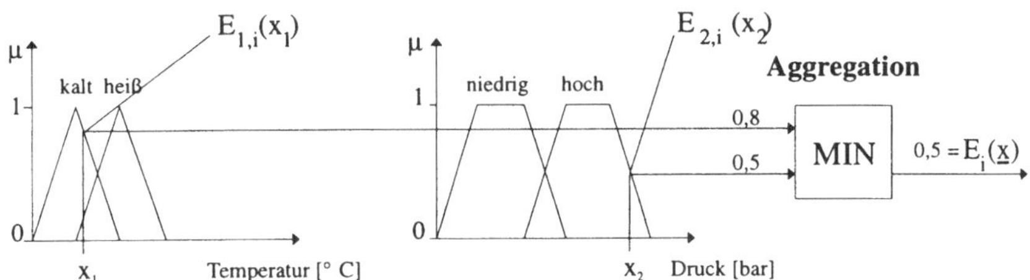

Abb. 4.5: Aggregation (*Minimum*)

In Abb. 4.6 und Abb. 4.7 ist der Erfülltheitsgrad $E_i(\underline{x})$ der Regel R_1 der Ventileinstellung für den Fall der *Minimum*- und *Produkt*-Aggregation gegenübergestellt. Im Gegensatz zu den vorherigen Abbildungen werden in Abb. 4.6 und Abb. 4.7 aus Gründen der Anschaulichkeit für alle Eingangsgrößen dreieckförmige Zugehörigkeitsfunktionen angenommen.

Der Erfülltheitsgrad $E_i(\underline{x})$ macht eine Aussage über den Gültigkeitsbereich bzw. den Einzugsbereich einer Regel R_i im Produktraum $X_1\times\ldots\times X_m$ der Basismengen der Eingangsgrößen. Obwohl sich die Erfülltheitsgrade bei der *Minimum*- und *Produkt*-Aggregation unterscheiden, sind die Bereiche mit Erfülltheitsgrad $E_i(\underline{x})>0$ identisch.

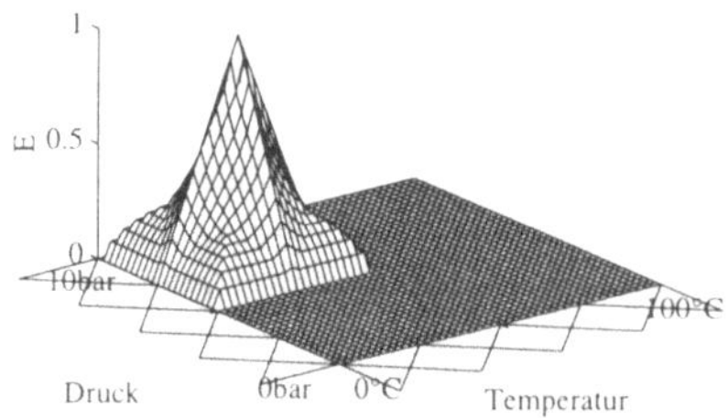

Abb. 4.6: Erfülltheitsgrad (*Minimum*)

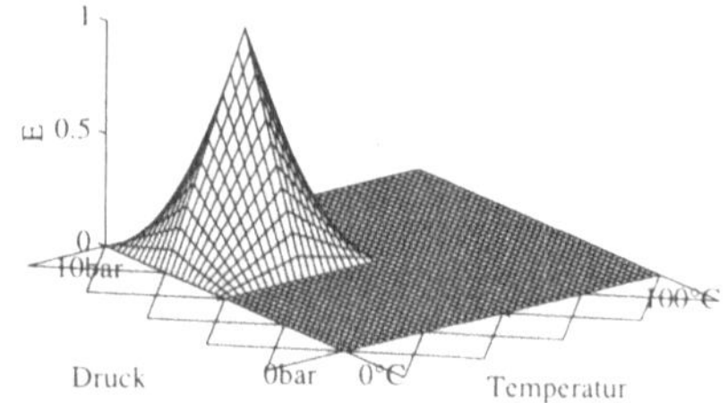

Abb. 4.7: Erfülltheitsgrad (*Produkt*)

Dies bedeutet, daß der Einzugsbereich einer Regel unabhängig von der *Minimum*- und *Produkt*-Aggregation ist. Ist der Erfüllheitsgrad $E_i(\underline{x})$ für einen Eingangswertevektor $\underline{x}$ gleich Eins, dann ist die Regel R_i für diesen Wert maximal erfüllt. Regeln, die für einen Eingangswertevektor $\underline{x}$ einen Erfülltheitsgrad $E_i(\underline{x})>0$ haben, werden als aktive Regeln bezeichnet. Regeln, die einen Erfülltheitsgrad $E_i(\underline{x})=0$ haben, sind inaktiv.

Es sei hier erwähnt, daß der Erfülltheitsgrad $E_i(\underline{x})$ einer Regel R_i zur Definition der Vollständigkeit der Verknüpfungsvorschrift eines Fuzzy-Blockes in Kapitel 7.2 verwendet wird. Die Erfülltheitsgrade $E_i(\underline{x})$ der Regeln R_i bilden die Eingangsgrößen der Implikation.

4.2.2.2 Implikation

Die Implikation leitet für jede Regel R_i ausgehend von ihrem Erfülltheitsgrad $E_i(\underline{x})$ und der Aussage der Konklusion (C_i=$\boldsymbol{B}_i$) eine Fuzzy-Menge $\boldsymbol{B}^*_i$ ab. Die Fuzzy-Mengen $\boldsymbol{B}^*_i$ sind definiert über der Basismenge $\boldsymbol{C}$ der Ausgangsgröße C des Fuzzy-Blockes. Die Aussage (C_i=$\boldsymbol{B}_i$) der Konklusion einer Regel R_i wird hierzu über die Implikation der Regel R_i mit dem Erfülltheitsgrad $E_i(\underline{x})$ ihrer Prämisse verknüpft.

Der Mechanismus der Implikation wurde in Kapitel 3.5.2 über approximatives Schließen vorgestellt. Im Gegensatz zu Kapitel 3.5.2 vereinfacht sich die Implikation in Fuzzy Control, da in Fuzzy Control aufgrund der eindeutigen Meßwerte x_k nur Fuzzy-Singletons verarbeitet werden. Die Fuzzification ermittelt hierzu aus den eindeutigen Meßwerten x_k Fuzzy-Mengen in Form von Fuzzy-Singletons. Aus diesem Grund ist der Wahrheitswert der Prämisse ein Fuzzy-Singleton und kann durch den Erfülltheitsgrad $E_i(\underline{x})$ der Regelprämisse dargestellt werden.

Zur Ausführung der Implikation wird innerhalb der Fuzzy-Logik die Kompositionsregel der Inferenz (Compositional Rule of Inference) verwendet, um von dem Erfülltheitsgrad $E_i(\underline{x})$ der Prämisse auf eine Fuzzy-Menge der Konklusion $\boldsymbol{B}^*_i$ zu schließen. Es gibt neben der Implikations-Methode von Zadeh (Kap. 3.5.2) noch andere. Im folgenden sind die bekanntesten Implikationsoperatoren in der Tabelle 4.1 dargestellt. Eine Auflistung und ein Vergleich weiterer Implikationsoperatoren ist in [Lee 90], [Kiszka 1/85] oder [Cao 89] gegeben.

Tabelle 4.1: Implikations-Methoden

Implikationsoperator	$\forall c \in C$: $\mu_{B_i^*}(c)$ =
Zadeh [Zadeh 73] (vgl. Gl. 3.21)	$\max\{\min\{E_i(\underline{x}),\ \mu_{B_i}(c)\},\ 1-E_i(\underline{x})\}$
Łukasiewicz	$\min\{1,\ 1-E_i(\underline{x})+\mu_{B_i}(c)\}$
Minimum nach Mamdani [Mamdani 77]	$\min\{E_i(\underline{x}),\ \mu_{B_i}(c)\}$
Kleene-Dienes	$\max\{1-E_i(\underline{x}),\ \mu_{B_i}(c)\}$
Produkt	$E_i(\underline{x}) \cdot \mu_{B_i}(c)$

Exemplarisch ist hier nochmals die Zugehörigkeitsfunktion einer Fuzzy-Menge $\boldsymbol{B}^*_i$ mit dem *Minimum*-Implikationsoperator nach Mamdani angegeben.

$$\forall c \in C: \quad \mu_{B_i^*}(c) = \min\{\mu_{B_i}(c),\ E_i(\underline{x})\} \quad \text{für } i \in \{1,\dots,n\} \tag{4.8}$$

Im Beispiel 4.1 lautet die Regel R_1 :

R_1: if *Temperatur=kalt* $\wedge$ *Druck=hoch* then *Ventil=halb*

Unter Verwendung der *Minimum*-Implikation (Gl. 4.8) ergibt sich die Zugehörigkeitsfunktion der Fuzzy-Menge $\boldsymbol{B}^*_i$ in Abb. 4.8. Wird die *Minimum*-Implikation graphisch interpretiert, bedeutet dies, daß die Fuzzy-Menge $\boldsymbol{B}^*_i$ einer Regel R_i auf der Höhe ihres Erfülltheitsgrades $E_i(\underline{x})$ abgeschnitten wird. Bei der *Produkt*-Implikation wird die Zugehörigkeitsfunktion der Fuzzy-Menge $\boldsymbol{B}^*_i$ entsprechend dem Erfülltheitsgrad $E_i(\underline{x})$ skaliert (Abb. 4.9).

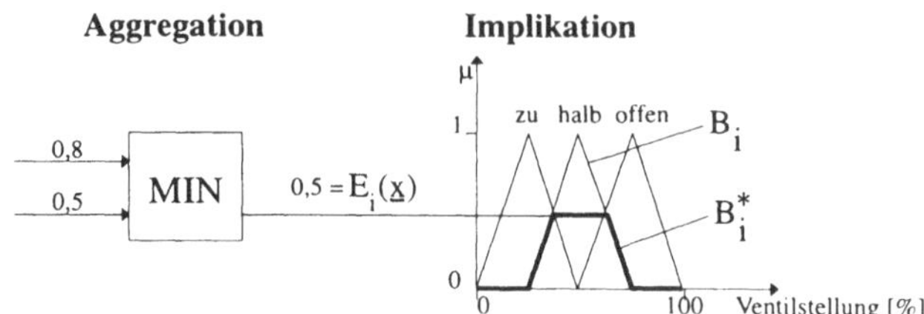

Abb. 4.8: *Minimum*-Implikation

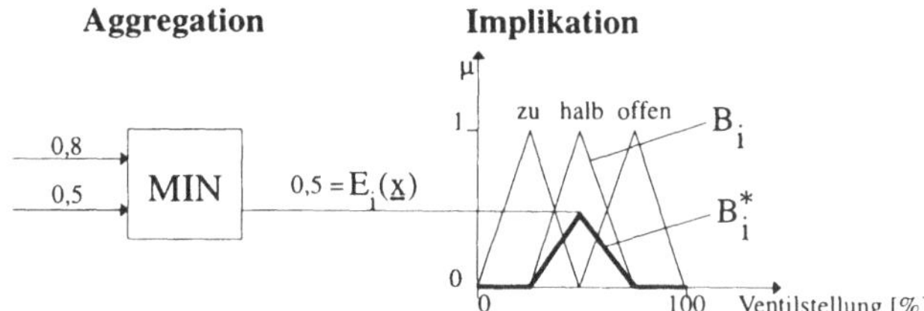

Abb. 4.9: *Produkt*-Implikation

4.2.2.3 Akkumulation

Die Akkumulation ist der dritte und letzte Schritt der Inferenz. Durch die Akkumulation werden die Inferenzergebnisse der einzelnen Regeln R_i zusammengeführt. Hierzu wird die akkumulierte Fuzzy-Menge $\boldsymbol{B}^*$ aus der Vereinigung der Fuzzy-Mengen $\boldsymbol{B}^*_i$ gebildet.

$$\boldsymbol{B}^* = \bigcup_{i=1}^{n} \boldsymbol{B}_i^* \qquad (4.9)$$

Die akkumulierte Fuzzy-Menge $\boldsymbol{B}^*$ ist das Endergebnis des gesamten Inferenzvorganges. Die Zugehörigkeitsfunktion der akkumulierten Fuzzy-Menge $\boldsymbol{B}^*$ ergibt sich durch die Verwendung eines Akkumulationsoperators *Akk* (Gl. 4.10).

$$\forall c \in C: \qquad \mu_{B^*}(c) = \underset{i=1}{\overset{n}{\text{Akk}}}\ \mu_{B_i^*}(c) \tag{4.10}$$

Da der Akkumulationsoperator *Akk* die Vereinigung der Fuzzy-Mengen B^*_i vornimmt, können als Akkumulationsoperator alle *T-Co*-Normen nach Kapitel 3.2 verwendet werden. Jedoch werden in der Praxis vorwiegend die in Tabelle 4.2 angegebenen *T-Co*-Normen verwendet.

Tabelle 4.2: Akkumulationsoperatoren

Akkumulationsoperatoren *Akk*	*T-Co*-Norm bzw. *S*-Norm
Maximum (nach Mamdani)	S_{max}
Begrenzte Summe	$S_{begrenzt}$

Die Zugehörigkeitsfunktion der akkumulierten Fuzzy-Menge B^* ergibt sich unter Verwendung der S_{max}-Norm (Maximum-Operator in Tabelle 3.3) wie folgt.

$$\forall c \in C: \quad \mu_{B^*}(c) = \max\{\mu_{B_1^*}(c),\ldots,\mu_{B_n^*}(c)\} = \max_{i=1}^{n} \mu_{B_i^*}(c) \tag{4.11}$$

Die Zugehörigkeitsfunktion der akkumulierten Fuzzy-Menge B^* nach Beispiel 4.1 ist in Abb. 4.10 dargestellt.

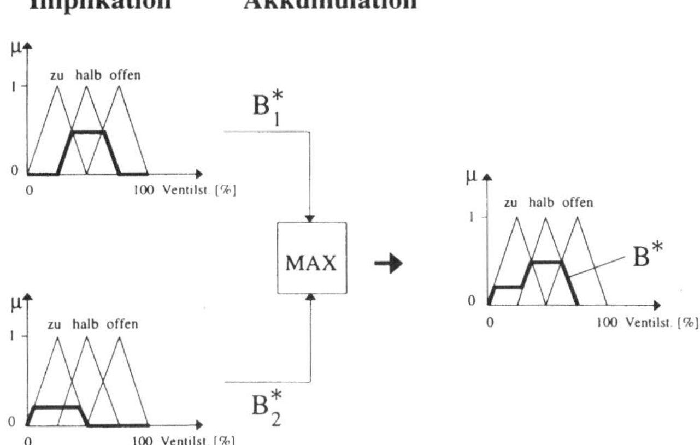

Abb. 4.10: Akkumulation

Ein wichtiger Sonderfall ergibt sich dann, wenn die Fuzzy-Mengen $\boldsymbol{B}_i$ der Ausgangsgröße C aus Singletons c_i'' bestehen. Das bedeutet, daß die Fuzzy-Mengen $\boldsymbol{B}_i$ durch eindeutige scharfe Werte c_i'' definiert sind ($c_i'' \triangleq \boldsymbol{B}_i$). In diesem Fall besteht die akkumulierte Fuzzy-Menge $\boldsymbol{B}^*_i$ auch aus der Vereinigung aller Singletons c_i'' (Abb. 4.11).

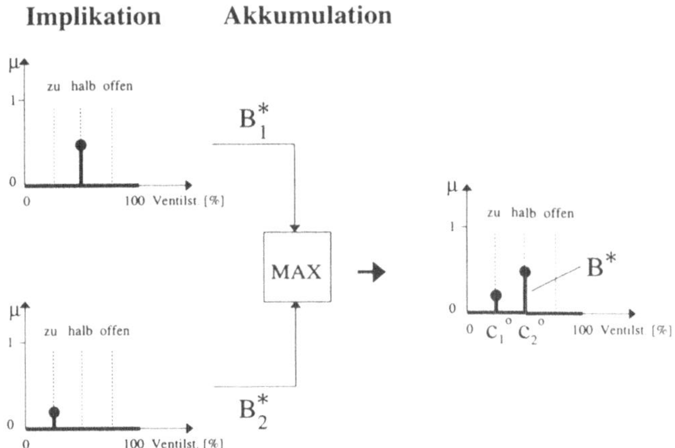

Abb. 4.11: Akkumulation mit Singletons

4.2.3 Defuzzification

Die Defuzzification bildet die akkumulierte Fuzzy-Menge $\boldsymbol{B}^*$ auf einen eindeutigen Ausgangswert c der Basismenge $\boldsymbol{C}$ des Fuzzy-Blockes ab. Diese Abbildung ist nicht eindeutig und in der Literatur werden mehrere Methoden der Defuzzification angegeben. Das Ziel dieser Methoden ist, einen eindeutigen Ausgangswert c zu finden, der die akkumulierte Fuzzy-Menge $\boldsymbol{B}^*$ möglichst gut repräsentiert. Was in diesem Zusammenhang "möglichst gut" bedeutet, kann nicht ohne Kenntnis der Applikation eines Fuzzy Controllers beantwortet werden. Im folgenden werden die bekanntesten Defuzzification-Methoden und deren Eigenschaften vorgestellt. Es wird hierzu angenommen, daß die Basismenge $\boldsymbol{C}$ eine Teilmenge der reellen Zahlen ist ($c \in \boldsymbol{C} \subset \mathbb{R}$).

Maximum-Methode: *MAX*

Bei der *MAX*-Defuzzification-Methode wird ein beliebiger Wert c_{MAX} aus der Menge $\boldsymbol{C}^{max}$ ausgewählt. Die Menge $\boldsymbol{C}^{max}$ sind die Elemente, die zu der Menge der maximalen Werte der Zugehörigkeitsfunktion der akkumulierten Fuzzy-Menge $\boldsymbol{B}^*$ gehören.

$$c_{MAX} \in C^{\max} \quad \text{mit} \quad C^{\max} = \{ c \mid c \in C,\ c = \arg\max \mu_{B^*}(c) \} \tag{4.12}$$

Es gibt verschiedene mehr oder minder willkürliche Vereinbarungen, einen bestimmten Wert c_{MAX} auszuwählen, wenn die Menge C^{max} nicht aus einem einzigen Element besteht. Häufig wird vereinbart, jeweils den "maximal-linken" oder "maximal-rechten" Wert auf dem Zahlenstrahl der reellen Zahlen auszuwählen [Zimmermann 93]. Wird eine solche Vereinbarung nicht getroffen, ist der Fuzzy Controller nicht deterministisch in seinem Verhalten [Kruse 93].

Mittelwert der Maxima (Mean of Maxima): *MOM*
Die *MOM*-Defuzzification-Methode löst das Problem der Auswahl eines Wertes aus der Menge C^{max} der *MAX*-Defuzzification-Methode, indem der Mittelwert c_{MOM} aller Elemente der Menge C^{max} ausgewählt wird (Gl. 4.13).

$$c_{MOM} = \frac{\int_{c \in C^{\max}} c \, dc}{\int_{c \in C^{\max}} dc} \quad \text{mit} \quad C^{\max} = \{ c \mid c \in C,\ c = \arg\max \mu_{B^*}(c) \} \tag{4.13}$$

Flächenschwerpunkt (Center of Area): *COA*
Die *COA*-Defuzzification-Methode bildet über die gesamte Basismenge $\boldsymbol{C}$ der Fuzzy-Menge $\boldsymbol{B}^*$ einen gewichteten Mittelwert ihrer Elemente. Die Zugehörigkeitsfunktion der Fuzzy-Menge $\boldsymbol{B}^*$ dient hierbei als Gewichtungsfunktion der Elemente der Basismenge $\boldsymbol{C}$ (Gl. 4.14).

$$c_{COA} = \frac{\int_{c \in C} c \cdot \mu_{B^*}(c) \, dc}{\int_{c \in C} \mu_{B^*}(c) \, dc} \tag{4.14}$$

Massenschwerpunkt (Center of Gravity): *COG*
Die *COG*-Defuzzification-Methode ist eng mit der *COA*-Defuzzification-Methode verwandt. Durch die Vereinigung der Fuzzy-Mengen $\boldsymbol{B}^*_i$ in der Akkumulation werden bei der *COA*-Defuzzification-Methode überlappende Teile der Fuzzy-Mengen $\boldsymbol{B}^*_i$ nur einfach gewertet. Die *COG*-Defuzzification-Methode bewertet die überlappenden Teile der Fuzzy-Mengen $\boldsymbol{B}^*_i$ mehrfach. Dies läßt sich dadurch

erreichen, daß bei der *COG*-Defuzzification-Methode die vor der Akkumulation entstehenden Fuzzy-Mengen $\boldsymbol{B}^*_i$ der Regel R_i zur Berechnung eines Gewichtungsfaktors g_i verwendet werden. Aus den Gewichtungsfaktoren g_i und den betreffenden Schwerpunkten c_i wird nachträglich ein resultierender Schwerpunkt gebildet, welcher der Ausgangswert c_{COG} der Defuzzification ist. Dies kann durch die Gl. 4.15 beschrieben werden.

$$c_{COG} = \frac{\sum_{i=1}^{n} g_i \cdot c_i}{\sum_{i=1}^{n} g_i}, \qquad \text{mit} \quad c_{COG}\,,\ c_i \in C, \quad i \in \{1, \ldots, n\}, \tag{4.15}$$

$$c_i = \frac{\int_{c_i \in C} c_i \cdot \mu_{B_i^*}(c_i)\, dc_i}{\int_{c_i \in C} \mu_{B_i^*}(c_i)\, dc_i}, \qquad \text{und} \quad g_i = \int_{c_i \in C} \mu_{B_i^*}(c_i)\, dc_i\,.$$

Wenn sich die Fuzzy-Mengen $\boldsymbol{B}_i$ in den Konklusionen der Regeln R_i nicht überlappen, dann sind die Ergebnisse der *COA*- und *COG*-Defuzzification-Methode gleich.

Singleton-Methode: *COS*

Die Singleton-Defuzzification-Methode ist nur anwendbar, wenn die Fuzzy-Mengen $\boldsymbol{B}_i$ und $\boldsymbol{B}^*_i$ Singletons c_i^o sind. In diesem Fall ist eine Integration über die akkumulierte Fuzzy-Menge $\boldsymbol{B}^*$ wie bei der *COA*- oder der *COG*-Methode nicht möglich, deshalb wird der eindeutige Ausgangswert c_s über einen gewichteten Mittelwert der Singletons c_i^o gebildet.

$$c_S = \frac{\sum_{i=1}^{n} \mu_{B^*}(c_i^o) \cdot c_i^o}{\sum_{i=1}^{n} \mu_{B^*}(c_i^o)} \qquad \text{mit} \quad c_s\,,\ c_i^o \in C \tag{4.16}$$

Ein regelungstechnisch signifikanter Unterschied besteht zwischen den beiden ersten Defuzzification-Methoden (*MAX*, *MOM*) und den drei letzten Defuzzification-Methoden (*COA, COG, COS*). Die *MAX*- oder *MOM*-Methode erzeugen nichtstetige und bereichsweise-konstante Verknüpfungsvorschriften $F(\underline{x})$ bzw. Kennflächen. Unter Verwendung der *MAX*- oder *MOM*-Methode können ausschließlich

Fuzzy Controller mit unstetigem bzw. relaisartigem Verhalten erzeugt werden (z.B. Zweipunkt-Regler) [Kickert 78]. Die *COA*- oder die *COG*-Methode erzeugen stetige Verknüpfungsvorschriften $F(\underline{x})$, wenn die Regeln R_i und die Eingangs-Fuzzy-Mengen $\boldsymbol{A}_{k,i\_k}$ geeignet gewählt sind. Die *COA*-, oder die *COG*-Methode sind notwendige Bedingungen, um eine stetige Verknüpfungsvorschrift $F(\underline{x})$ zu erhalten. Bei Fuzzy-Blöcken mit vollständig definierten Verknüpfungsvorschriften (Kap. 7) und *COA*-, bzw. *COG*- Methode ergibt sich eine stetige Funktion $F(\underline{x})$. In der Praxis besitzen die *COA*- und *COG*-Defuzzification-Methoden den Nachteil, daß ihre Berechnung aufgrund der numerischen Integrationen aufwendiger als die *MAX*- oder die *COS*-Methode sind.

In Abb. 4.12 sind für das Beispiel 4.1 die verschiedenen eindeutigen Ausgangswerte c für die ersten vier Defuzzification-Methoden (c_{MAX}, c_{MOM}, c_{COA} und c_{COG}) dargestellt. Der dunkelgrau gekennzeichnete Teil deutet die zweifach gewertete Fläche bei Verwendung der *COG*-Methode an.

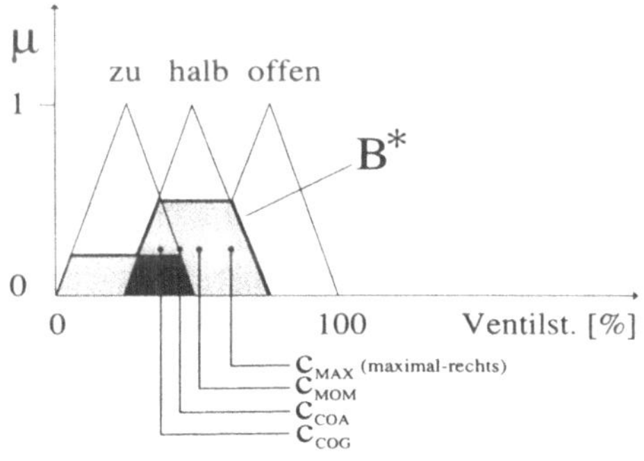

Abb. 4.12: Defuzzification

Die Entwicklung neuer Defuzzification-Methoden bzw. Inferenz-Methoden ist derzeit noch nicht abgeschlossen. Die Motivation für die Entwicklung weiterer Defuzzification-Methoden ist unterschiedlich. In [König 94] ist die Entdeckung von Inkonsistenzen in der Wissensbasis die Motivation. In [Kiendl 1/94] und [Kiendl 2/94] wird die Hyperdefuzzifizierung zur Einbeziehung von Regeln mit Verboten und Warnungen vorgeschlagen. Weiterhin wird sehr häufig eine erweiterte Schwerpunktmethode verwendet, die bei der Flächenberechnung auch Teile der Zugehörigkeitsfunktionen der Fuzzy-Mengen $\boldsymbol{B}_i$ außerhalb ihrer eigentlichen Basismenge $\boldsymbol{C}$ mitberücksichtigt. Hierdurch wird es möglich, den vollen Bereich der Basismenge $\boldsymbol{C}$ als Ausgabewert der Defuzzification zu erhalten [Preuß 1/92].

Bei der Erstellung komplexer Regelbasen kann es vorteilhaft sein, bestimmte Regeln gegenüber anderen Regeln stärker zu gewichten. Innerhalb komplexer Regelbasen kommt es teilweise zu Konflikten zwischen Regeln, die aufgrund ihrer großen Anzahl nicht vom Entwickler bemerkt werden. Um die meist negativen Auswirkungen von Regelkonflikten zu mildern und unterschiedliche Dominanzen der Regeln zum Ausdruck zu bringen, eignen sich Gewichtungsfaktoren. Die Gewichtungsfaktoren bestimmen das Maß, inwieweit eine Regel gegenüber einer anderen zu bewerten ist. Es bestehen zur Realisierung von Gewichtungsfaktoren unterschiedliche Möglichkeiten. Häufig wird die gesamte Zugehörigkeitsfunktion der Fuzzy-Menge $\boldsymbol{B}^*_i$ mit dem Gewichtungsfaktor G_i der Regel R_i multipliziert. Hierdurch ergeben sich die Funktionen

$$\forall c \in C: \quad \mu^g_{B_i^*}(c) = G_i \cdot \mu_{B_i^*}(c) \qquad \text{mit} \quad G_i \in]0,1] \; . \tag{4.17}$$

Die Funktionen $\mu^g_{B^*\_i}(c)$ können durch die Defuzzification wieder auf eindeutige Werte abgebildet werden. Es ist jedoch ratsam, Regelkonflikte zu vermeiden und die Regelbasis weitestgehend ohne unterschiedliche Gewichtungsfaktoren zu formulieren, um die Struktur der Regelbasis möglichst einfach und transparent zu gestalten.

4.2.4 Freiheitsgrade und Standard-Methoden eines Fuzzy-Blockes

Im folgenden sind die wichtigsten Freiheitsgrade eines Fuzzy-Blockes aus den vorherigen Kapiteln aufgelistet, um eine zusammenfassende Bewertung zu geben. Es werden am Ende dieses Kapitels, die in der automatisierungstechnischen Praxis gebräuchlisten Einstellungen der Freiheitsgrade angegeben und ihre Vor- und Nachteile diskutiert.

Es ist zweckmäßig, die Freiheitsgrade eines Fuzzy-Blockes in zwei Klassen, die Parametrisierungs- und die Algorithmus-Freiheitsgrade, zu unterteilen.

Freiheitsgrade:

Parametrisierung:

- Linguistische Werte
  (Form und Parameter der Zugehörigkeitsfunktionen)
- Regelbasis und Regeln
- Gewichtungsfaktoren

Algorithmus:

- Aggregations-Operatoren
- Implikations-Operatoren (Kompositions-Operatoren)
- Akkumulations-Operatoren
- Defuzzification-Methoden

Die Parametrisierungs-Freiheitsgrade sollten bei der Einstellung eines Fuzzy-

Blockes in der Praxis als die dominierenden Einstellparameter verwendet werden, da die Regelbasis und die linguistischen Werte eine direkte Abbildung des menschlichen Expertenwissens darstellen. Üblicherweise orientiert sich der Mensch bei der Umsetzung und Beurteilung eines Fuzzy Controllers zuerst und vornehmlich an den Parametrisierungs-Freiheitsgraden, da sie an den menschlichen Sprachgebrauch angelehnt sind.

Die Algorithmus-Freiheitsgrade betrachtet der Mensch meist untergeordnet, da sie aus seiner Sichtweise weniger transparent erscheinen. So sind zum Beispiel die Auswirkungen auf das Verhalten eines Fuzzy-Blockes bei einer Änderung des Aggregations-Operators von *Minimum* auf *Produkt*-Aggregation weniger leicht abzuschätzen als eine Änderung innerhalb einer Regel-Konklusion.

Es ist jedoch zu beachten, daß das Verhalten eines Fuzzy Controllers ebenso entscheidend von seinen Algorithmus-Freiheitsgraden abhängt wie von seinen Parametrisierungs-Freiheitsgraden. Dies bedeutet, daß die linguistischen Werte und Regeln ohne Kenntnis des Fuzzy-Algorithmus keine Aussage über das Verhalten des Fuzzy-Blockes zulassen. Es sei hier auf die unterschiedlichen Auswirkungen von *MOM*- oder *COA*-Defuzzification auf unstetiges oder stetiges Verhalten des Fuzzy-Blockes hingewiesen.

Empfehlenswert ist ein zweistufiger Entwurf eines Fuzzy-Blockes. Zu Beginn sollte der Entwickler die Algorithmus-Freiheitsgrade entsprechend der aktuellen Problemstellung festlegen, um sich dann im eigentlichen Entwurfsvorgang mehr oder minder ausschließlich auf die Einstellung der Parametrisierungs-Freiheitsgrade zu konzentrieren.

Es ist unbedingt davon abzuraten, ständig an den unterschiedlichsten Freiheitsgraden Änderungen vorzunehmen, da deren Effekte sich zum Teil kompensieren können und die Vielfalt der Möglichkeiten schwer zu überblicken ist. Die vorgeschlagenen Richtlinien bilden also weniger eine universell anwendbare Vorgehensweise als eine zweckmäßige Methodik im Umgang mit den Fuzzy-Freiheitsgraden.

In der Automatisierungstechnik haben sich einige Einstellungen der Fuzzy-Parametrisierung-Freiheitsgrade durchgesetzt. Die *Max-Min*- und *Max-Prod*-Inferenz sind die bekanntesten Methoden. Die Einstellungen der einzelnen Inferenzschritte sind in Tabelle 4.3 gegenübergestellt. Die Namensbezeichnungen *Max-Min-*, *Max-Prod-*, *Sum-Prod-*, und *Sum-Min*-Inferenz sind in Anlehnung an die verwendeten Operatoren der Implikation und Akkumulation entstanden. Die Aggregation der logischen *und*-Verknüpfung wird dabei häufig durch das Minimum oder das Produkt der Erfülltheitsgrade realisiert.

Tabelle 4.3: Weitverbreitete Inferenzmethoden

Inferenz-Methode	Aggregation (*und*)	Implikation	Akkumulation
Max-Min	Minimum oder Produkt	Minimum	Maximum
Max-Prod	Minimum oder Produkt	Produkt	Maximum
Sum-Prod	Minimum oder Produkt	Produkt	Summe
Sum-Min	Minimum oder Produkt	Minimum	Summe

Die Inferenz-Methoden in Tabelle 4.3 und die Fuzzification lassen sich jeweils in Form einer Gleichung in Tabelle 4.4 darstellen. Sie stellen eine komprimierte Zusammenfassung der Gleichungen aus den letzten Kapiteln dar.

Tabelle 4.4: Formeldarstellung einiger Inferenzmethoden

Inferenz-Methode	Formel
Max-Min	$\forall c \in C: \quad \mu_{B^*}(c) = \max_{i=1}^{n} \{ \min[\mu_{B_i}(c), E_i(\underline{x})] \}$
Max-Prod	$\forall c \in C: \quad \mu_{B^*}(c) = \max_{i=1}^{n} \{ \mu_{B_i}(c) \cdot E_i(\underline{x}) \}$
Sum-Prod	$\forall c \in C: \quad \mu_{B^*}(c) = \sum_{i=1}^{n} \{ \mu_{B_i}(c) \cdot E_i(\underline{x}) \}$
Sum-Min	$\forall c \in C: \quad \mu_{B^*}(c) = \sum_{i=1}^{n} \{ \min[\mu_{B_i}(c), E_i(\underline{x})] \}$

Abhängig von der Aggregation mit *Minimum* oder *Produkt* berechnet sich der Erfülltheitsgrad $E_i(\underline{x})$ einer Regel R_i nach Gl. 4.18.

$$\textbf{Minimum:}\quad E_i(\underline{x}) = \min_{k=1}^{m} E_{k,i}(x_k) \qquad \textbf{oder Produkt:}\quad E_i(\underline{x}) = \prod_{k=1}^{m} E_{k,i}(x_k) \tag{4.18}$$

Die Eingangsgröße der Gleichungen in Tabelle 4.4 ist der Eingangsvektor $\underline{x}=(x_1,x_2,\ldots,x_m)\in \underline{\boldsymbol{X}}$, der durch die Fuzzification und die Inferenz auf die resultierende Fuzzy-Menge $\boldsymbol{B}^*$ abgebildet wird. Die Fuzzy-Menge $\boldsymbol{B}^*$ verkörpert die Schlußfolgerung der Regelbasis auf den Eingangsvektor $\underline{x}$. Durch die Defuzzifizierungs-Methoden wird aus der Fuzzy-Menge $\boldsymbol{B}^*_i$ wieder ein eindeutiger Wert c ermittelt. Die gebräuchlichsten Defuzzification-Methoden sind die *COA*- und *COG*-Methode, da mit ihnen stetige als auch nicht-stetige Kennflächen generierbar sind, wenn die Zugehörigkeitsfunktionen der linguistischen Werte entsprechend gewählt werden.

In Verbindung mit einer Defuzzification aus Kapitel 4.2.3 geben die Gleichungen in Tabelle 4.4 eine formelmäßige Beschreibung der Verknüpfungsvorschrift $F(\underline{x})$ eines Fuzzy-Blockes an. Wie sofort zu erkennen ist, sind solche Darstellungen mit Formeln wenig geeignet, um das Übertragungsverhalten eines Fuzzy-Blockes für einen Menschen anschaulich zu beschreiben. Ein Hauptgrund liegt in der Vielzahl der Parameter und der Nichtlinearität der Formeln. Aus diesem Grund ist eine Beschreibung des Übertragungsverhaltens eines Fuzzy-Blockes in linguistischer Form mit Regeln und linguistischen Werten für einen Menschen wesentlich günstiger. Im Gegensatz hierzu sind die Formeln zur Realisierung eines Fuzzy-Blockes auf einem Computer sehr gut geeignet und können direkt als Algorithmus implementiert werden.

Abschließend ist zur Übersicht in Abb. 4.13 das gesamte Funktionsprinzip eines Fuzzy-Blockes mit Fuzzification, Minimum-Aggregation, *Max-Min*-Inferenz und *COA*-Defuzzification für das Ventileinstellungs-Beispiel 4.1 dargestellt.

4.2.5 Takagi/Sugeno-Inferenz

Takagi und Sugeno entwickelten im Gegensatz zu den Ansätzen basierend auf Mamdani-Methoden (Kap. 4.2.1-4.2.4) eine modifizierte Inferenz-Methode [Takagi 83], [Takagi 85], [Sugeno 1/85]. Diese Inferenz-Methode gestattet die Verwendung von Funktionen innerhalb der Regel-Konklusion. Ansatzpunkt dieser Inferenz-Methode war die Identifikation von Regeln ausgehend von den Aktionen eines Prozeßführers oder eines Prozeßexperten. Aufgrund prinzipieller Unterschiede zu den Mamdani-Methoden wird die Takagi/Sugeno-Inferenz-Methode in diesem Kapitel getrennt vorgestellt.

Die Struktur der Regeln nach Takagi/Sugeno ist wie folgt.

$$R_i\colon \quad \bigwedge_{k=1}^{m} (X_k = A_{k,i_k}) \;\Rightarrow\; C = f_i(X_1,\dots,X_m) \quad \text{für } i \in \{1,\dots,n\},\; i_k \in \{1,\dots,\alpha_k\}. \qquad (4.19)$$

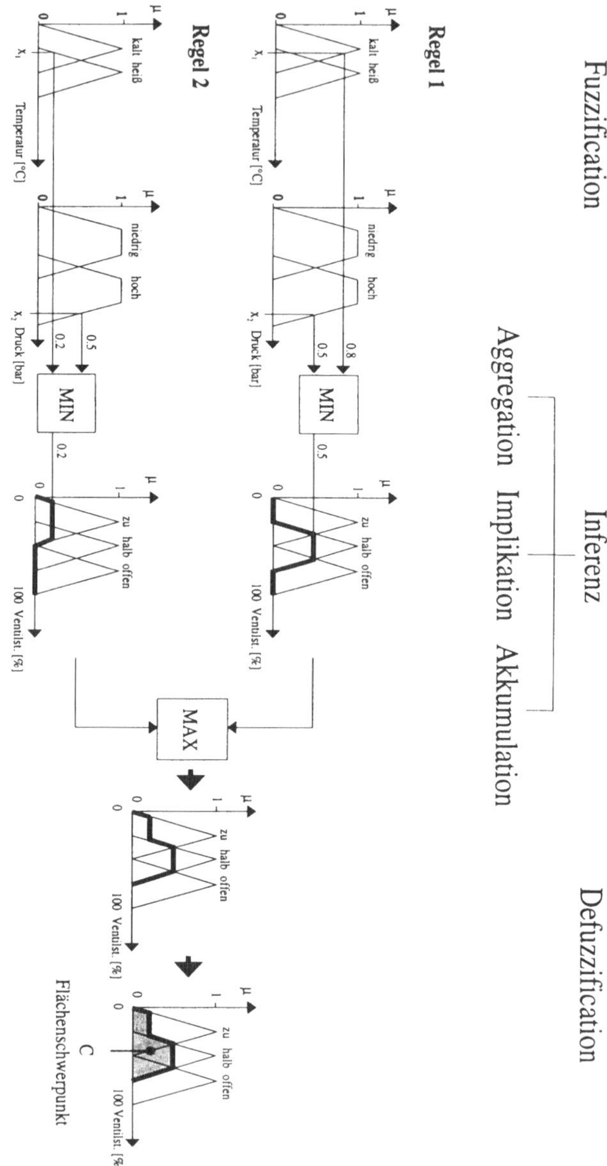

Abb. 4.13: Gesamtübersicht der *Max-Min*-Inferenz

Die Struktur der Prämissen entspricht den Ansätzen nach der Mamdani-Methode. Jedoch sind in der Konklusion die linguistischen Werte $\boldsymbol{B}_i$ durch die Funktionen f_i ersetzt und somit ist es *a priori* nicht notwendig, linguistische Werte $\boldsymbol{B}_i$ für die Konklusion zu definieren. Die Funktion f_i ist eine Abbildung aus dem Produktraum $\boldsymbol{X}_1 \times ... \times \boldsymbol{X}_m$ der Eingangsgrößen $X_1,...,X_m$ auf die Basismenge $\boldsymbol{C}$ der Ausgangsgröße C. Die Regeln R_i in Gl. 4.19 enthalten keine Gewichtungsfaktoren G_i .

Die Verknüpfungsvorschrift $F{:}\underline{\boldsymbol{X}} \rightarrow \boldsymbol{C}$ des Fuzzy-Blockes ergibt sich über die Erfüllheitsgrade $E_i(\underline{x})$ der Prämissen der Regeln R_i und aus den Funktionen f_i der Konklusion (Gl. 4.20).

$$c = \frac{\sum_{i=1}^{n} w_i \cdot f_i(x_1,...,x_m)}{\sum_{i=1}^{n} w_i}, \tag{4.20}$$

$$\text{mit} \quad w_i = E_i(\underline{x}) = \prod_{k=1}^{m} E_{k,i}(x_k), \qquad x_k \in X_k, \quad c \in C, \quad i \in \{1,...,n\}.$$

Die Erfüllheitsgrade $E_{k,i}(x_k)$ der Elementaraussagen $(X_k = \boldsymbol{A}_{k,i\_k})$ in Gl. 4.20 ergeben sich über die Fuzzification nach Kapitel 4.2.1. Die Berechnung der Erfüllheitsgrade $E_i(\underline{x})$ der Prämisse erfolgt wie in Kapitel 4.2.2.1 durch die *Produkt*-Aggregation der Erfüllheitsgrade $E_{k,i}(x_k)$. Der Ausgangswert c der Ausgangsgröße C ergibt sich dann über einen gewichteten Mittelwert. Die Erfüllheitsgrade $E_i(\underline{x})$ sind hierbei Gewichtungsfaktoren w_i für die zu mittelnden Funktionswerte $c_i = f_i(x_1,...,x_m)$, wobei $c_i \in \boldsymbol{C}$ und $x_k \in \boldsymbol{X}_k$ sind. Eine Defuzzification entfällt, da durch die obige Gl. 4.20 direkt ein eindeutiger Ausgangswert c berechnet wird.

Die Methode nach Takagi/Sugeno bildet aus mehreren, bereichsweise gültigen Funktionen f_i eine für den gesamten Definitionsbereich gültige Verknüpfungsvorschrift $F(\underline{x})$. Die Übergänge zwischen den Gültigkeitsbereichen der Funktionen f_i wird aufgrund der Fuzzy-Mengen $\boldsymbol{A}_{k,i\_k}$ in der Regelprämisse bestimmt. Aus diesem Grund sind bei überlappenden Fuzzy-Mengen $\boldsymbol{A}_{k,i\_k}$ die Übergänge zwischen den Funktionen stetig. Die Methode nach Takagi/Sugeno basiert weniger auf der eigentlichen Fuzzy-Theorie nach Kapitel 3, sondern orientiert sich mehr an bereichsweise gültigen Funktionen.

Takagi und Sugeno verwenden in ihren Veröffentlichungen [Takagi 83, Takagi 85, Sugeno 1/85] lineare Funktionen

$$f_i(x_1,...,x_m) = \sum_{i=0}^{m} p_k \cdot x_k \qquad (4.21)$$

in der Konklusion der Regeln. In [Takagi 85] wird gezeigt, wie die Identifikation der Regeln R_i über die Ermittlung der Zugehörigkeitsfunktionen der Fuzzy-Mengen A_{k,i_k} und der Parameter der Funktionen durchzuführen ist. Für den Vergleich mit *RIP* Control ist die Struktur der Regeln von Takagi/Sugeno interessant, da in *RIP* Control ähnliche Regelstrukturen verwendet werden (Kap. 6).

Die unmittelbare Verwandtschaft zwischen dem Takagi/Sugeno- und dem Mamdani-Ansatz kann leicht gezeigt werden, indem in den Regeln R_i nach Takagi/Sugeno (Gl.4.19) die Funktionen f_i in der Konklusion durch Singletons c_i^o ersetzt werden.

$$R_i: \bigwedge_{k=1}^{m} (X_k = A_{k,i_k}) \Rightarrow C = c_i^o \quad \text{für } i \in \{1,...,n\},\ i_k \in \{1,...,\alpha_k\}. \qquad (4.22)$$

Dies bedeutet, daß die linguistischen Werte B_i der Ausgangsgröße bzw. die Funktionen f_i durch eindeutige Werte in Form von Singletons c_i^o gegeben sind. Unter der Voraussetzung, daß die Regelbasis in Normalform, ein Fuzzy-Informationssystem (Kap. 4.4) und die folgenden Algorithmus-Freiheitsgrade eingestellt sind,

Fuzzy-Algorithmus-Freiheitsgrade			
Aggregation	Implikation	Akkumulation	Defuzzification
Produkt (*und*)	Produkt	Summe	*COS*

entspricht der Mamdani-Ansatz mit *Sum-Prod*-Inferenz dem Takagi/Sugeno-Ansatz. Dieser Ansatz wird in der Literatur auch Schwerpunktmethode für Singletons oder kurz Höhenmethode genannt [Kahlert 95].

4.3 Gesamtstruktur eines Fuzzy Controllers

Die Gesamtstruktur eines Fuzzy Controllers ist in Abb. 4.14 dargestellt. Diese Abbildung ergibt sich aus der Zusammenfassung der Abb. 4.1, Abb. 4.2 und Abb. 4.4. Die Abb. 4.14 modelliert den Fuzzy Controller als ein hierarchisches System. Diese hierarchische Struktur ist aufgrund ihrer Übersichtlichkeit für den praktischen

Entwurf und Einsatz eines Fuzzy Controllers ein sehr geeignetes Hilfsmittel. Eine detaillierte Beschreibung der einzelnen Blöcke in Abb. 4.14 ist bereits in den entsprechenden Kapiteln gegeben worden.

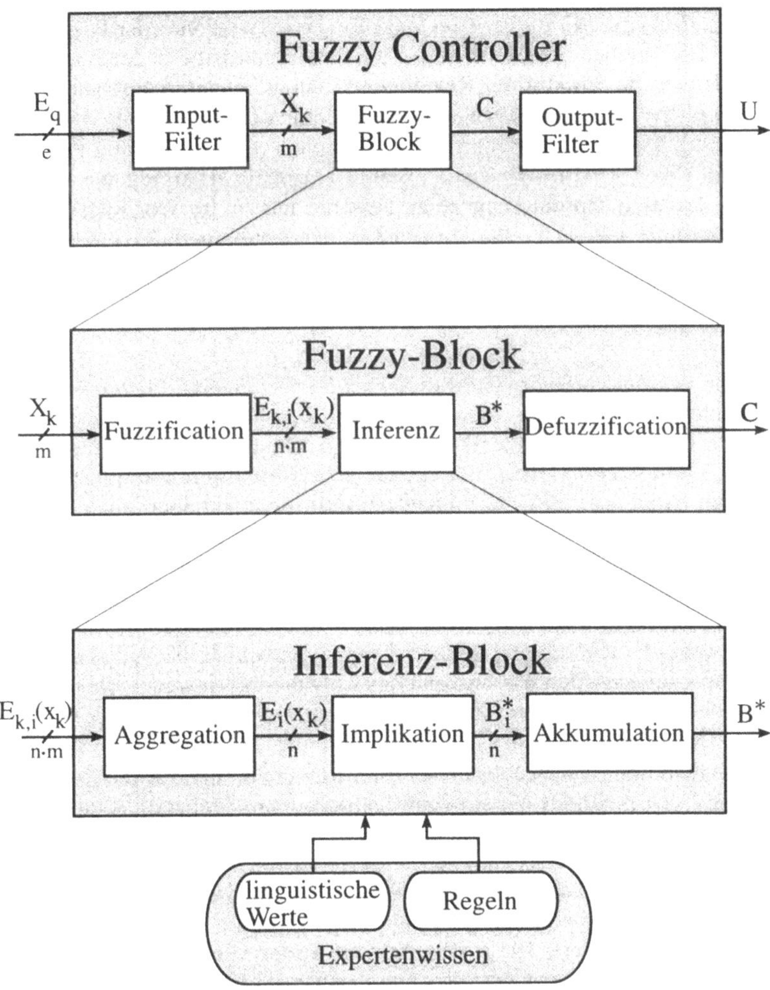

Abb. 4.14: Gesamtstruktur eines Fuzzy Controllers

4.4 Fuzzy Control-Entwurfsvorgang

Wie in Kapitel 4.2 bereits angesprochen, ist der Entwurfsvorgang des Fuzzy Controllers das eigentlich Neue an Fuzzy Control gegenüber den klassischen Kennfeldreglern. Neben dem Vorteil der transparenten Umsetzung von linguistischen Regeln leidet der Entwurfsvorgang an mangelnder Systematik aufgrund der Vielzahl von Freiheitsgraden. In der Praxis wird deshalb, wie in Kapitel 4.2.4 bereits dargestellt, eine Beschränkung auf einige wichtige Freiheitsgrade vorgenommen. Trotz dieser Beschränkung ist die Vielfalt der Möglichkeiten im Vergleich zu klassischen Reglern (z.B. *PI*-Regler) relativ hoch und für einen unerfahrenen Fuzzy Control-Anwender wenig einsichtig. Dies gilt vor allem dann, wenn es um eine Optimierung eines bestehenden Fuzzy Controllers geht. Als Entwurfsleitlinie hat sich eine mehr oder minder einheitliche Vorgehensweise durchgesetzt [Kiendl et. al. 93], [Zimmermann 93]. Diese Vorgehensweise ist in Abb. 4.15 dargestellt und stellt eine grobe Hilfestellung für den Entwurf von Fuzzy Controllern dar.

Zu Beginn des Entwurfsvorganges muß eine Systemanalyse durchgeführt werden, um festzulegen, welche Ein- und Ausgangsgrößen für die Prozeßautomatisierung von Interesse sind. Anschließend können die Ein- und Ausgangs-Filter des Fuzzy Controllers festgelegt werden. Für diesen Schritt sind gute Grundkenntnisse der klassischen Regelungs- bzw. Automatisierungstechnik und der digitalen Signalverarbeitung notwendig [Föllinger 90], [Azizi 88]. Fehler in dieser Phase des Entwurfsvorganges können durch den nachfolgenden Entwurfsvorgang, der sich ausschließlich mit dem wissensbasierten Entwurf befaßt, nicht mehr kompensiert werden. Innerhalb der Literatur über Fuzzy Control wird diesem Entwurfsschritt meist zu wenig Beachtung und Aufmerksamkeit gewidmet. Die Wahl der Ein- und Ausgangsgrößen kann den wissensbasierten Entwurfsteil entweder erheblich vereinfachen oder verkomplizieren. Zudem kann mit der bloßen Angabe des Fuzzy-Blockes (Regelbasis, linguistische Werte) keine Aussage über das zeitliche Regelverhalten des Fuzzy Controllers abgeleitet werden. In diesem Zusammenhang ist auch auf die Wahl der Verstärkungsfaktoren bzw. Skalierungsfaktoren in den Ein- und Ausgangs-Filtern zu verweisen [Braae 1/79]. Die Skalierungsfaktoren werden bei normierten Fuzzy-Blöcken benötigt, um die Systemgrößen auf normierte Ein- und Ausgangsgrößen mit einem einheitlichen Intervall z.B [-1,1] oder [0,100] abzubilden. Wird beispielsweise der Skalierungsfaktor nur einer Eingangsgröße des Fuzzy-Blockes verändert, ist in den meisten Fällen die gesamte Regelbasis zu verändern, um einen Fuzzy Controller mit gleichem oder ähnlichem Regelverhalten zu erzielen. Die Skalierungsfaktoren in den Ein- und Ausgangs-Filtern spielen eine ähnlich wichtige Rolle wie die Verstärkungsfaktoren (Kp, Ki und Kd) eines klassischen *PID*-Reglers.

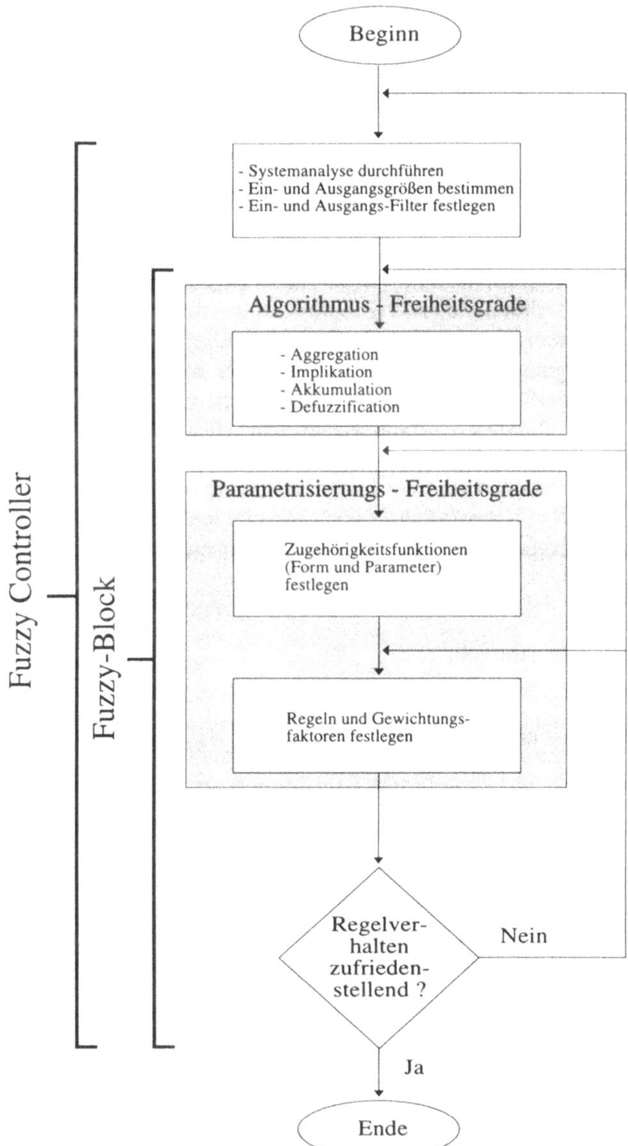

Abb. 4.15: Systematisierter Fuzzy Control-Entwurfsvorgang

Der nächste Entwurfsschritt befaßt sich mit der Erstellung des Fuzzy-Blockes bzw. des wissensbasierten Teils. Dieser Entwurfsvorgang kann wie in Kapitel 4.2.4 erläutert, grob in die Einstellung der Parametrisierungs- und der Algorithmus-Freiheitsgrade des Fuzzy-Blockes unterteilt werden. Durch die Festlegung der Algorithmus-Freiheitsgrade werden die Grundeigenschaften des Fuzzy-Blockes bestimmt. So entscheidet beispielsweise die Defuzzification-Methode, ob das Übertragungsverhalten des Fuzzy-Blockes unstetig oder stetig ist.

Der eigentlich zentrale Entwurf des Fuzzy Controllers besteht nun in der Wahl der Parametrisierungs-Freiheitsgrade (Regelbasis, linguistische Werte). Die linguistischen Werte bzw. deren Zugehörigkeitsfunktionen müssen vor der Formulierung der Regeln zumindest "grob" festgelegt werden. Dies ist einfach ersichtlich, da die Semantik der linguistischen Werte wie *groß* oder *klein* definiert sein muß, bevor der Mensch hierauf aufbauend sinnvolle Regeln definieren kann. Es ist nicht angebracht, eine Regelbasis ohne Bezug zur Bedeutung ihrer Zugehörigkeitsfunktionen festzulegen. Eine nachträgliche Zuweisung einer Bedeutung zu den Zugehörigkeitsfunktionen kann semantisch unsinnig sein. Beispielsweise ist es nicht sinnvoll, daß ein linguistischer Wert *klein* eine Support-Menge hat, deren Elemente größer als die Elemente der Support-Menge eines linguistischen Wertes *groß* sind (Gl. 4.23)[2].

$$\text{nicht sinnvoll:}\quad \forall x_{klein}, \forall x_{groß}:\quad x_{klein} > x_{groß}$$

$$\text{sinnvoll:}\quad \forall x_{klein}, \forall x_{groß}:\quad x_{klein} \leq x_{groß} \tag{4.23}$$

$$\text{wobei}\quad x_{klein} \in Supp(klein),\quad x_{groß} \in Supp(groß)$$

Eine nachträgliche Modifikation der Parameter der Zugehörigkeitsfunktionen ist sinnvoll, solange die durch den Menschen assoziierten Bedeutungen der linguistischen Werte beibehalten werden.

Als Zugehörigkeitsfunktionen werden in der automatisierungstechnischen Praxis fast ausschließlich dreieck-, trapez- und singleton-förmige Zugehörigkeitsfunktionen verwendet. Die Wahl der Form und der Parameter der Zugehörigkeitsfunktionen sowie die Wahl der Regeln richtet sich nach der Problemstellung. In der Praxis werden die Zugehörigkeitsfunktionen häufig so gewählt, daß ein Fuzzy-Informa-

---

[2] Der Support des linguistischen Wertes *klein* und *groß* werden als disjunkt vorausgesetzt.

tionssystem entsteht [Jüngst 92]. In einem Fuzzy-Informationssystem ergibt die Summe der Zugehörigkeitsfunktionen $\mu_A(x_k)$ für jedes Element x_k der Basismengen X_k der Eingangsgrößen den Wert Eins.

$$\forall x_k \in X_k: \qquad \sum_{i_k=1}^{\alpha_k} \mu_{A_{k,i_k}}(x_k) = 1 \tag{4.24}$$

Durch die Einschränkung aus Gl. 4.24 wird eine vollständige Überdeckung der Basismengen der Eingangsgrößen sichergestellt. Wie in Kapitel 7 noch gezeigt wird, ist dies zur Formulierung von Fuzzy Controllern mit einer vollständigen Verknüpfungsvorschrift $F(\underline{x})$ notwendig.

Nachdem die Zugehörigkeitsfunktionen festgelegt sind, kann mit dem Erstellen der Regelbasis begonnen werden. In diesem Entwurfsschritt sind die Aspekte des Knowledge Engineering nach Kapitel 2 zu beachten. In diesem Entwurfsschritt wie auch bei dem gesamten Entwurf des Fuzzy-Blockes wird in der Praxis meist auf das rein empirische *Trial und Error*-Prinzip zurückgegriffen. Dies entspricht natürlich nicht einer streng systematischen Vorgehensweise, führt aber vielfach genügend schnell zum Ziel. Praktikable und allgemein anerkannte systematisierte Vorgehensweisen existieren noch nicht, so daß für den zentralen Entwurfsvorgang eines Fuzzy Controllers keine allgemeingültigen Systematiken wie bei klassischen Reglern existieren.

Hier noch einige weitere Anmerkungen zur Festlegung der Zugehörigkeitsfunktionen. Die Wahl der Zugehörigkeitsfunktionen der Eingangs-Fuzzy-Mengen bestimmt den Einflußbereich der Regeln, weil hierdurch die Erfülltheitsgrade $E_i(\underline{x})$ festgelegt werden. Die Zugehörigkeitsfunktionen der Eingangs-Fuzzy-Mengen legen somit den Gültigkeitsbereich der Regeln fest und bestimmen dadurch eine Gewichtungsfunktion, die zu einer Art Interpolation in den Übergangsbereichen der Regeln führt. Um nun eine vollständige Verknüpfungsvorschrift zu erzielen und undefinierte Bereiche zu vermeiden, sollten die Zugehörigkeitsfunktionen der Eingangs-Fuzzy-Mengen sich gegenseitig in Form eines Fuzzy-Informationssystems überlappen. Es ist bei der Festlegung der Zugehörigkeitsfunktionen der Eingangs-Fuzzy-Mengen durchaus hilfreich, diese als eine Gewichtungsfunktion zur Interpolation anzusehen, wobei die Interpolationswirkung einer Regel mit fallendem Zugehörigkeitsgrad der Eingangs-Fuzzy-Mengen sinkt.

Im Gegensatz hierzu ist eine Überlappung der Zugehörigkeitsfunktionen der Ausgangs-Fuzzy-Mengen nicht immer notwendig und erwünscht. Die Form der Zugehörigkeitsfunktionen der Ausgangs-Fuzzy-Mengen legt indirekt eine Gewichtung der betreffenden Regel fest. Im Falle der *COA*-Defuzzification-

Methode wird durch die Fläche unterhalb der Zugehörigkeitsfunktion der Ausgangs-Fuzzy-Menge die Gewichtung bestimmt. Bei der *COS*-Methode werden direkt Fuzzy-Singletons verarbeitet und eine Überlappung der Zugehörigkeitsfunktionen der Ausgangs-Fuzzy-Mengen ist nicht gegeben. Dies ist dann sinnvoll, wenn bestimmte Einstellungen des Fuzzy Controller-Ausgangs bekannt sind, aber der Gültigkeitsbereich der Eingangsgröße für diesen Ausgangswert nicht eindeutig zu spezifizieren ist.

In den meisten Fällen ist das Regelverhalten eines Fuzzy Controllers nach einer ersten Einstellung nicht zufriedenstellend. Dann muß eine Optimierungsphase eingeleitet werden, in welcher die Schritte in Abb. 4.15 zum Teil erneut durchgeführt werden. Nicht verallgemeinern läßt sich die Behauptung, daß Eingriffe zu Beginn des Entwicklungsvorganges gravierender in ihren Auswirkungen auf das Regelverhalten sind als spätere. Als grobe Faustregel ist dies jedoch hilfreich. Bei der Optimierungsphase sollte man sich deshalb vornehmlich auf die Modifikation der Parametrisierungs-Freiheitsgrade beschränken. Nur wenn das gewünschte Regelverhalten damit nicht erreicht wird, sollte auf die Modifikation der Algorithmus-Freiheitsgrade oder der Systemgrößen zurückgegriffen werden.

Abschließend wird die Verknüpfungsvorschrift der Ventilatorsteuerung nach Beispiel 2.1 aus Kapitel 2.5.4 betrachtet. Das Expertenwissen ist in Form der Regelbasis ***R1*** und durch linguistische Werte in Form von Fuzzy-Mengen nach Abb. 4.16 formuliert. Die Fuzzy-Mengen der Eingangsgrößen *Temperatur* und *Wind* sind so gewählt, daß sich ein Fuzzy-Informationssystem ergibt. Die Fuzzy-Mengen der Ausgangsgröße *Ventilator* sind so gewählt, daß sich ihre Zugehörigkeitsfunktionen nicht überlappen.

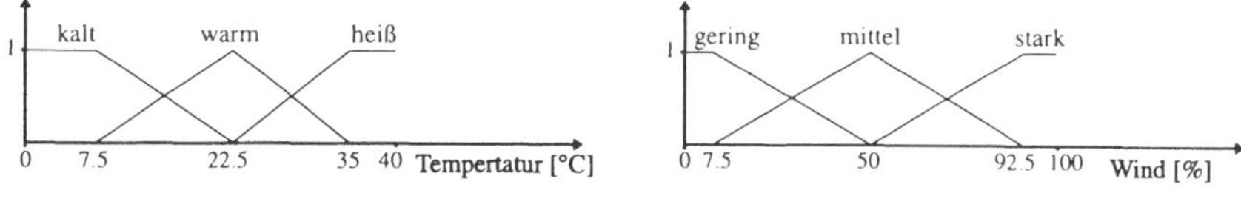

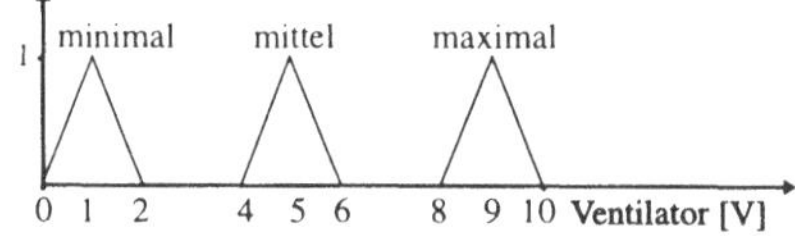

Abb. 4.16: Linguistische Werte der Ventilatorsteuerung (Zugehörigkeitsfunktionen)

Fuzzy-Regelbasis (*R1*): Ventilatorsteuerung

R_1: if { *Temperatur* = *kalt* ∧ *Wind* = *stark* } then { *Ventilator*=*minimal* } ¦ 0.2

R_2: if { *Temperatur* = *heiß* } then { *Ventilator*=*maximal* } ¦ 1

R_3: if { *Temperatur* = ¬*kalt* ∧ *Wind* = *stark* } then { *Ventilator*=*mittel* } ¦ 0.2

R_4: if { *Temperatur* = *kalt* ∧ *Wind* = *gering* } then { *Ventilator*=*minimal* } ¦ 0.2

Es sei nochmals betont, daß die Regelbasis ***R1*** konfliktbehaftet und nicht vollständig ist. Des weiteren liegt die Regelbasis nicht in Normalform vor und zudem sind die Regeln unterschiedlich gewichtet. Zur Umsetzung des Expertenwissens in einen Fuzzy-Block werden nun zwei Alternativen von Fuzzy-Algorithmus-Freiheitsgraden gegenübergestellt.

	Fuzzy-Algorithmus-Freiheitsgrade			
Abbildung	Aggregation	Implikation	Akkumulation	Defuzzification
4.17/4.19/4.22	Minimum	Minimum	Maximum	*COA*
4.18/4.20/4.23	Produkt	Produkt	Summe	*COA*

Aus der Regelbasis ***R1*** ergeben sich die beiden Verknüpfungsvorschriften in Abb. 4.17 und Abb. 4.18. Wie zu erwarten ist, gleichen sich die beiden Verknüpfungsvorschriften. Der Unterschied liegt vor allem in den Übergangsbereichen der Regeln. Die Art und Form des Übergangs wird dabei maßgebend durch die Fuzzy-Algorithmus-Freiheitsgrade bestimmt. Diese Unterschiede der Kennflächen können sich je nach Anwendung günstig oder ungünstig auf das Prozeßverhalten auswirken. Allgemeingültige und zuverlässige Aussagen darüber, welche Einstellung der Fuzzy-Algorithmus-Freiheitsgrade sich günstig oder ungünstig auswirken, können aufgrund der Vielfalt möglicher Anwendungen nicht gegeben werden.

Der schaltartige Übergang der Kennfläche in Abb. 4.17 und Abb. 4.18 bei einer Temperatur von 22.5°C oder bei einem Wind von 50% wird durch fehlende Regeln in den Bereichen (*Temp=warm*)∧(*Wind=gering*), (*Temp=warm*)∧(*Wind=mittel*) und (*Temp=kalt*)∧(*Wind=mittel*) verursacht. Die Ausgangswerte in dem Bereich [0°C,22.5°C]×[0%,50%] sind durch die Fuzzy-Regelbasis ***R1*** nicht explizit definiert. In diesem Bereich ist der Erfülltheitsgrad $E_i(\underline{x})$ aller Regeln R_i gleich Null und keine Regel aktiv. In diesem Fall wird als Ausgangswert c der Wert Eins ausgegeben, was einer willkürlichen Einstellung entspricht. Die Probleme, die bei unvollständigen Fuzzy-Regelbasen auftreten können, und ihre Lösung werden in Kapitel 7 näher betrachtet.

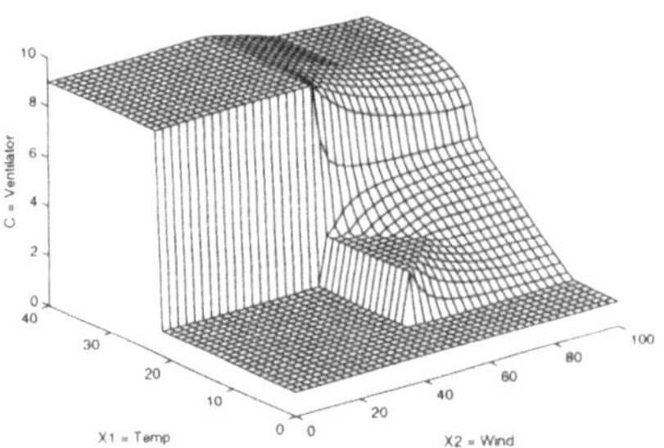

Abb. 4.17: Kennfläche (*Max-Min*)

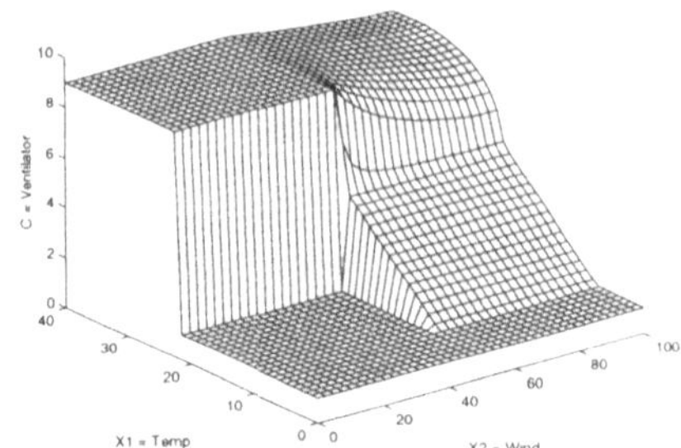

Abb. 4.18: Kennfläche (*Sum-Prod*)

Nun wird durch die Einführung zusätzlicher Regeln

R_5: if { *Temperatur = warm* $\wedge$ *Wind = gering* } then { *Ventilator = mittel* } | 0.2

R_6: if { *Temperatur = warm* $\wedge$ *Wind = mittel* } then { *Ventilator = mittel* } | 0.2

R_7: if { *Temperatur = kalt* $\wedge$ *Wind = mittel* } then { *Ventilator = minimal* } | 0.2

der schaltartige Übergang bei einer Temperatur von 22.5°C oder einem Wind von 50% eliminiert. Diese Art der Vervollständigung der Regelbasis erfordert eine Erweiterung des Expertenwissens durch einen Experten. Dies bedeutet, daß die Regelbasis "per Hand" vervollständigt werden muß. Es ergeben sich die für Fuzzy Control typischen Kennfelder mit fließend bzw. weichen Übergängen (Abb. 4.19 und Abb. 4.20). Der Unterschied in den Übergangsbereichen (zwischen dem oberen und unteren Bereich) der Kennflächen resultiert aufgrund der unterschiedlichen Gewichtungen der Regeln. Die Regel R_2 ist um den Faktor 5 stärker gewichtet als die restlichen Regeln und somit dominiert sie in den Übergangsbereichen zu den benachbarten Regeln.

Im folgenden wird demonstriert, wie durch eine einfache Modifikation der Zugehörigkeitsfunktionen das Übertragungsverhalten verändert werden kann. Indem in den Eingangsgrößen die dreieckigen Zugehörigkeitsfunktionen in trapezförmige Zugehörigkeitsfunktionen nach Abb. 4.21 umgewandelt werden, ergeben sich Kennflächen, die in den mittleren Bereichen konstant sind. Hierbei werden die vollständige Regelbasis bestehend aus den Regeln R_1 bis R_7 und die Zugehörigkeitsfunktionen der Ausgangsgröße nicht verändert (Abb. 4.22 und Abb. 4.23).

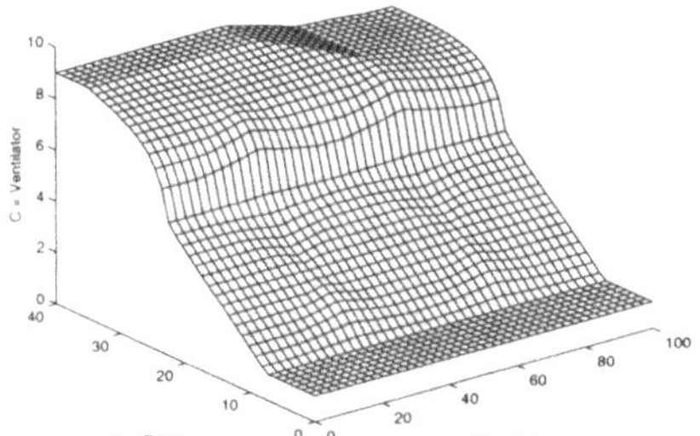

Abb. 4.19: Kennfläche (*Max-Min*) mit Regeln R_1 bis R_7

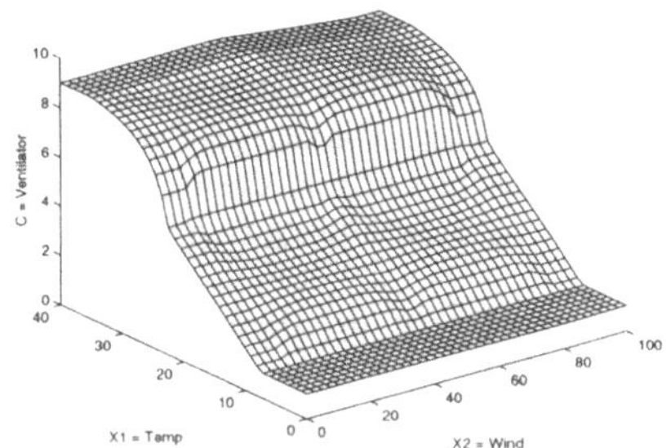

Abb. 4.20: Kennfläche (*Sum-Prod*) mit Regeln R_1 bis R_7

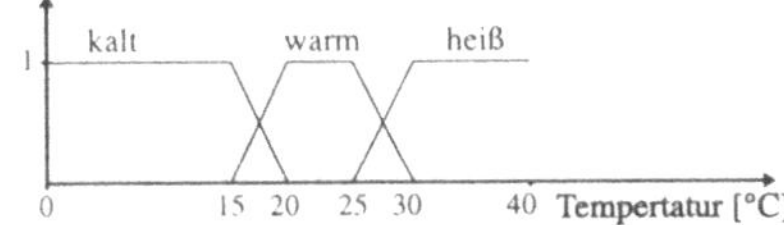

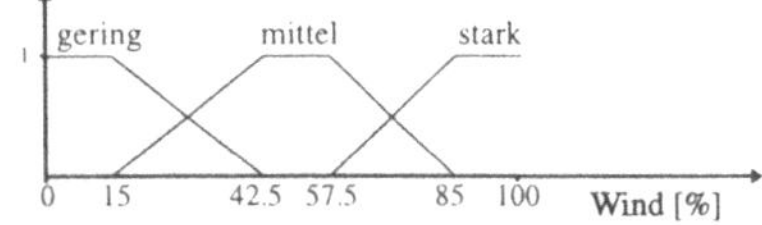

Abb. 4.21: Linguistische Werte mit trapezförmigen Zugehörigkeitsfunktionen

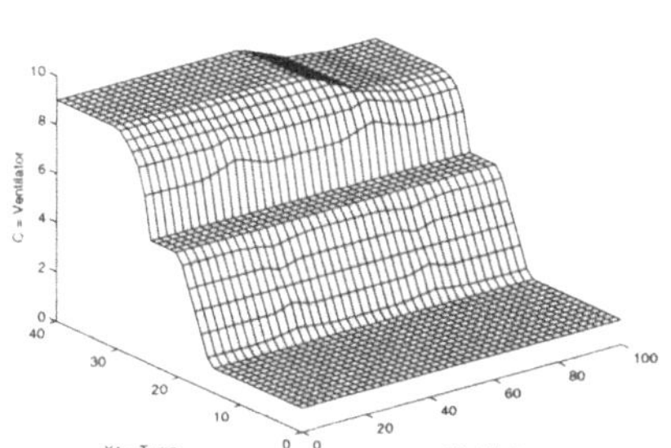

Abb. 4.22: Kennfläche (*Max-Min*) mit Trapez-Zugehörigkeitsfkt.

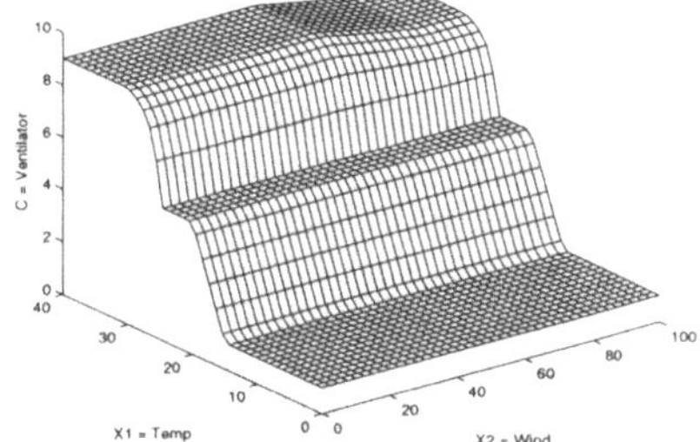

Abb. 4.23: Kennfläche (*Sum-Prod*) mit Trapez-Zugehörigkeitsfkt.

4.5 Abgrenzung von Fuzzy Control gegenüber Fuzzy-Logik

Fuzzy Control ist die Anwendung der Fuzzy-Methode und der Fuzzy-Logik zur Automatisierung von technischen Prozessen. Kapitel 4 und seine Unterkapitel führten das Prinzip und die Funktionsweise von Fuzzy Controllern ein. Es wurde dargelegt, wie die Fuzzy-Logik innerhalb von Fuzzy Control verwendet wird.

Die Fuzzy-Logik ist ein wichtiger Teilaspekt bei der Betrachtung von Fuzzy Control. Wie bereits zuvor erläutert, kommt die Fuzzy-Logik in dem Inferenz-Block in Abb. 4.14 zum Einsatz. Diese Abbildung läßt erkennen, daß weitere Blöcke für den Einsatz der Fuzzy-Logik in der Automatisierungstechnik benötigt werden. Der Entwurf der äußeren Blöcke wird durch die betreffende Applikation bestimmt.

Hier im Überblick die wichtigsten Unterschiede zwischen Fuzzy Control und Fuzzy-Logik.

- **Abbildung zwischen eindeutigen Systemgrößen und Fuzzy-Mengen:** In technischen Systemen werden eindeutige Systemgrößen gemessen und ausgegeben. Die Fuzzification und Defuzzification bilden die Schnittstellen zwischen den Fuzzy-Mengen des Inferenz-Blockes und den eindeutigen Systemgrößen, deshalb kann ein Fuzzy-Block innerhalb von Fuzzy Control durch eine statische Verknüpfungsvorschrift $F(\underline{x})$ beschrieben werden. Innerhalb der Fuzzy-Theorie kann eine Abbildung von einer Fuzzy-Menge auf eine andere Fuzzy-Menge nicht durch eine statische Verknüpfungsvorschrift beschrieben werden. Fuzzy Control bildet somit eine Teilmenge der Möglichkeiten der Fuzzy-Methode.

- **Systemdynamik:** Die Systeme der Automatisierungstechnik sind von Natur aus dynamisch, deshalb sind Kenntnisse aus der linearen und nicht-linearen Systemtheorie für den Fuzzy Controller-Entwurf (z.B. Entwurf der Ein- und Ausgangs-Filter) notwendig. Die Fuzzy-Theorie betrachtet diese Aspekte nicht.

- **Technische Realisierung:** Das Ziel von Fuzzy Control ist die Automatisierung technischer Prozesse, daher sind Echtzeitfähigkeit, Hardware-Restriktionen, Kosten, Gütekriterien etc. bei der Realisierung eines Fuzzy Controllers zu berücksichtigen.

4.6 Stärken und Schwächen von Fuzzy Control

Im Rahmen der bisherigen Darstellungen erfolgte eine Einführung in die Funktionsweise der Fuzzy-Methode und in Fuzzy Control. Es wurde gezeigt, wie mit Fuzzy-Methoden aus qualitativem Expertenwissen ein Controller mit einer eindeutigen Verknüpfungsvorschrift bzw. Übertragungsfunktion $F(\underline{x})$ entsteht. Die wissensbasierte Vorgehensweise bei der Fuzzy-Methode besitzt den Vorteil einer direkten Formulierung von qualitativem Expertenwissen in Form von linguistischen Werten und Regeln. Sie vereinfacht und unterstützt die Umsetzung von menschlichem Expertenwissen auf technische Systeme, indem unscharfe Ausdrücke in Form von Regelbasen und linguistischen Werten verarbeitet werden. Die Flexibilität und Möglichkeiten der Fuzzy-Systeme gegenüber klassischen wissensbasierten Systemen ist offensichtlich und hat sich in der Praxis bereits vielfach bestätigt, so daß die Fuzzy-Systeme die klassischen wissensbasierten Systeme mehr und mehr verdrängen.

Jedoch existieren bei komplexen Problemstellungen keine allgemeingültigen und einfach anwendbaren Entwurfs- bzw. Optimierungsverfahren für einen zielgerichteten Fuzzy Controller-Entwurf. Dies ist maßgeblich durch die im folgenden genannten Schwächen von Fuzzy Control bedingt.

Die Vielzahl von Algorithmus-Freiheitsgraden erschwert einen tiefergehenden Zugang und einen einfachen Umgang mit der Fuzzy-Methode, da sich Änderungen verschiedener Freiheitsgrade zum Teil gegenseitig kompensieren und unterschiedliche Einstellmöglichkeiten der Freiheitsgrade zu ähnlichen oder identischen Fuzzy Controllern führen. Das bedeutet, daß ein bestimmtes Übertragungsverhalten nicht ausschließlich durch eine einzige Einstellung der Freiheitsgrade erzielt werden kann. Hierdurch wird ein einheitliches Vorgehen beim Entwurf und ein unmittelbarer Vergleich von Fuzzy Controllern stark behindert. Die Vielzahl der Einstellmöglichkeiten, die eine entscheidende Stärke von Fuzzy Control ist, stellt gleichzeitig eine große Schwäche dar.

Für den Anwender ist eine Abschätzung der Auswirkungen einer Modifikation der Freiheitsgrade auf die Veränderungen im Regelverhalten eines Fuzzy Controllers im voraus oft nur schwer möglich. Dies erschwert dem Automatisierungstechniker, der in der Regel kein Fuzzy-Experte ist, eine zielgerichtete Optimierung des Fuzzy Controllers. In der Praxis führt dies zur Anwendung von mehr oder minder systematischen *Trial und Error*-Reglerentwurfsverfahren, die umfangreiche Tests des Fuzzy Controllers an einem Simulationsprozeß oder dem echten Prozeß nach sich ziehen.

Wie in Kapitel 4.4 bereits angedeutet wurde, sollte jeder Fuzzy Controller über ein möglichst vollständig definiertes Übertragungsverhalten verfügen. Wenn das Übertragungsverhalten unvollständig ist, kann dies vor allem bei Fuzzy Controllern mit mehreren Eingangsgrößen zu Problemen führen. Das Problem von unvollständigem Übertragungsverhalten ist generell mit wissensbasierten Systemen verknüpft. Fuzzy-Methoden bieten hierbei nur teilweise Vorteile gegenüber klassischen Methoden, doch bringen die Fuzzy-Methoden keine prinzipielle Lösung dieses Problems.

Bewährte klassische Regler-Entwurfsmethoden wie [Ziegler 42], [Takahashi 72], [Åström 88], [Åström 89], [Klein 91], [Kuhn 95] können weder direkt noch in anschaulicher Form mit der Entwurfsmethode von Fuzzy Controllern kombiniert werden. Da in der Automatisierungstechnik häufig klassische Entwurfsverfahren als Startwerte einer nachgeschalteten *Trial und Error*-Regleroptimierung fungieren, wäre eine direkte und vor allem anschauliche Überführung klassischer Regler in Fuzzy Controller von großem praktischen Nutzen. In der Fuzzy-Literatur existieren solche Überführungsvorschriften für spezielle klassische Regler wie *PID*-Regler, aber in der Regel sind sie für den praxisorientierten Anwender wenig anschaulich und handhabbar.

Kapitel 5

RIP-Methode

Die Entwicklung und die Untersuchung einer alternativen wissensbasierten Methode wurde sowohl durch die in Kapitel 4.6 angedeuteten Stärken und Schwächen von Fuzzy Control als auch durch die Interpretation der linguistischen Regeln als eine Art von Stützstellen mit räumlich abnehmendem Wirkungsbereich angeregt. Hieraus entstand die Idee der Verbindung von linguistischen Regelbasen über Stützstellen und Interpolationsverfahren zur Festlegung einer Verknüpfungsvorschrift $F(\underline{x})$. Diese Methode wird im folgenden als die ***R***egelbasierte ***I***nter***p***olations-Methode oder kurz als *RIP*-Methode bezeichnet [Drechsel 1/94], [Drechsel 2/94].

Obwohl die Strukturen der linguistischen Regelbasen der *RIP*- und Fuzzy-Methode einander gleichen, müssen einige Begriffe wie etwa linguistische Werte neu definiert werden. Das Grundprinzip der Umsetzung der linguistischen Regelbasis in eine Verknüpfungsvorschrift unterscheidet sich vom Grundprinzip von Fuzzy Control, so daß die Einführung der *RIP*-Methode in geringfügiger Weise andere Darstellungsformen und Formalismen erfordert.

5.1 Grundprinzip der *RIP*-Methode

Das Ziel der *RIP*-Methode ist die Umsetzung von linguistischem Expertenwissen in Form von Produktionsregeln (*if...then...*) in eine Verknüpfungsvorschrift unter Verwendung weniger und transparenter Freiheitsgrade. Die Funktionsweise der *RIP*-Methode basiert hierbei nicht auf den bekannten Prinzipien von Fuzzy-Methoden. Die Entwicklung der *RIP*-Methode orientierte sich stets an der praktischen Anwendung in der Automatisierungstechnik und wurde nicht wie die Fuzzy-Methode aus einer mathematischen Theorie abgeleitet.

Das grundlegende Prinzip der *RIP*-Methode besteht in der Erzeugung von Stützpunkten in einem mehrdimensionalen Hyperraum, ausgehend von Produktionsregeln. Mehrdimensionale Interpolationsverfahren erzeugen dann unter Verwendung der Stützpunkte eine umfassende Verknüpfungsvorschrift zwischen den Eingangs- und Ausgangsgrößen eines *RIP*-Blockes (Abb. 5.1).

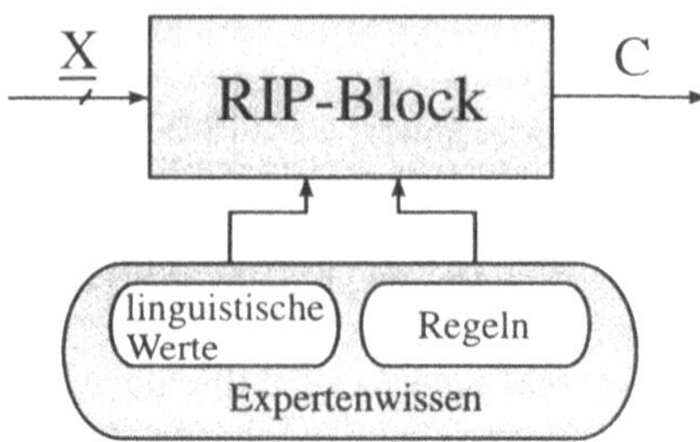

Abb. 5.1: *RIP*-Block

Die Verknüpfungsvorschrift eines *RIP*-Blockes ist wie in Fuzzy Control eine statische Verknüpfungsvorschrift bzw. Funktion F: $\underline{X} \rightarrow C$. Die Funktion F bildet den Produktraum $\underline{X}=X_1 \times ... \times X_m$ der Basismengen $X_1,...,X_m$ der Eingangsgrößen $X_1,...,X_m$ auf die Basismenge C der Ausgangsgröße C ab. Ein *RIP*-Block kann somit als eine nicht-lineare Funktion $c=F(\underline{x})$ eines Vektors $\underline{x}$ mit m Eingangswerten $x_1, x_2, ..., x_m$ auf einen Ausgangswert c interpretiert werden. Die Eingangswerte sind Elemente ($x_k \in X_k$) der Basismengen X_k der Eingangsgrößen X_k. Der Ausgangswert ist Element ($c \in C$) der Basismenge C der Ausgangsgröße C. Die Abb. 5.1 repräsentiert ein *MISO*-System (*Multi-Input-Single-Output*), welches durch Parallelschaltung von weiteren Blöcken zu einem *MIMO*-System (*Multi-Input-Multi-Output*) erweitert werden kann. Die Beschränkung auf eine Ausgangsgröße stellt wie in Fuzzy Control (Kap. 4) keine prinzipielle Beschränkung dar.

Die Vorgehens- und Funktionsweise der *RIP*-Methode ist in der Abb. 5.2 in Form eines Ablaufplanes dargestellt. Die Beschreibung der einzelnen Funktionsblöcke wird in den folgenden Kapiteln detailliert erläutert. In den ersten beiden Schritten des Ablaufplanes in Abb. 5.2 wird ähnlich wie bei den Fuzzy-Methoden das Expertenwissen in Form von linguistischen Werten und Regeln formuliert. Ein Experte bzw. Knowledge Engineer wird sich vorwiegend nur mit diesen Teilen der *RIP*-Methode befassen, um sein Expertenwissen darzustellen. Nach der Formulierung des Expertenwissens schließt sich eine automatische Umsetzung der Regelbasis in eine Verknüpfungsvorschrift $F(\underline{x})$ durch den Stützpunkt-Generator an. Hierzu werden Stützpunkte in einem (m+1)-dimensionalen Hyperraum erzeugt. Konflikte innerhalb der Regelbasis werden anhand der Anordnung der Stützpunkte detektiert und eliminiert. Eine Vervollständigung der Stützpunktmenge zu einer regulären Struktur wird über globale und mehrdimensionale Interpolationsverfahren erreicht. Die reguläre Struktur von Stützpunkten dient zeit- und recheneffizienten Interpolationsverfahren als Basis zur Berechnung einer umfassenddefinierten Verknüpfungsvorschrift $F(\underline{x})$. Ab dem Stützpunkt-Generator werden alle Schritte automatisch, d.h. ohne Interaktion mit dem Knowledge Engineer, abgearbeitet. Für die Formulierung und die Umsetzung des Expertenwissens ist aus Anwendersicht keine detaillierte Kenntnis der Funktionsweise des Stützpunkt-Generators erforderlich.

Wie bereits in Kapitel 4 über Fuzzy Control wird die *RIP*-Methode neben einer formalen Beschreibung anhand der fiktiven Ventilatorsteuerung aus Kapitel 2.5.4 vorgestellt, um einen unmittelbaren Vergleich mit der Fuzzy-Methode zu ermöglichen. Die detaillierte Beschreibung des Beispiels 2.1 der Ventilatorsteuerung und ihrer linguistischen Regelbasis ist bereits in Kapitel 2.5.4 erfolgt. Die linguistischen Werte der Regelbasis werden im folgenden erneut definiert. Die nachfolgende Beschreibung der *RIP*-Methode orientiert sich an dem Ablauf in Abb 5.2.

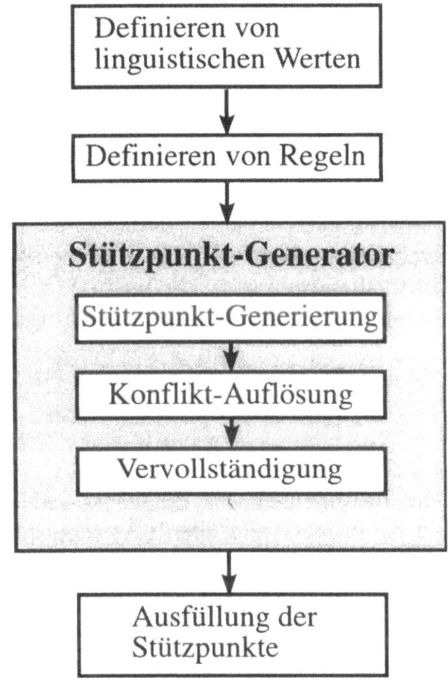

Abb. 5.2: Ablauf der *RIP*-Methode

5.2 Linguistische Werte

Vor der Formulierung der Produktionsregeln ist die Bedeutung der linguistischen Werte zumindest "grob" festzulegen (Kap. 4.4). Die Eingangsgrößen X_k ($k \in \{1,...,m\}$) bzw. die Ausgangsgröße C werden durch die linguistischen Werte $\boldsymbol{A}_{k,i\_k}$ ($i_k \in \{1,...,\alpha_k\}$) bzw. $\boldsymbol{B}_i$ ($i \in \{1,...,n\}$) partitioniert. Die Anzahl α_k bzw. β der Partitionierungen der Basismengen der Eingangs- bzw. der Ausgangsgrößen wird wie in Fuzzy Control als Granularität oder linguistische Auflösung [Kiendl 93] bezeichnet. Die linguistischen Werte $\boldsymbol{A}_{k,i\_k}$ bzw. $\boldsymbol{B}_i$ der Eingangs- bzw. Ausgangsgrößen werden in der *RIP*-Methode durch Teilmengen (im klassischen Sinne) ihrer Basismengen $\boldsymbol{X}_1,...,\boldsymbol{X}_m$ bzw. $\boldsymbol{C}$ vgl. Gl. 5.1 beschrieben.

$$\begin{aligned} \boldsymbol{A}_{k,i_k} \subset \boldsymbol{X}_k \subset \mathbb{R} \quad & \text{für} \quad i_k \in \{1,...,\alpha_k\},\ k \in \{1,...,m\} \text{ und} \\ \boldsymbol{B}_i \subset \boldsymbol{C} \subset \mathbb{R} \quad & \text{für} \quad i \in \{1,...,n\}. \end{aligned} \tag{5.1}$$

Da die Basismengen $\boldsymbol{X}_1,...,\boldsymbol{X}_m$ bzw. $\boldsymbol{C}$ Teilmengen des eindimensionalen reellen Raumes $\mathbb{R}$ sind, repräsentieren die linguistischen Werte $\boldsymbol{A}_{k,i\_k}$ bzw. $\boldsymbol{B}_i$ abgeschlossene Subintervalle auf $\mathbb{R}$ nach Gl. 5.2,

$$A_{k,i_k} = [a^l_{k,i_k},\ a^r_{k,i_k}] \quad \text{für} \quad a^l_{k,i_k} \le a^r_{k,i_k};\ a^l_{k,i_k}, a^r_{k,i_k} \in X_k;\ i_k \in \{1,...,\alpha_k\};\ k \in \{1,...,m\}$$

$$\text{und} \tag{5.2}$$

$$B_i = [b^l_i,\ b^r_i] \quad \text{für} \quad b^l_i \le b^r_i; \quad b_i \in B; \quad i \in \{1,...,n\}.$$

wobei a^l_{k,i_k} bzw. b^l_i die links-seitigen und a^r_{k,i_k} bzw. b^r_i die rechts-seitigen Intervallgrenzen sind. Die linguistischen Werte sollten so gewählt werden, daß die Subintervalle der Eingangs- und Ausgangsgrößen disjunkt sind (Gl. 5.3).

$$\forall x_{k,i} \in A_{k,i}:\ \forall x_{k,j} \in A_{k,j}: \quad x_{k,i} \ne x_{k,j} \tag{5.3}$$

$$\text{wobei} \quad i \ne j \quad \text{für} \quad i, j \in \{1,...,\alpha_k\},\ k \in \{1,...,m\}$$

Die Basismengen der Eingangs- und Ausgangsgrößen müssen nicht vollständig durch Subintervalle überdeckt sein, d.h. es können "Lücken" zwischen linguistischen Werten bestehen (Gl. 5.4).

$$\exists x_k \in X_k: \quad x_k \notin A_{k,i_k} \quad \text{für} \quad i_k \in \{1,...,\alpha_k\},\ k \in \{1,...,m\} \quad \text{und}$$

$$\exists c \in C: \quad c \notin B_i \quad \text{für} \quad i \in \{1,...,n\}. \tag{5.4}$$

Es ist möglich, einzelne Elemente der Basismenge mit einer Subintervallbreite von Null als linguistische Werte zu definieren, was der Definition von Fuzzy Singletons ähnelt. Wie in Kapitel 2.5 bereits diskutiert wurde, ist die nicht vollständige Überdeckung der Basismengen ein zentraler Unterschied zu klassischen wissensbasierten Systemen. Im Gegensatz zu Fuzzy-Methoden werden die linguistischen Werte bei der *RIP*-Methode durch klassische Teilmengen repräsentiert.

In der Praxis werden anstatt der abstrakten Bezeichner A_{k,i_k} bzw. B_i umgangssprachliche Bezeichner wie z.B. *kalt*, *minimal* gewählt. Zur Formulierung des Expertenwissens für die Ventilatorsteuerung nach Beispiel 2.1 werden in der *RIP*-Methode linguistische Werte wie in Abb. 5.3 bzw. Tabelle 5.1 verwendet. Subintervalle beschrieben die linguistischen Werte in Abb. 5.3. Die Subintervalle sind nicht identisch mit den Zugehörigkeitsfunktionen in Kap. 4.4. Jedoch sind die Subintervalle und Zugehörigkeitsfunktionen qualitativ ähnlich, so daß die linguistischen Werte vergleichbare Information enthalten.

Tabelle 5.1: Linguistische Werte der Ventilatorsteuerung

Linguistische Variablen	Basismengen/ Grundmengen	Linguistische Werte/ Bezeichner
$X_1 \triangleq$ *Temperatur*	[0°C, 40°C]	*kalt* ≙ [0°C, 15°C] *warm* ≙ [20°C, 25°C] *heiß* ≙ [30°C, 40°C]
$X_2 \triangleq$ *Wind*	[0%, 100%]	*gering* ≙ [0%, 15%] *mittel* ≙ [42.5%, 57.5%] *stark* ≙ [85%, 100%]
$C \triangleq$ *Ventilator*	[0V, 10V]	*minimal* ≙ [0V, 2V] *mittel* ≙ [4V, 6V] *maximal* ≙ [8V, 10V]

In Abb. 5.3 sind nochmals zur Veranschaulichung die Definitionen aus Tabelle 5.1 dargestellt.

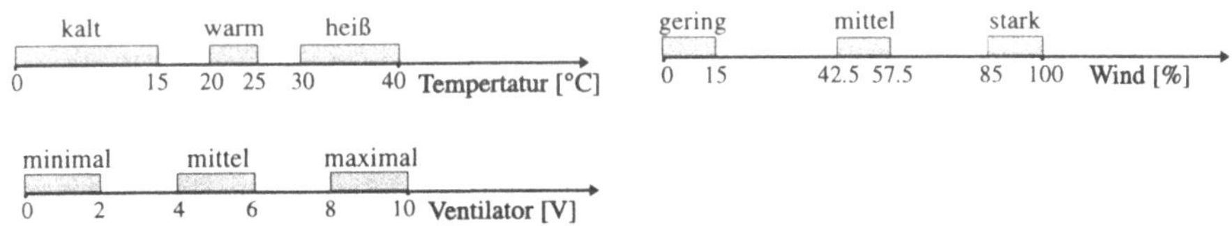

Abb. 5.3: Linguistische Werte der Ventilatorsteuerung (Subintervalle)

5.3 Struktur der Regeln

Das in den *RIP*-Block einfließende Expertenwissen wird durch Produktionsregeln ähnlich wie in anderen wissensbasierten Systemen formuliert, jedoch ist die Interpretation und Umsetzung der Regeln in eine Verknüpfungsvorschrift verschieden. Die Grundstruktur einer Regel R_i besteht wie bei Produktionsregeln üblich aus Prämisse, Konklusion und Gewichtungsfaktor (Gewicht).

$$R_i\text{: if \{Prämisse\} then \{Konklusion\} | Gewicht} \qquad i \in \{1,...,n\} \tag{5.5}$$

Die Grundstruktur einer Regel (vgl. Gl. 5.5) kann auch als Syntaxdiagramm (Abb. 5.4) dargestellt werden. Als Regelbasis ***R*** wird die Menge $\{R_1, ..., R_n\}$ aller n Regeln bezeichnet.

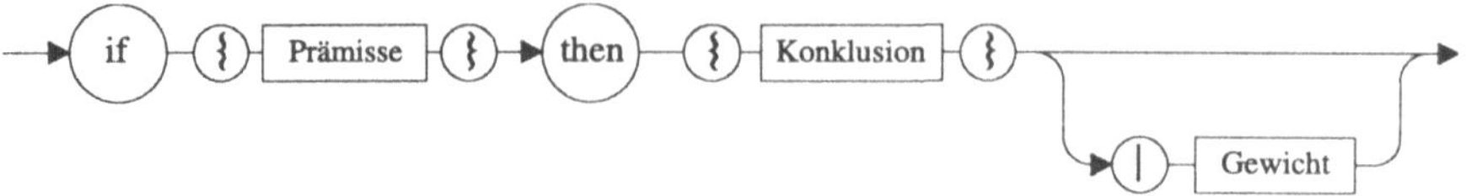

Abb. 5.4: Grundstruktur einer Regel

5.3.1 Struktur der Prämisse

Die Prämisse einer Regel R_i kann durch komplexe logische Aussagen nach Abb. 5.5 gebildet werden. Komplexe logische Aussagen lassen sich über logische Verknüpfungsoperatoren aus logischen Elementaraussagen zusammensetzen und besitzen Boolesche Wahrheitswerte. Als logische Verknüpfungsoperatoren können prinzipiell alle logische Operatoren eingesetzt werden (Tabelle 3.7). In der Praxis werden jedoch meist nur die logischen Verknüpfungsoperatoren *und* (∧, &) oder *oder* (∨, |) verwendet.

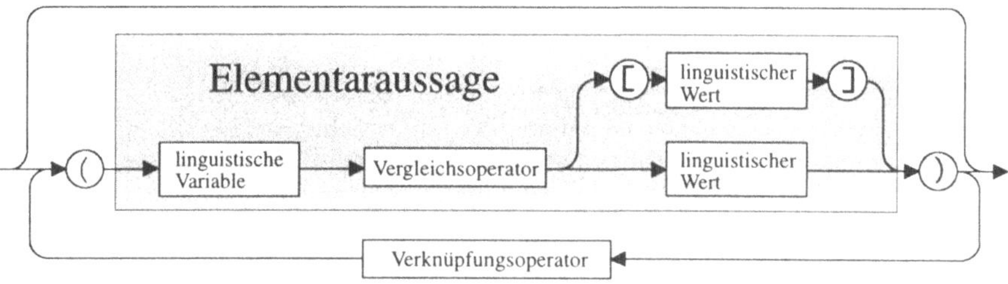

Abb. 5.5: Struktur der Prämisse

Eine Elementaraussage besteht aus einer linguistischen Variablen X_k, einem Vergleichsoperator und einem linguistischen Wert $\boldsymbol{A}_{k,i\_k}$. Als Vergleichsoperatoren sind Operatoren wie = (gleich) und ≠ (ungleich) üblich. Eine linguistische Elementaraussage hat somit die Form $X_k=\boldsymbol{A}_{k,i\_k}$ bzw. X_k=*linguistischer Wert*. Durch die Verknüpfungsoperatoren und die Elementaraussagen lassen sich komplexe Aussagen generieren, die von unterschiedlichen linguistischen Variablen X_k abhängig sind.

Vor allem in zwei Punkten unterscheidet sich die Prämisse der *RIP*-Methode gegenüber der Fuzzy-Methode.

- Die Aussagen bzw. die Elementaraussagen können in *RIP*-Methoden nur die Booleschen Wahrheitswerte $w(X_k = \boldsymbol{A}_{k,i\_k}) = wahr$ oder $w(X_k = \boldsymbol{A}_{k,i\_k}) = falsch$ annehmen.

- In *RIP*-Methoden können linguistische Werte der Prämisse geklammert werden. Die Klammerung z.B. $X_1 = [\boldsymbol{A}_{1,1}] \wedge X_2 = [\boldsymbol{A}_{2,1}]$ der linguistischen Werte innerhalb einer Aussage bedeutet, daß die Ausgangsgröße C innerhalb des betreffenden Bereiches $\boldsymbol{A}_{1,1} \times \boldsymbol{A}_{2,1} = [a^l_{1,1}, a^r_{1,1}] \times [a^l_{2,1}, a^r_{2,1}]$ einen konstanten Wert annehmen soll. In diesem Bereich wird der konstante Ausgangswert durch den in der Konklusion angegebenen linguistischen Wert bestimmt. Wird nur ein Teil der linguistischen Werte einer Aussage z.B. $X_1 = \boldsymbol{A}_{1,1} \wedge X_2 = [\boldsymbol{A}_{2,1}]$ geklammert, dann bleibt lediglich in Richtung der geklammerten Koordinaten X_2 die Ausgangsgröße im Subintervall $\boldsymbol{A}_{2,1}$ konstant. Dies wird später bei der Umsetzung der *RIP*-Regelbasis noch detaillierter erläutert.

Es ist nicht notwendig, in einer Prämisse alle m linguistischen Variablen X_k ($k \in \{1,..,m\}$) zu spezifizieren. Solche Prämissen werden als unvollständige Prämissen bezeichnet. Nach Abb. 5.5 kann die Prämisse auch völlig unspezifiziert bleiben und keine Aussage enthalten. In diesem Fall handelt es sich um eine allgemeingültige Regel, die für alle möglichen Belegungen der linguistischen Eingangsvariablen X_k des *RIP*-Blockes erfüllt ist. Die Bedeutung und Vorteile solcher Regeln werden erst bei der Umsetzung der Regeln in Stützpunkte und deren Anwendungen in den Kapiteln 6, 9 und 10 richtig ersichtlich. Hier einige mögliche Aussagen in der Prämisse für das Beispiel 2.1 der Ventilatorsteuerung:

$$
\begin{array}{llll}
\{ & (\textbf{\textit{Temperatur=kalt}}) & \wedge\ (\textbf{\textit{Wind=stark}}) & \} \\
\{ & (\textbf{\textit{Temperatur=heiß}}) & & \} \\
\{ & (\textbf{\textit{Temperatur}}\neq\textbf{\textit{kalt}}) & \wedge\ (\textbf{\textit{Wind=stark}}) & \} \\
\{ & & & \} \\
\{ & (\textbf{\textit{Temperatur=[kalt]}}) & \wedge\ (\textbf{\textit{Wind=[mittel]}}) & \}
\end{array}
\qquad (5.6)
$$

5.3.2 Struktur der Konklusion

Die Konklusion enthält die Handlungsanweisung einer Regel R_i bei erfüllter Prämisse. In Abb. 5.6 ist die Struktur der Konklusion einer Regel angegeben.

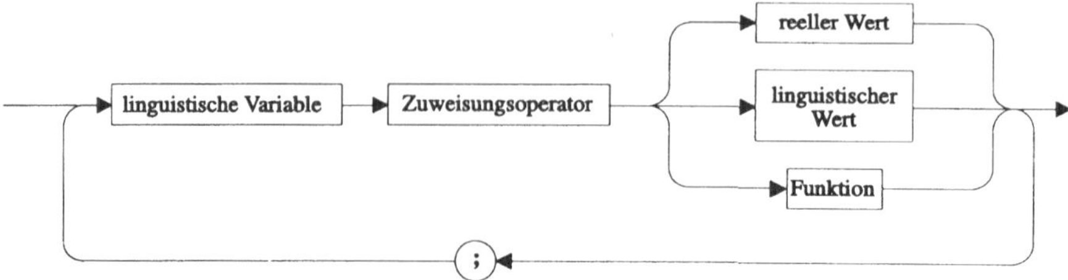

Abb. 5.6: Struktur der Konklusion

Die Konklusion einer Regel R_i repräsentiert im Gegensatz zu den logischen Aussagen der Prämisse eine Zuweisung, da Handlungsanweisungen angegeben werden. Aus Gründen der Übersichtlichkeit wird aber keine Unterscheidung des Zuweisungsoperators (:=) und des logischen Operators (=) vorgenommen und deshalb wird in beiden Fällen das Gleichheitszeichen (=) verwendet. In der Konklusion kann der linguistischen Ausgangsvariablen C ein linguistischer Wert $\boldsymbol{B}_i$, ein reeller Zahlenwert $c^o_i \in \boldsymbol{C}$, oder eine Funktion f_i zugewiesen werden. Die Konklusion nimmt somit die folgenden Formen an.

$$\begin{array}{ll} \textbf{Reeller Wert:} & \{\ C=c_i^o\ \} \\ \textbf{Linguistischer Wert:} & \{\ C=\boldsymbol{B}_i\ \} \\ \textbf{Funktion:} & \{\ C=f_i(X_1,...,X_m)\ \} \end{array} \qquad (5.7)$$

Die Verwendung von reellen Werten c^o_i in der Konklusion ist dann von Vorteil, wenn bestimmte Betriebspunkteinstellungen eines Prozesses einem Experten exakt bekannt sind. Die Verwendung von reellen Werten in der Konklusion der Regeln ist vergleichbar mit dem Einsatz eines Fuzzy Singletons in der Konklusion eines Fuzzy Controllers. In den meisten Fällen liegt das Expertenwissen nur qualitativ vor. In diesen Fällen werden linguistische Werte $\boldsymbol{B}_i$ in der Konklusion verwendet. Die Struktur der Regeln mit linguistischen Werten $\boldsymbol{B}_i$ in der Konklusion ist mit den von Mamdani eingeführten Strukturen in Fuzzy Control vergleichbar. Kennt der Experte zumindest bereichsweise "grobe" Gesetzmäßigkeiten, dann kann dies über Funktionen f_i in der Konklusion einer Regel miteingebracht werden. Die Struktur mit Funktionen in der Konklusion gleicht den Fuzzy Controllern nach Takagi/-Sugeno, wobei die Umsetzung und die Interpretation der Regeln unterschiedlich ist. Die Art der Umsetzung wird in den folgenden Kapiteln noch eingehend erläutert werden.

In Gl. 5.8 sind einige mögliche Zuweisungen in der Konklusion angegeben. Für den Fall der linearen Funktion in der Konklusion sind die Faktoren k_1 und k_2 zusätzliche Parametrisierungsfaktoren.

$$\begin{aligned} &\{\ \textit{Ventilator} = 5 \ \} \\ &\{\ \textit{Ventilator} = \textit{minimal} \ \} \\ &\{\ \textit{Ventilator} = k_1 \cdot \textit{Temperatur} + k_2 \cdot \textit{Wind} \ \} \end{aligned} \tag{5.8}$$

5.3.3 Gewichtungsfaktoren

Bei qualitativ formuliertem Expertenwissen können Konflikte bzw. widersprüchliche Handlungsanweisungen zwischen einzelnen Regeln für bestimmte Belegungen der Eingangsgrößen nie ganz ausgeschlossen werden. Teilweise sind dem Knowledge-Engineer die Konflikte zwischen den Regeln aufgrund ihrer großen Anzahl und vieler Eingangsgrößen nicht bewußt, deshalb müssen die Regelkonflikte durch die *RIP*-Methode erkannt und eliminiert werden. Die Gewichtungsfaktoren G_i dienen der Auflösung solcher Regelkonflikte und können im Bereich $[0,\infty[$ gewählt werden. Im Falle eines Konfliktes sollen Regeln mit höherem Gewicht über Regeln mit geringerem Gewicht dominieren. Die detaillierte Beschreibung der Konfliktbehandlung erfolgt in Kapitel 5.6. Nach Abb. 5.4 können die Gewichtungsfaktoren G_i auch ausgelassen werden. Für diesen Fall wird implizit ein Gewichtungsfaktor $G_i = 1$ angenommen.

Die Regelbasis ***R1*** aus dem Beispiel 2.1 der Ventilatorsteuerung ist hier nochmals gegeben und dient wie zuvor bei der Fuzzy-Methode zur Erläuterung der Wirkungsweise der *RIP*-Methode. Es sollte beachtet werden, daß bei der Regelbasis ***R1*** in der *RIP*-Methode im Gegensatz zu der Fuzzy-Methode nicht das Komplement des linguistischen Wertes *kalt*, sondern ein Ungleich-Zeichen "≠" eingesetzt wird. Dies ist nur ein formaler Unterschied in der Regelsyntax und weniger ein prinzipieller Unterschied der beiden Methoden.

***RIP*-Regelbasis (*R1*): Ventilatorsteuerung**

R_1: if { *Temperatur=kalt* ∧ *Wind=stark* } then { *Ventilator=minimal* } | 0.2

R_2: if { *Temperatur=heiß* } then { *Ventilator=maximal* } | 1

R_3: if { *Temperatur≠kalt* ∧ *Wind=stark* } then { *Ventilator=mittel* } | 0.2

R_4: if { *Temperatur=kalt* ∧ *Wind=gering* } then { *Ventilator=minimal* } | 0.2

5.4 Hyperkuben

Bisher wurde lediglich die syntaktische Struktur von *RIP*-Regelbasen beschrieben. Die folgenden Kapitel behandeln die Interpretation und die Umsetzung einer *RIP*-Regelbasis $\boldsymbol{R}$ in eine Verknüpfungsvorschrift F: $\underline{\boldsymbol{X}} \rightarrow \boldsymbol{C}$. In diesem Punkt unterscheidet sich die *RIP*-Methode erheblich von der Fuzzy-Methode.

Wie bei der Fuzzy-Methode wird zur formalen Beschreibung der *RIP*-Methode die Normalform der Regeln[1] R_i in Gl. 5.9 vorausgesetzt.

$$R_i\text{:} \quad \bigwedge_{k=1}^{m} (X_k = A_{k,i_k}) \Rightarrow C = B_i \quad | \; G_i \qquad \text{für} \;\; i \in \{1,...,n\}, \; i_k \in \{1,...,\alpha_k\}. \tag{5.9}$$

Eine Regel R_i in Normalform wird durch die *RIP*-Methode in ein Raumelement oder einen Hyperkubus $\mathfrak{R}_i$ eines $(m+1)$-dimensionalen euklidischen Raumes umgesetzt. Diese $(m+1)$-dimensionalen Hyperkuben $\mathfrak{R}_i$ sind definiert in dem Produktraum $\mathfrak{R} = \boldsymbol{X}_1 \times ... \times \boldsymbol{X}_m \times \boldsymbol{C}$, der durch die Basismengen der Eingangs- X_k und der Ausgangsgröße C aufgespannt wird. Die Bereiche in dem Produktraum $\boldsymbol{X}_1 \times ... \times \boldsymbol{X}_m$ der Basismengen der Eingangsgrößen, die durch das Cartesische Produkt der Subintervalle $\boldsymbol{A}_{k,i\_k}$ gebildet werden, heißen Grundbereiche $\wp_{i\_1,...,i\_m}$ (Gl. 5.10).

$$\wp_{i_1,...,i_m} = \mathop{\times}_{k=1}^{m} \boldsymbol{A}_{k,i_k} = \boldsymbol{A}_{1,i_1} \times ... \times \boldsymbol{A}_{m,i_m} \tag{5.10}$$

Es gibt insgesamt $\alpha_1 \cdot ... \cdot \alpha_m$ Grundbereiche $\wp_{i\_1,...,i\_m}$. Die n Regeln R_i einer Regelbasis in Normalform wählen von allen möglichen Grundbereichen $\{\wp_{1,...,1}, ..., \wp_{\alpha\_1,...,\alpha\_m}\}$ n Grundbereiche[2] $\wp_i$ ($i \in \{1,...,n\}$) aus. Die Prämisse einer Regel R_i bestimmt über ihre logische Aussage, welcher Grundbereich $\wp_i$ ausgewählt wird. Dem Grundbereich $\wp_i$ einer Regel R_i wird über die Regel das Subintervall $\boldsymbol{B}_i$ der Konklusion zugewiesen. Eine Regel R_i in Normalform wird somit auf einen Hyperkubus $\mathfrak{R}_i$ abgebildet (Gl. 5.11).

$$R_i \rightarrow \mathfrak{R}_i = \boldsymbol{A}_{1,i_k} \times ... \times \boldsymbol{A}_{m,i_k} \times \boldsymbol{B}_i \qquad \text{mit} \;\; i \in \{1,...,n\}, \; i_k \in \{1,...,\alpha_k\}.$$

$$\textbf{bzw.} \tag{5.11}$$

$$R_i \rightarrow \mathfrak{R}_i = [a^l_{1,i_k}, a^r_{1,i_k}] \times ... \times [a^l_{m,i_k}, a^r_{m,i_k}] \times [b^l_i, b^r_i]$$

Die Bezeichnungen der Gl. 5.11 wurden bereits in Kapitel 5.2 eingeführt. Allgemeingültigere Regeln nach Kapitel 5.3, die nicht alle Eingangsgrößen in der

---

[1] *MISO*-Regelbasis.

[2] Eine vollständige Regelbasis benötigt mindestens $\alpha_1 \cdot ... \cdot \alpha_m$ Regeln in Normalform.

Regelprämisse enthalten, werden in eine Menge aus mehreren Hyperkuben umgesetzt. Es werden hierbei diejenigen Hyperkuben ausgewählt, deren Grundbereiche die logischen Aussagen der Prämisse erfüllen.

In Abb. 5.7 ist dies exemplarisch für die Regel R_2 der Regelbasis ***R1*** der Ventilatorsteuerung veranschaulicht. Es ist zu beachten, daß die Regel R_2 nicht in Normalform vorliegt und deshalb mehrere Hyperkuben durch diese Regel definiert werden.

R_2: if { *Temperatur=heiß* } then { *Ventilator=maximal* } ¦ 1

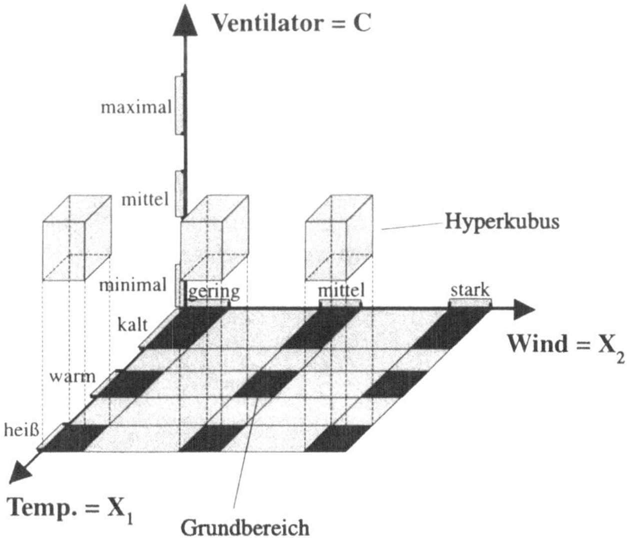

Abb. 5.7: Hyperkuben der Regel R_2 aus der Regelbasis ***R1***

5.5 Stützpunkt-Generierung

Im vorherigen Kapitel wurde gezeigt, wie aus der Regel R_i die Hyperkuben $\mathfrak{R}_i$ gebildet werden. Zur Definition einer eindeutigen Verknüpfungsvorschrift F müssen die Hyperkuben nach Kapitel 5.4 weiter verarbeitet werden. Die Umsetzung der Hyperkuben in eine eindeutige Verknüpfungsvorschrift unterscheidet dabei zwei Fälle.

1. Die Prämisse einer Regel R_i enthält keine geklammerten linguistische Werte.

2. Die Prämisse einer Regel R_i enthält geklammerte linguistische Werte.

1. Fall: Keine geklammerten linguistische Werte

In diesem Fall werden die Hyperkuben direkt in Stützpunkte in einem mehrdimensionalen Hyperraum abgebildet. Ein Hyperkubus $\mathfrak{R}_i$ wird durch einen Stützpunkt P_i im Zentrum des Hyperkubus ersetzt, wie in Gl. 5.12 angegeben. Jeder Stützpunkt P_i ist deshalb auch ein Element eines Hyperkubus ($P_i \in \mathfrak{R}_i$).

$$\begin{aligned} &\mathfrak{R}_i \rightarrow P_i = (\underline{x}_i^s,\, c_i^s) = (x_{1,i}^s, \ldots, x_{m,i}^s,\, c_i^s), \\ &\text{wobei} \quad x_{k,i}^s = \frac{a_{k,i_k}^l + a_{k,i_k}^r}{2}, \quad c_i^s = \frac{b_i^l + b_i^r}{2}, \\ &\text{für } k \in \{1,\ldots,m\},\; i \in \{1,\ldots,n\},\; i_k \in \{1,\ldots,\alpha_k\}. \end{aligned} \tag{5.12}$$

Nach Gl. 5.12 repräsentiert ein Stützpunkt P_i die Regel R_i. Entsprechend wird einem Grundbereich $\wp_i$ einer Regel R_i eine Stützstelle $\underline{x}^s_i$ im Produktraum $\boldsymbol{X}_1 \times \ldots \times \boldsymbol{X}_m$ der Basismengen der Eingangsgrößen zugeordnet (Gl. 5.13).

$$\begin{aligned} &\wp_i \rightarrow \underline{x}_i^s = (x_{1,i}^s, \ldots, x_{m,i}^s), \\ &\text{wobei} \quad x_{k,i}^s = \frac{a_{k,i_k}^l + a_{k,i_k}^r}{2}, \quad \text{für } k \in \{1,\ldots,m\},\; i \in \{1,\ldots,n\}. \end{aligned} \tag{5.13}$$

Es ist hier zu beachten, daß allgemeingültigere Regeln (wie die Regel R_2 der Regelbasis ***R1***) mehrere Stützpunkte definieren und somit die Indizierung der Parameter in den Gleichungen entsprechend aufwendiger wird. Die Umsetzung der Regelbasis ***R1*** in Stützstellen $\underline{x}^s_i$, Stützwerte c^s_i und Stützpunkte $P_i=(\underline{x}^s_i, c^s_i)$ ist in Abb. 5.8 dargestellt.

Bisher wurde nur die Umsetzung rein linguistischer Regeln, die linguistische Werte $\boldsymbol{B}_i$ in der Konklusion der Regeln (Gl. 5.9) besitzen, behandelt. Die Umsetzung von Regeln mit Funktionen f_i und reellen Werten c^0_i in der Konklusion verläuft in etwas abgewandelter Form, da in diesem Fall die Hyperkuben aufgrund der eindeutigen Werte keine räumliche Ausdehnung in Richtung der Ausgangsgröße C haben. Regeln mit Funktionen f_i werden funktionale Regeln genannt (Gl. 5.14).

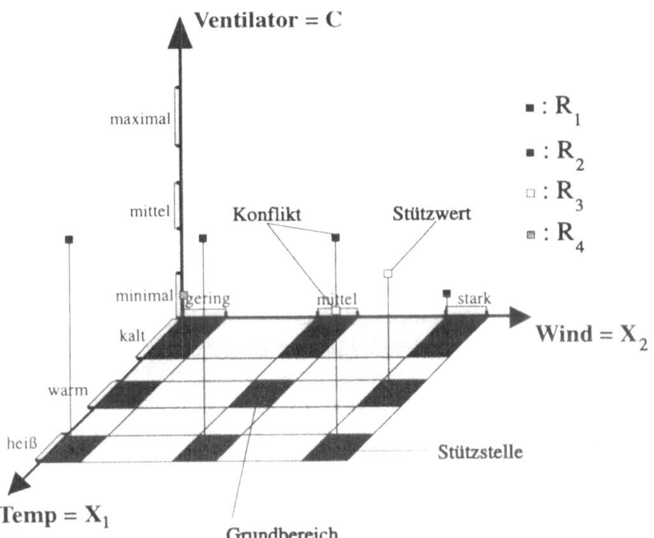

Abb. 5.8: Stützpunkte der Regelbasis ***R1***

$$R_i: \bigwedge_{k=1}^{m} (X_k = A_{k,i_k}) \Rightarrow C = f_i(X_1, \ldots, X_m) \quad | \; G_i \quad \text{für } i \in \{1,\ldots,n\},\; i_k \in \{1,\ldots,\alpha_k\}. \tag{5.14}$$

Im Gegensatz zu Gl. 5.12 können die Stützwerte c^s_i direkt über die Funktion f_i in den Stützstellen $\underline{x}^s_i$ berechnet werden. Die Stützpunkte P_i der Regeln R_i in Gl. 5.13 ergeben sich wie in Gl. 5.12, nur mit dem Unterschied, daß der Stützwert c^s_i jetzt direkt durch die Funktion f_i festgelegt wird (Gl. 5.15).

$$c_i^s = f_i(x^s_{1,i}, \ldots, x^s_{m,i}) \tag{5.15}$$

Am einfachsten gestaltet sich die Umsetzung von Regeln R_i mit reellen Werten c^o_i in der Konklusion nach Gl. 5.16.

$$R_i: \bigwedge_{k=1}^{m} (X_k = A_{k,i_k}) \Rightarrow C = c_i^o \quad | \; G_i \quad \text{für } i \in \{1,\ldots,n\},\; i_k \in \{1,\ldots,\alpha_k\}. \tag{5.16}$$

Die Stützpunkte P_i ergeben sich direkt aus den reellen Werten c^o_i der Konklusion, wie in Gl. 5.17 angegeben. In Gl. 5.12 muß dann

$$c_i^s = c_i^o \tag{5.17}$$

ersetzt werden.

2. Fall: Geklammerte linguistische Werte

In diesem Fall werden die Hyperkuben der Regeln wie zuvor in Stützpunkte $P_i=(\underline{x}^s_i,c^s_i)$ umgesetzt. Zusätzlich dazu werden die mit einer Klammerung[3] "[,]" verknüpften Stützpunkte mit einer bereichsweise konstanten Funktion zwischen den betreffenden Stützpunkten kombiniert. Dies wird nun an einem kurzen Beispiel erläutert. Gegeben seien die beiden folgenden Prämissen

$$\begin{array}{l} \{\ (X_1=[A_{1,1}]) \wedge (X_2=[A_{2,1}])\ \} \\ \{\ (X_1=[A_{1,1}]) \wedge (X_2=[A_{2,2}])\ \} \end{array} \tag{5.18}$$

deren Stützstellen in Abb. 5.9 im Eingangsraum $X_1 \times X_2$ abgebildet sind.

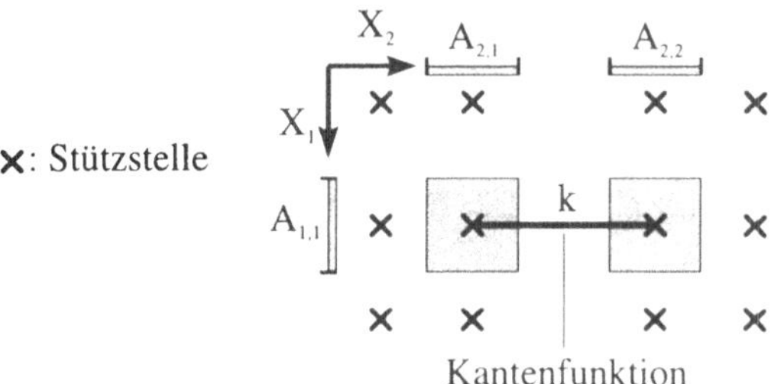

Abb. 5.9: Stützpunkte und Subintervalle bei geklammerten linguistischen Werten

Im Gegensatz zum 1. Fall wird zusätzlich zwischen den Stützstellen der Subintervalle $A_{2,1}$ und $A_{2,2}$ eine eindimensionale und bereichsweise konstante Funktion $k(x_2)$ definiert, die in Abb. 5.10 abgebildet ist.

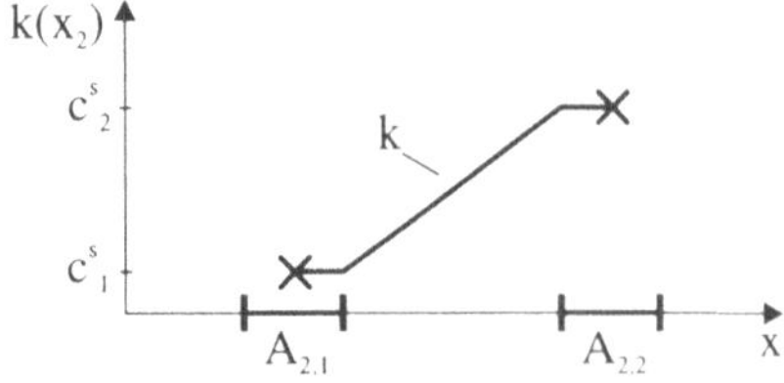

Abb. 5.10: Bereichsweise konstante Kantenfunktion bei geklammerten linguistischen Werten

[3] Die Klammern "(,),{,}" dienen der Festlegung einer eindeutigen Bearbeitungsreihenfolge.

Die Kantenfunktion $k(x_2)$ ist innerhalb der geklammerten linguistischen Werte bzw. Subintervalle $A_{2,1}$, $A_{2,2}$ konstant und in dem Zwischenbereich linear. Die Funktionswerte der Kantenfunktion in den Stützstellen $\underline{x}^s_i$, werden durch die Stützwerte c^s_i bestimmt. Die Berechnung des Stützwertes erfolgt wie zuvor in Gl. 5.12, Gl. 5.15 oder Gl. 5.17. Ist nur ein Stützpunkt und eine Koordinate geklammert, wird nur um diesen Stützpunkt und für die betreffende Koordinate eine bereichsweise konstante Kantenfunktion definiert.

Im Kapitel 5.7.4.2 werden die Voraussetzungen und das weitere Vorgehen bei Stützpunkten mit bereichsweise konstanten Kantenfunktionen erklärt. Im folgenden wird zunächst die *RIP*-Methode bei ungeklammerten linguistischen Werten weiter erläutert. Hierzu wird jetzt die Konflikt-Bewältigung der *RIP*-Methode vorgestellt.

5.6 Konflikt-Auflösung

In Kapitel 5.3.3 wurde das Problem von Regelkonflikten bereits angesprochen. Linguistische Regelbasen können widersprüchliche Handlungsanweisungen verschiedener Regeln für den gleichen Grundbereich beinhalten; dies wird als Konflikt oder Widerspruch zwischen den entsprechenden Regeln bezeichnet. Existieren Regeln mit identischen Handlungsanweisungen für den gleichen Grundbereich, dann weist die Regelbasis redundante Regeln auf. Das bedeutet, daß in der Regelbasis redundante Information vorliegt. Während redundante Regeln unkritisch sind, müssen Konflikte zwischen Regeln aufgelöst werden.

In *RIP* Control werden bestehende Konflikte nach Gl. 5.19 durch einen gewichteten Mittelwert basierend auf den Gewichtungsfaktoren G_i der am Konflikt beteiligten Regeln aufgelöst.

$$c_j^s = \begin{cases} \dfrac{\sum_{i=1}^{n_j} G_i \cdot c_i^\star}{\sum_{i=1}^{n_j} G_i} & \exists G_i\colon\ G_i \neq 0 \\[2ex] \dfrac{1}{n_j} \cdot \sum_{i=1}^{n_j} c_i^\star & \forall G_i\colon\ G_i = 0 \end{cases} \tag{5.19}$$

n_j: Anzahl der Stützwerte im j-ten konfliktbehafteten Grundbereich $\wp_j$
$c^\star_i$: In Konflikt stehende Stützwerte des j-ten Grundbereichs $\wp_j$
c^s_i: Stützwert nach der Konfliktauflösung

Gl. 5.19 berechnet für einen konfliktbehafteten Grundbereich $\wp_j$ einen resultierenden bzw. konfliktfreien Stützwert c^s_j aus den n_j Stützwerten $c^\star_1, ..., c^\star_{n_j}$, die für diesen Grundbereich in Konflikt stehen. Die Gewichtungsfaktoren G_i sind im Intervall $[0,\infty[$ einstellbar. Die übliche Voreinstellung der Gewichtungsfaktoren ist G_i=1. Regeln mit einem Gewichtungsfaktor G_i=0 bleiben gegenüber anderen Regeln mit einem Gewichtungsfaktor $G_i \neq 0$ unberücksichtigt; dies wird als unechter Konflikt bezeichnet. Regeln mit einem Gewichtungsfaktor G_i=0 werden Nullregeln genannt. Sie eignen sich für die Festlegung eines Offsetwertes für die Ausgangsgröße des *RIP*-Blockes. In Gl. 5.19 ist der Sonderfall berücksichtigt, daß für einen Grundbereich $\wp_j$ nur Nullregeln definiert sind.

In Abb. 5.8 ist ein Konflikt zwischen der Regel R_2 und R_3 im Grundbereich $\{(Temp=heiß) \wedge (Wind=stark)\}$ zu erkennen. Dieser Konflikt wird durch die Konflikt-Auflösung beseitigt. Abb. 5.11 zeigt das Ergebnis der Konflikt-Auflösung. Im Grundbereich $\{(Temp=heiß) \wedge (Wind=stark)\}$ ist jetzt nur noch ein Stützpunkt zu erkennen.

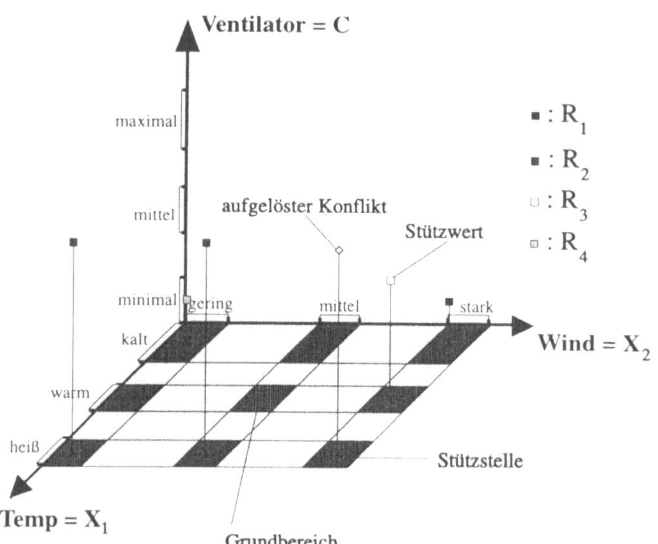

Abb. 5.11: Konfliktfreie Stützpunkte der Regelbasis ***R1***

Der Konflikt der Regeln R_2 und R_3 der Regelbasis ***R1*** ist leichter erkennbar, wenn die Regelbasis in Form einer Tabelle angegeben ist. Jedoch ist diese anschauliche Darstellung nach Tabelle 5.2 für mehr als 2 Eingangsgrößen nicht möglich, so daß die Konflikt-Auflösung auf jeden Fall ein sehr nützliches Hilfsmittel bei der

Umsetzung von Expertenwissen in eine Verknüpfungsvorschrift darstellt. In der Tabelle 5.2 sind die Felder ohne eine Regel durch ein Fragezeichen markiert. Diese Felder werden durch die Vervollständigung in Kapitel 5.8 mit Stützpunkten aufgefüllt. Hierzu werden jetzt geeignete Interpolationsverfahren vorgestellt.

Tabelle 5.2: Regelbasis *R1* in tabellarischer Form

		X_2 = *Wind*		
		gering	mittel	stark
X_1 = *Temp*	kalt	minimal (R_4)	?	minimal (R_1)
	warm	?	?	mittel (R_3)
	heiß	maximal (R_2)	maximal (R_2)	**maximal (R_2)**

5.7 Interpolation und Extrapolation

Interpolationen und Extrapolationen spielen eine zentrale Rolle in der *RIP*-Methode, da die Konflikt-Auflösung in Kapitel 5.6 eine konfliktfreie Stützpunktmenge ergibt. Diese Stützpunktmenge bildet die Grundlage für eine umfassende Verknüpfungsvorschrift bzw. Funktion $F{:}\underline{\boldsymbol{X}}\rightarrow\boldsymbol{C}$, die den gesamten Produktraum $\underline{\boldsymbol{X}}=\boldsymbol{X}_1\times\ldots\times\boldsymbol{X}_m$ der Eingangsgrößen überspannt. Es ist offensichtlich, daß hierzu geeignete Interpolationen und Extrapolationen der Stützpunkte notwendig sind. In diesem Zusammenhang sind die Begriffe wie Interpolation, Extrapolation und Approximation zu beleuchten.

Bei der Interpolation wird von einer vorgegebenen Menge von Stützpunkten $P_i=(\underline{x}^s_i,c^s_i)$ eine Funktion $F(\underline{x})$ gesucht, derart daß die Funktion exakt durch die Stützpunkte geht und somit die Forderung $c^s_i=F(\underline{x}^s_i)$ erfüllt wird (Abb. 5.12). Im Falle einer Eingangsvariablen wird die Berechnung der Funktion, außerhalb der durch die Stützstellen gegebenen Intervalle, als Extrapolation bezeichnet.

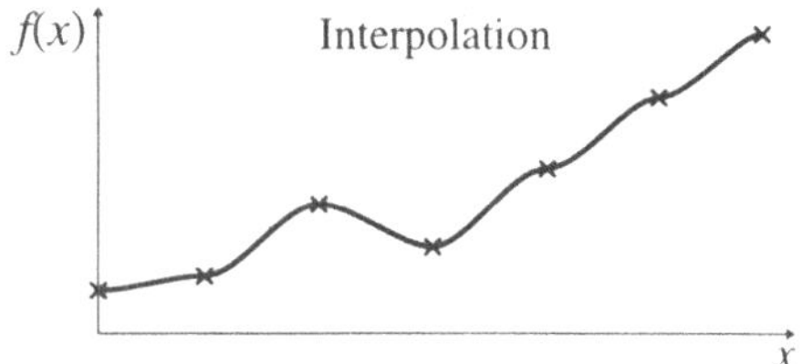

Abb. 5.12: Interpolation

Die Approximation verzichtet im Gegensatz zur Interpolation darauf, daß die Funktion $F(\underline{x})$ in den Stützstellen $\underline{x}^s_i$ exakt die Stützwerte c^s_i annimmt (Abb. 5.13). Statt dessen wird eine vom Interpolationsfehler $e_i=F(\underline{x}^s_i)-c^s_i$ abhängige Gütefunktion $I(F)\rightarrow Min$ minimiert. Der populäre Least-Square-Ansatz minimiert beispielsweise die Gütefunktion $I(F)=\sum(F(\underline{x}^s_i)-c^s_i)^2$ [Yakowitz 90], [Sauer 68]. Approximationen werden oft auch als ausgleichende Interpolation bezeichnet.

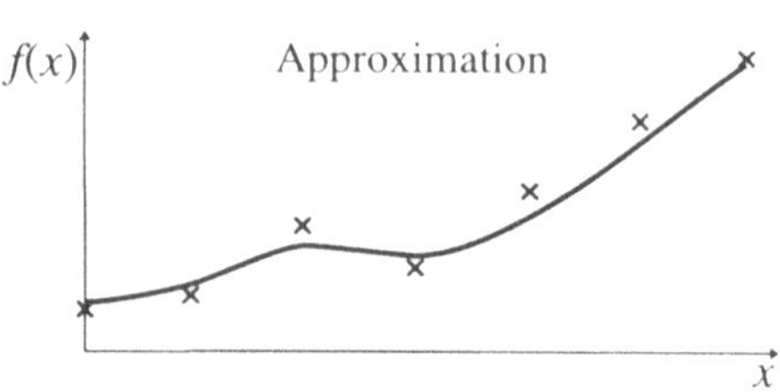

Abb. 5.13: Approximation

Bei einer Eingangsgröße ist die Interpolation im Zwischenraum der Stützstellen definiert. Alles was über die linke und rechte Stützstelle hinausgeht, wird als Extrapolation bezeichnet. Eine solch einfache und strikte Grenzziehung zwischen Interpolation und Extrapolation ist bei mehrdimensionalen Stützstellenanordnungen nicht möglich. Hier ergibt sich aufgrund der verstreuten Stützpunktanordnung eine Grauzone zwischen dem Begriff der Interpolation und der Extrapolation. In Abb. 5.14 ist dies für den Fall von zwei Eingangsgrößen und drei Stützstellen aufgezeigt. In der Literatur wird aufgrund der Übersichtlichkeit und der nicht eindeutigen Grenzziehung nur von Interpolation gesprochen, wobei häufig Approximation oder Extrapolation gemeint sind. Im folgenden wird deshalb fast ausschließlich der Begriff der Interpolation verwendet.

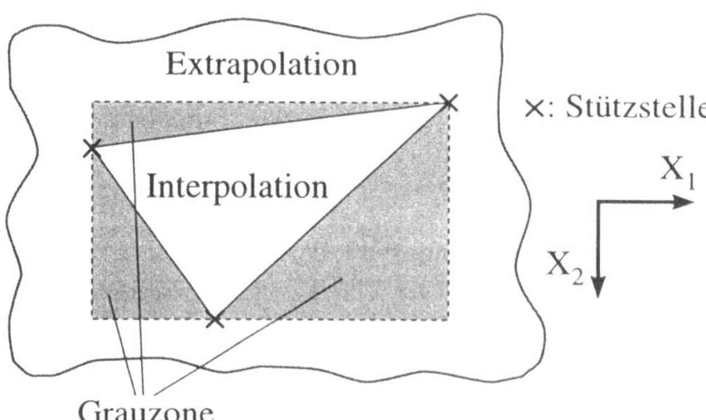

Abb. 5.14: Inter- und Extrapolation im mehrdimensionalen Raum

Die Frage, welche Anforderungen an die Interpolation gestellt werden und welche Interpolationen die Problemstellung der *RIP*-Methode geeignet lösen, wird in den folgenden Unterkapiteln eingehend behandelt. Nach diesem Exkurs über Interpolationen werden die Vervollständigung der Regelbasis (Kap. 5.8) und die Ausfüllung der Stützpunkte (Kap. 5.9) der *RIP*-Methode vgl. Abb. 5.2 weiter erläutert.

5.7.1 Anforderungen an die Interpolation

Zur Lösung der Frage, welche Interpolationen für die *RIP*-Methode geeignet sind, wird nun ein Anforderungsprofil erstellt. Die Interpolationen der Stützpunktmenge müssen hierbei die folgenden Eigenschaften erfüllen.

- **Mehrdimensional**
  Die Interpolation muß in einem mehrdimensionalen euklidischen Raum durchführbar sein. Die Dimension D des euklidischen Raumes wird durch die Anzahl von Eingangsgrößen und Ausgangsgrößen bestimmt. Ein *RIP*-Block mit m Eingangsgrößen $X_1,...,X_m$ und einer Ausgangsgröße C spannt einen Raum mit der Dimension

  $$D = m+1 \tag{5.20}$$

  auf. Da die Anzahl m der Eingangsgrößen eines *RIP*-Blockes grundsätzlich nicht beschränkt ist, kann die Dimension beliebig groß werden.

- **Verstreute (scattered) Stützstellen**
  Die Stützstellen im Produktraum $\underline{X}=X_1\times...\times X_m$ der Eingangsgrößen besitzen im Fall unvollständiger Regelbasen (vgl. Tabelle 5.2) keine reguläre Anordnung. Die Stützstellen bilden somit kein Cartesisches Gitter (Kap. 5.7.4) und werden als verstreute Stützstellen bezeichnet. Die Interpolation muß deshalb auf verstreute Stützstellen anwendbar sein, solche Interpolationen werden auch scattered Data-Interpolationen genannt.

- **Echtzeit**
  Für die praktische Anwendung der *RIP*-Methode mit einem Mikroprozessor spielen Speicher- und Rechenzeit-Anforderungen der Interpolation eine sehr entscheidende Rolle, da der Speicher und die Rechenleistung der Mikroprozessoren beschränkt sind. Aus diesem Grund sind speicher- und recheneffiziente Interpolationen notwendig.

- **Keine Oszillation der Verknüpfungsvorschrift (Keine Wiggles)**
  Die interpolierte Verknüpfungsvorschrift sollte nicht um die Stützwerte oszillieren. Besonders Spline- und Polynom-Interpolationen sind von diesem Problem betroffen, da sie zur Interpolation eines Funktionswertes

direkt oder indirekt alle Stützpunkte berücksichtigen und somit globales Interpolations-Verhalten aufzeigen.

- **Monotonie der interpolierten Verknüpfungsvorschrift**
  Bei der Interpolation von monotonen Stützpunkten sollte die interpolierte Verknüpfungsvorschrift monoton bzw. nahezu monoton sein.

In Abb. 5.15 bis 5.17 sind die Ergebnisse von drei klassischen Interpolationen (lineare IP, Spline-IP und Polynom-IP) gegenübergestellt. Die linear interpolierte Funktion besitzt keine Oszillationen und bildet einen monotonen Verlauf, falls eine monotone Stützpunktanordnung vorgegeben ist. Die erste Ableitung einer linear interpolierten Funktion ist nicht stetig und somit können Ecken in den Stützpunkten entstehen. Die Spline- und Polynom-Interpolation erzeugen keine Ecken, neigen aber bei ungünstiger Stützpunktanordnung zu Oszillationen.

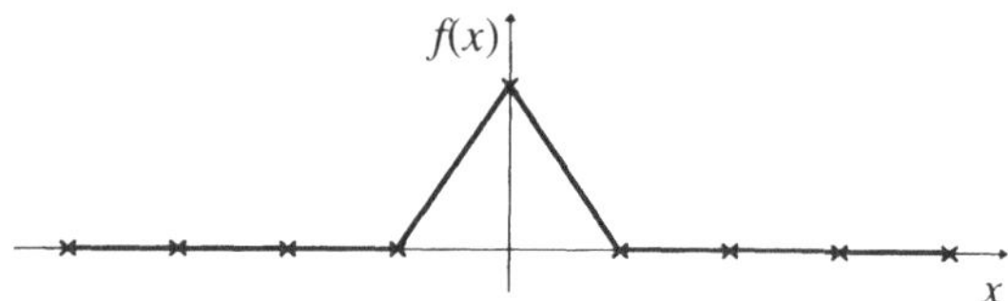

Abb. 5.15: Lineare Interpolation

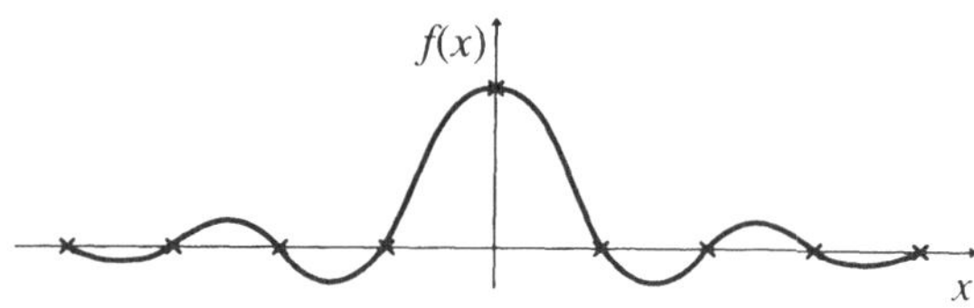

Abb. 5.16: Spline-Interpolation

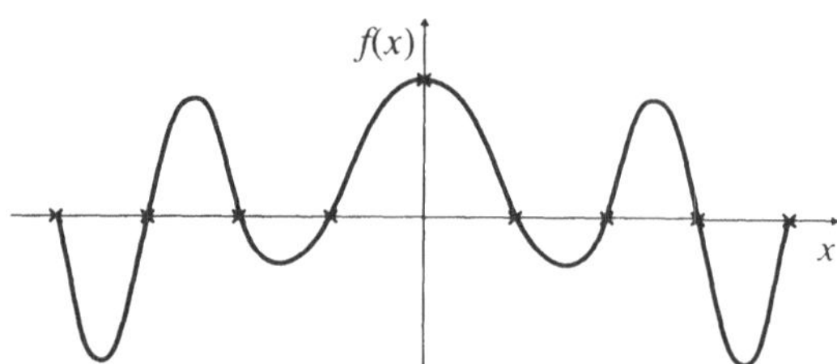

Abb. 5.17: Polynom-Interpolation

Die Signifikanz der Forderung nach Monotonie und keiner bzw. geringer Oszillation soll noch an einem einfachen regelungstechnischen Beispiel erläutert werden. In Abb. 5.18 ist ein Regelkreis mit einer nicht-linearen Regler-Kennlinie, die aus Stützpunkten interpoliert wurde, dargestellt. Obwohl die Stützpunkte monoton sind, ist die interpolierte Verknüpfungsvorschrift (z.B. Spline-Interpolation) nicht monoton und oszilliert um die Stützpunkte. Vom regelungstechnischen Standpunkt aus gesehen ist eine solche Interpolation wenig sinnvoll, da sich das Kleinsignalverhalten[4] des Reglers zwischen Mitkopplung und Gegenkopplung hin- und herbewegt. Dies wird in vielen Fällen zu einem instabilen Regelverhalten führen. Die lineare Interpolation ist in diesem Fall für das Regelverhalten wesentlich günstiger und führt zu einem *P*-Regler mit Begrenzung [Föllinger 80].

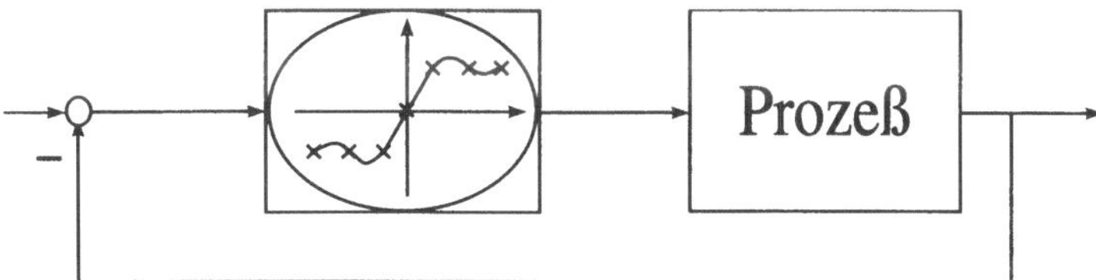

Abb. 5.18: Regelkreis mit oszillierender Regler-Kennlinie

Die Vielfalt von Interpolationen wird durch die zuvor aufgeführten Anforderungen stark eingeschränkt. Vor allem die Forderung nach mehrdimensionalen und scattered Data-Interpolationen grenzt die Auswahl erheblich ein. Populäre Interpolationen, wie klassische Polynom-, Spline- oder Akima-Interpolation [Sauer 68], [Engeln 88], [Akima 70], [Späth 90], sind für höher-dimensionale und scattered Data-Interpolationsprobleme nur schwer oder überhaupt nicht anwendbar. Den klassischen Interpolationen bereiten nicht reguläre Stützstellen-Gitter große Probleme [Franke 82], [Press 90]. Die hierfür entwickelten Lösungen eignen sich zumeist nur für den 2- oder 3-dimensionalen Raum oder benötigen einen immensen Speicher- und Rechenaufwand und sind deshalb nicht echtzeitfähig.

Neben den bereits genannten Anforderungen gibt es noch weitere, die jedoch für die Anwendung in der *RIP*-Methode von untergeordneter Bedeutung sind. Einige dieser Anforderungen sind hier noch kurz angegeben.

- **Visueller Eindruck**
  Der visuelle Eindruck spielt bei der Formgestaltung eine große Rolle. In *CAD*-Systemen werden zu diesem Zwecke sehr häufig Bézier-Kurven

[4] Das Kleinsignalverhalten beschreibt das Regelkreisverhalten in der Umgebung eines Arbeitspunktes.

eingesetzt [Hoschek 89]. Der visuelle Eindruck von Interpolations-Kurven bzw. Flächen ist für die *RIP*-Methode weniger von Interesse. Zudem sind mehrdimensionale Verknüpfungsvorschriften nicht mehr direkt anschaulich illustrierbar.

- **Konvexität**
  Sind die Stützpunkte konvex, dann muß die interpolierte Verknüpfungsvorschrift auch konvex sein [Späth 90].

- **Stetigkeit der Verknüpfungsvorschrift und ihrer Ableitungen**
  Die Stetigkeit der interpolierten Verknüpfungsvorschrift in der Umgebung der Stützstellen muß in den meisten Anwendungsfällen gewährleistet sein, um ungewollte Sprünge zu vermeiden. Manchmal ist auch die Stetigkeit der Ableitungen der interpolierten Verknüpfungsvorschrift von Bedeutung. Bei Hermitescher Interpolation werden neben den Stützwerten auch die ersten Ableitungen an den Stützstellen mit einbezogen [Selber 73]. Für die *RIP*-Methode sind Hermitesche Interpolationen weniger von Interesse, da über die Ableitungen der Stützpunkte keine explizite Information vorliegt. Jedoch existieren regelungstechnische Anwendungen, bei denen Regler mit stetigen Ableitungen günstigeres Regelverhalten aufzeigen.

- **Ausgleichende Interpolationen (Approximation)**
  Um eine "glatte" Verknüpfungsvorschrift zu erhalten, können ausgleichende Interpolationen verwendet werden. Hierbei wird die Forderung, daß die interpolierte Verknüpfungsvorschrift durch die Stützstellen gehen muß, aufgegeben [Späth 90], [Sauer 68], [Hoschek 89].

5.7.2 *Multi-Stage*-Interpolation

Das in Kapitel 5.7.1 formulierte Interpolationsproblem ist nicht direkt und in geeigneter Weise durch eine klassische Interpolation zu lösen. In der Mathematik sind viele Interpolationen bekannt, jedoch sind nur wenige für die vorliegende praktische Anwendung geeignet. Aus diesem Grunde sind in der *RIP*-Methode mehrstufige Interpolationsverfahren ratsam. Solche Verfahren werden auch als *Multi-Stage*-Interpolationen bezeichnet. *Multi-Stage*-Interpolationen führen verschiedene Interpolationen mit unterschiedlichen Eigenschaften nacheinander durch. In der *RIP*-Methode hat sich ein zweistufiges Vorgehen bewährt. Im einzelnen besteht es aus

- einer globaler und scattered Data-Interpolation (Kap. 5.7.3) sowie
- einer lokalen und non scattered Data-Interpolation (Kap. 5.7.4).

Globale Interpolationen berücksichtigen alle Stützstellen bei der Berechnung des zu interpolierenden Punktes. Lokale Interpolationen verwenden nur eine dem zu interpolierenden Punkt naheliegende Teilmenge der Stützstellen. Als Teilmenge werden häufig die unmittelbaren Nachbarstützstellen verwendet. Eine Festlegung der unmittelbaren Nachbarstützstellen setzt meist eine reguläre Stützstellen-Anordnung wie ein Cartesisches Gitter nach Kapitel 5.7.4 voraus.

Dieses zweistufige Interpolationsverfahren steht in Anlehnung an die Vorstellung, daß eine unvollständige Regelbasis bzw. eine nicht Cartesische Stützpunktanordnung zuerst vervollständigt werden sollte. Im Anschluß daran ist das Übertragungsverhalten für den gesamten Produktraum $X_1 \times ... \times X_m$ festzulegen. Die Unterteilung der *RIP*-Methode nach Abb. 5.2 in

- eine Vervollständigung einer unvollständigen Regelbasis bzw. der Stützpunkte und
- eine Ausfüllung einer Cartesischen Stützpunktanordnung

ist aufgrund der Interpolationsanforderungen zweckmäßig, aber nicht zwingend. In den nächsten Kapiteln wird dies eingehend erläutert. Für das zweistufige Interpolationsverfahren werden geeignete Interpolationen vorgestellt. Die direkte Anwendung der Interpolationen in der *RIP*-Methode wird in Kapitel 5.8 und Kapitel 5.9 behandelt.

5.7.3 Globale Interpolation mit Shepard-Interpolation

Zur Berechnung einer regulären Stützpunkt-Menge eignet sich die Shepard-Interpolation, die von Shepard im Jahre 1968 veröffentlicht wurde [Shepard 68]. Die Shepard-Interpolation $S(\underline{x})$ nach Gl. 5.21 ist eine globale scattered Data-Interpolation für mehrdimensionale euklidische Räume. Die Verteilung der Stützstellen $\underline{x}^s_i$ darf beliebig sein.

$$c = S(\underline{x}) = \frac{\sum_{i=1}^{n_s} w_i \cdot c_i^s}{\sum_{i=1}^{n_s} w_i} \quad \text{mit} \quad w_i = \frac{1}{\| \underline{x} - \underline{x}_i^s \|^{\mu}}, \quad \mu \in \mathbb{R}^+, \tag{5.21}$$

$$\text{und} \quad \underline{x} = (x_1,...,x_m), \quad \underline{x}_i^s = (x_{1,i}^s,...,x_{m,i}^s)$$

μ: Bewertungsfaktor des euklidischen Abstandsmaßes $d_i = \|\underline{x} - \underline{x}^s_i\|$.

n_s: Anzahl aller Stützstellen[5].

Die Shepard-Interpolation berechnet den Ausgangswert $c=S(\underline{x})$ für einen beliebigen Eingangswertevektor $\underline{x}$ über ein umgekehrt-proportionales euklidisches Abstandsmaß zu den vorgegebenen Stützpunkten ($\underline{x}^s_i$, c^s_i). Hierbei wird der Ausgangswert c über einen gewichteten Mittelwert aus den Stützwerten c^s_i ermittelt. Das umgekehrt-proportionale Abstandsmaß ergibt aus der zu interpolierenden Stützstelle $\underline{x}_i$ und den vorgegebenen Stützstellen $\underline{x}^s_i$ eine Gewichtungsfunktion w_i. Die Shepard-Interpolation wird in der Literatur deshalb auch als *Inverse Distance*-Interpolation bezeichnet.

Die Gewichtungsfunktion w_i resultiert aus dem klassischen euklidischen Abstandsmaß $d_i=\|\underline{x}-\underline{x}^s_i\|$ nach Gl. 5.22.

$$w_i = \frac{1}{d_i^{\mu}} = \frac{1}{\left(\sqrt{\sum_{k=1}^{m}(x_k - x^s_{k,i})^2}\right)^{\mu}} \tag{5.22}$$

Der Bewertungsfaktor μ im Exponent von Gl. 5.22 ermöglicht eine zusätzliche Parametrisierung des euklidischen Abstandsmaßes $d_i=\|\underline{x}-\underline{x}^s_i\|$. Ein großer Bewertungsfaktor μ verstärkt gegenüber kleinen Bewertungsfaktoren die Gewichtung der Stützpunkte ($\underline{x}^s_i$, c^s_i) in der näheren Umgebung des zu interpolierenden Eingangswertevektors $\underline{x}$.

Die Auswirkungen des Bewertungsfaktors μ auf die Shepard-Funktion $S(\underline{x})$ sind in [Gordon 78] untersucht worden. In [Gordon 78] werden verschiedene Eigenschaften für die Shepard-Funktion $S(\underline{x})$ bewiesen. Es wird gezeigt, daß für Bewertungsfaktoren $\mu>1$ in den Stützpunkten ($\underline{x}^s_i$, c^s_i) alle partiellen Ableitungen $\partial S(\underline{x})/\partial x_k$ erster Ordnung Null sind.

$$\forall k\in\{1,\dots,m\},\ \forall i\in\{1,\dots,n\}:\ \lim_{x_k\to x^s_{k,i}} \frac{\partial S(\underline{x})}{\partial x_k} = \lim_{x_k\to x^s_{k,i}} \frac{\partial S(x_1,\dots,x_k,\dots,x_m)}{\partial x_k} = 0 \tag{5.23}$$

Des weiteren wird gezeigt, daß sich die Shepard-Funktion $S(\underline{x})$ für $\mu\to\infty$ einer stückweise-konstanten Funktion annähert. Regelungstechnisch gesehen, entspricht dies schaltartigem bzw. unstetigem Übertragungsverhalten, und es ergibt sich ein unstetiger Regler. Bei nur einer Veränderlichen x und der ausschließlichen Verwendung der direkten Nachbarpunkte (lokal) ist die Shepard-Funktion $S(\underline{x})$ für $\mu=1$ eine stückweise-lineare Funktion.

[5] $n=n_s$: Bei konflikt- und redundanzfreier Regelbasis in Normalform.

Die Einstellung des Bewertungsfaktors kann prinzipiell in 4 Klassen nach Tabelle 5.3 unterteilt werden, wobei die Grenze zwischen der Klasse 3 und 4 fließend ist. Die Bewertungsfaktoren der Klasse 1 und 2 sind für die Anwendung in *RIP* Control weniger geeignet, da hier Spitzen bzw. Ecken entstehen und die Forderung nach Monotonie und geringer Oszillation nicht sichergestellt ist. Aus diesem Grunde werden für die Vervollständigung in Kapitel 5.8 die Bewertungsfaktoren aus der Klasse 4 nach Tabelle 5.3 verwendet.

Tabelle 5.3: Shepard-IP $S(\underline{x})$ abhängig vom Bewertungsfaktor μ

Kl.	μ	Eigenschaften von $S(\underline{x})$	Graphischer Verlauf von $S(\underline{x})$
1	0 ... 1	Spitzen in den Stützpunkten (z.B. μ=0.5)	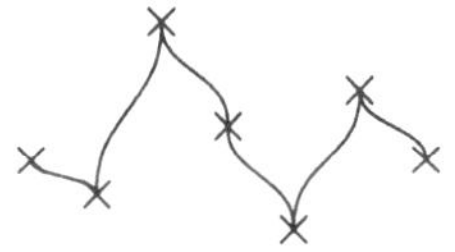
2	1	Ecken und Knicke in den Stützpunkten (μ=1)	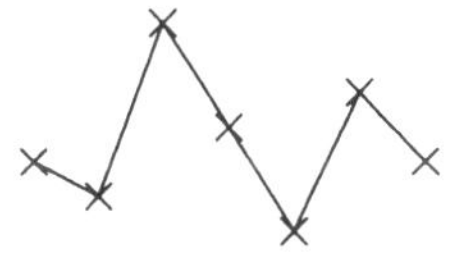
3	1 ... ≈5	Tangentialebenen bzw. Flachstellen in den Stützpunkten (z.B. μ=2)	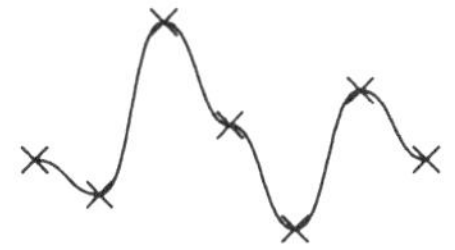
4	≈5 ... ∞	$S(\underline{x})$ tendiert zu sprungartigen bzw. nicht stetigen Übergängen zwischen den Stützpunkten (z.B. μ=50)	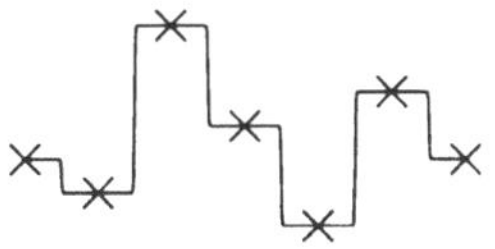

Die Shepard-Interpolation ist in [Franke 82] untersucht und mit anderen scattered Data-Interpolationen verglichen worden. Die Shepard-Interpolation benötigt im Unterschied zu anderen scattered Data-Interpolationen verhältnismäßig wenig Speicherplatz und Rechenzeit. Sehr vorteilhaft ist ihre transparente Funktionsweise und einfache Implementierung.

Bei Verwendung anderer Gewichtungsfunktionen w_i als in Gl. 5.22 zeigt sich die Verwandtschaft der Shepard-Interpolation mit anderen scattered Data-Interpolationen. Zur Interpolation können z.B. auch gaußförmige Gewichtungsfunktionen

$$w_i = \kappa_i \cdot e^{-\sum_{k=1}^{m} \frac{(x_k - x_{k,i}^s)^2}{2\sigma_{k,i}^2}} \qquad \text{mit} \quad \kappa_i, \sigma_{k,i} \in \mathbb{R}^+ \tag{5.24}$$

eingesetzt werden. Die Standardabweichung $\sigma_{k,i}$ und der Parameter κ_i der Gewichtungsfunktion w_i sind abhängig von der jeweiligen technischen Anwendung einzustellen. Im Gegensatz zu der klassischen Shepard-Gewichtungsfunktion $w_i = 1/d_i^{\mu}$ aus Gl. 5.22 nimmt die gaußförmige Gewichtungsfunktion aus Gl. 5.24 in der Stützstelle $x^s_{k,i}$ einen endlichen Wert an. Aus diesem Grunde besitzt die Interpolation mit gaußförmigen Gewichtungsfunktionen approximierende Eigenschaften. Jedoch ist bei geringer Standardabweichung $\sigma_{k,i}$ und aufgrund des exponentiellen Abfalls der Gauß´schen Gewichtungsfunktion der Einfluß weitentfernter Stützstellen fast vernachlässigbar. Hierdurch wirkt die Interpolation mit Gauß´schen Gewichtungsfunktionen wie eine lokal begrenzte Interpolation, die jedoch keine reguläre Stützstellenanordnung in Form eines Cartesischen Gitters voraussetzt. In den Abb. 5.19 und Abb. 5.20 sind eine klassische und eine gaußförmige Gewichtungsfunktion einander gegenübergestellt.

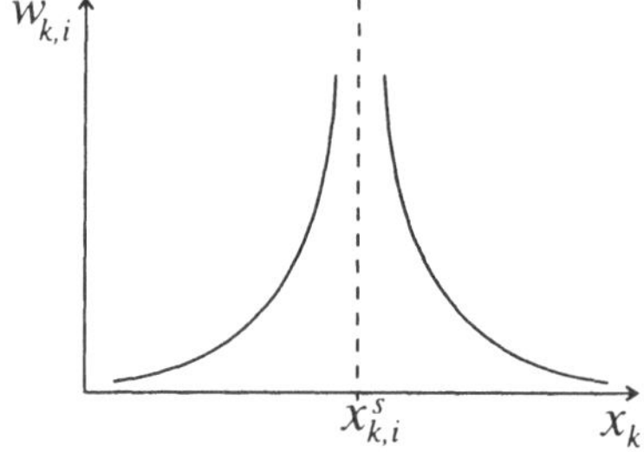

Abb. 5.19: Klassische Gewichtungsfkt.

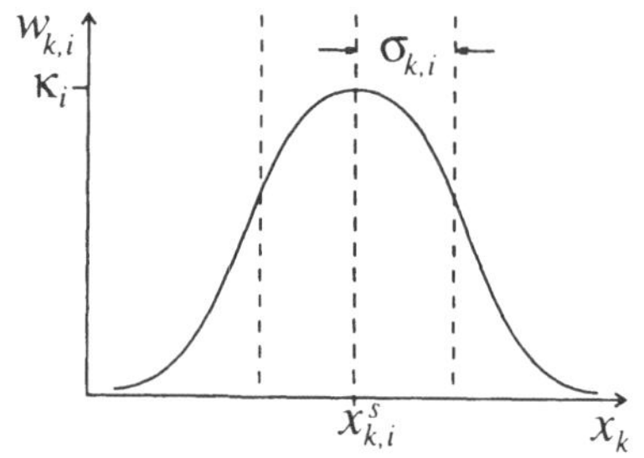

Abb. 5.20: Gauß´sche Gewichtungsfkt.

Die Shepard-Interpolation mit gaußförmigen Gewichtungsfunktionen bildet ein wichtiges Bindeglied zwischen der *RIP*-Methode und den künstlichen Neuronalen Netzen in Kapitel 8.2. Im Bereich der künstlichen Neuronalen Netze kommt ihnen deshalb eine große Bedeutung zu. Es sei erwähnt, daß noch andere Gewichtungsfunktionen existieren [Gordon 78], [Hoschek 82]. Zudem sind Gewichtungsfunktionen möglich, die die Shepard-Interpolation räumlich um die zu interpolierende Stützstelle begrenzen. Als Beispiel sind dreieckförmige Gewichtungsfunktionen zu nennen. Die klassische Gewichtungsfunktion nach Shepard in Gl. 5.22 ist für die meisten Anwendungen von *RIP*-Control ausreichend.

5.7.4 Lokale Interpolation

Bevor auf die lokalen Interpolationen eingegangen werden kann, müssen einige Begriffe geklärt werden. In einem Cartesischen Gitter sind alle Kreuzungspunkte der koordinatenparallelen Geraden durch Stützstellen belegt (Abb. 5.21).

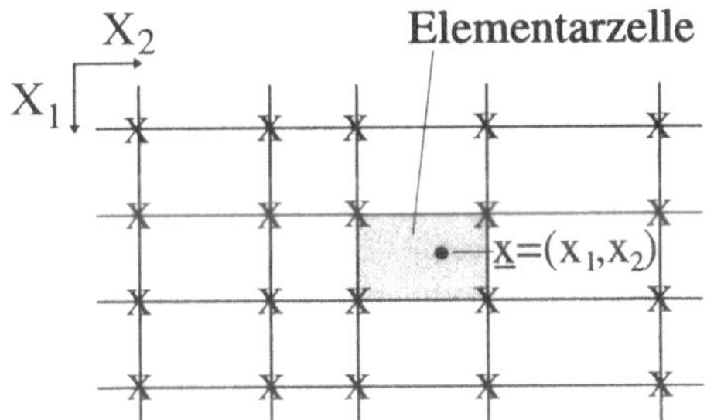

Abb. 5.21: Cartesisches Stützstellengitter und Elementarzelle (*m*=2)

Die Elementarbereiche bzw. Elementarzellen eines Cartesischen Gitters beschreiben die Gebiete innerhalb benachbarter Stützstellen. Bei der *RIP*-Methode ist der Unterschied von Elementarbereichen(-zellen) und Grundbereichen aus Kap. 5.4 zu beachten. Die Gundbereiche werden durch das Cartesische Produkt der Subintervalle A_{k,i_k} bestimmt, wogegen die Elementarzellen durch die benachbarten Stützpunkte eines Cartesischen Gitters festgelegt werden. Kanten sind die Verbindungen zweier unmittelbar benachbarter Stützstellen eines Cartesischen Gitters. Die eindimensionalen Funktionen, die auf den Kanten der Elementarzelle definiert sind, werden als Kantenfunktionen bezeichnet. Die Vereinigung aller Kanten einer Elementarzelle bilden dessen Rahmen. Die Stützstellen bilden gleichzeitig die Ecken der Elementarzelle. Ein Flächenstück ist ein Teil der gesamten Verknüpfungsvorschrift, welches innerhalb einer Elementarzelle definiert ist und sich aus der Information (Stützstellen, Kantenfunktion) dieser Elementarzelle ergibt. Die gesamte Funktion $F(\underline{x})$ des Eingangsraumes eines Cartesischen Gitters besteht deshalb aus der Vereinigung der Flächenstücke $F^{i}(\underline{x})$ aller Elementarzellen (Gl. 5.25). Es ist zu beachten, daß keine Schnittmengen bzw. Überlappungen der Flächenstücke $F^{i}(\underline{x})$ existieren, da die Elementarbereiche disjunkte Bereiche beschreiben.

$$F(\underline{x}) \triangleq \bigcup_{i=1}^{\alpha_1 \cdot \ldots \cdot \alpha_m} F^{i}(\underline{x}) \qquad \text{mit} \quad \alpha_1,\ldots,\alpha_m \in \mathbb{N}^{+}. \tag{5.25}$$

In Gl. 5.25 werden jeweils $\alpha_1,\ldots,\alpha_m$-Stützstellen für jede Dimension des Cartesischen Gitters vorausgesetzt. Die gesamte Funktion über dem kompletten Eingangsraum setzt sich somit aus einzelnen Flächenstücken zusammen. Dort wo die Bedeutung aus dem Zusammenhang eindeutig hervorgeht, wird im folgenden zu Gunsten einer übersichtlichen Schreibweise auf den hochgestellten Index des Flächenstückes $F^i(\underline{x})$ verzichtet.

Lokale Interpolationen setzen meist eine reguläre Stützstellenstruktur in Form eines Cartesischen Gitters voraus, da sonst nicht auf eine eindeutige und einfache Definition von Nachbarstützstellen zurückgegriffen werden kann. Es ist zu beachten, daß im mehrdimensionalen Raum die Nachbarschaftsdefinition der Stützstellen nicht eindeutig ist, wenn keine reguläre Stützstellenstruktur vorliegt. Die lokalen Interpolationen beziehen nur die nächstgelegenen Nachbarpunkte bzw. Kantenfunktionen einer Elementarzelle in die Berechnung ein. An den Rändern der einzelnen Elementarzellen müssen die lokalen Interpolationen stetige Übergänge gewährleisten.

Im folgenden werden aus dem Repertoire an lokalen Interpolationen, die multilineare und die Gordon-Coons-Interpolation für zwei Eingangsgrößen vorgestellt. Eine Erweiterung auf mehr als zwei Eingangsgrößen kann entsprechend abgeleitet werden. Die multilineare Interpolation bezieht sich ausschließlich auf die Stützpunkte der Elementarzelle und ermöglicht fließende (soft) Übergänge. Die Gordon-Coons-Interpolation gestattet darüberhinaus die Berücksichtigung von unterschiedlichen Kantenfunktionen und eröffnet somit die direkte Kombination von bereichsweise konstanten mit fließenden Übergängen. Die Gordon-Coons-Interpolation schafft eine einfache Umsetzung von Regeln mit geklammerten linguistischen Werten in der Prämisse.

5.7.4.1 Multilineare Interpolation

Zur Berechnung einer umfassenden Verknüpfungsvorschrift für einen *RIP*-Block in Echtzeit eignet sich die stückweise multilineare Interpolation. Die stückweise multilineare Interpolation berechnet einzelne Flächenstücke[6] $F(\underline{x})$ ausgehend von den Stützpunkten $(\underline{x}^s_i, c^s_i)$ der Elementarzellen eines Cartesischen Stützstellengitters. Im folgenden wird die (stückweise) multilineare Interpolation graphisch anschaulich anhand der bilinearen Interpolation erläutert. Die Erläuterung der bilinearen Interpolation wird im Hinblick auf die spätere Einführung der Gordon-Coons-Interpolation durchgeführt. Danach wird die Verwandtschaft der multilinearen Interpolation mit dem allgemeinen Interpolations-Ansatz nach Lagrange aufgezeigt.

[6] Die hochgestellte Indizierung "i" zur Kennzeichnung der Flächenstücke (Gl. 5.25) wird in diesem Kapitel aus Übersichtlichkeitsgründen nicht weiter verwendet.

Bei der multilinearen Interpolation sind die (eindimensionalen) Kantenfunktionen aller Elementarzellen linear. Deshalb sind die Geraden zwischen benachbarten Stützstellen durch eindimensionale lineare Funktionen beschreibbar. In Abb. 5.22 sind die vier linearen Kantenfunktionen einer Elementarzelle für die zwei Eingangsgrößen X_1, X_2 angedeutet. Die linearen Kantenfunktionen dienen bei der multilinearen Interpolation als Randkurven der Elementarzellen und ermöglichen somit einen stetigen Übergang zwischen benachbarten Elementarzellen. Die Elementarzelle in Abb. 5.22 ist auf den Bereich [0,1]×[0,1] normiert. In der *RIP*-Methode werden alle Elementarzellen vor der Berechnung ihres Flächenstückes hierauf transformiert.

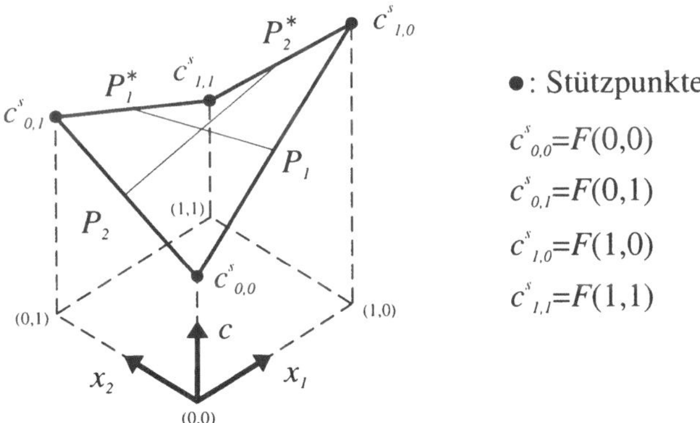

Abb. 5.22: Rahmen und lineare Kantenfunktion einer Elementarzelle

Zur Berechnung des zu interpolierenden Flächenstückes $F(\underline{x})$ werden die lineare Kantenfunktion

$$P_1 = (1-x_1)\cdot F(0,0) + x_1\cdot F(1,0) \tag{5.26}$$

für x_2=0 und die lineare Kantenfunktion

$$P_1^* = (1-x_1)\cdot F(0,1) + x_1\cdot F(1,1) \tag{5.27}$$

für x_2=1 in x_1-Richtung berechnet. Das Flächenstück $F(\underline{x})$ innerhalb der Elementarzelle ergibt sich nun durch eine weitere lineare Interpolation der Kantenfunktionen P_1, P^*_1 in x_2-Richtung.

$$c = F(\underline{x}) = P_2P_1F = (1-x_2)\cdot P_1 + x_2\cdot P_1^* \tag{5.28}$$

In Gl. 5.28 ist die Schreibweise P_2P_1F als ein Symbol für diesen Interpolationsschritt zu interpretieren. Werden die Gleichungen ineinander eingesetzt, ergibt sich

$$F(\underline{x}) = P_2 P_1 F = (1-x_2)\cdot[(1-x_1)\cdot F(0,0) + x_1\cdot F(1,0)] + x_2\cdot[(1-x_1)\cdot F(0,1) + x_1\cdot F(1,1)]. \quad (5.29)$$

Bei Vertauschen der Interpolationsrichtung über die linearen Kantenfunktionen P_2 und P^*_2, die sich analog zu den Kantenfunktionen P_1 und P^*_1 berechnen lassen, wird das gleiche Ergebnis erzielt. Das bedeutet, daß die Symbolik $P_1P_2F=P_2P_1F$ kommutativ ist [Hoschek 89]. Ein derart multilinear interpoliertes Flächenstück hat die allgemeine Struktur

$$c = F(\underline{x}) = P_2 P_1 F = a_{0,0} + a_{0,1}\cdot x_2 + a_{1,0}\cdot x_1 + a_{1,1}\cdot x_1\cdot x_2, \quad (5.30)$$

wobei die Parameter $a_{i,k}$ konstante reelle Zahlen sind, die sich aus den Stützpunkten über Gl. 5.30 berechnen lassen. Aufgrund des Produktes $x_1 \cdot x_2$ in Gl. 5.30 ist die multilineare Interpolation nicht mit einer Interpolation aus stückweisen linearen Flächenstücken gleichzusetzen. Sind jedoch alle Stützpunkte eines bzw. aller Elementarzellen in einer Ebene gelegen, so liegen auch die multilinear interpolierten Flächenstücke innerhalb dieser Ebene.

Die multilineare Interpolation ist aus der allgemeinen Lagrange-Interpolation ableitbar [Engeln 88]. Da nur die unmittelbar benachbarten Stützstellen für die Interpolation eines Flächenstückes $F(\underline{x})$ herangezogen werden, sind in der Formel der Lagrange-Interpolation die Parameter n_1 und n_2 zu Eins zu setzen (Gl. 5.31).

$$F(\underline{x}) = \sum_{i=0}^{n_1}\sum_{j=0}^{n_2} L_i^{(1)}(x_1)\cdot L_j^{(2)}(x_2)\cdot c^s_{i,j}$$

$$L_i^{(1)}(x_1) = \prod_{k=0,k\neq i}^{n_1} \frac{x_1 - x^s_{1_k}}{x^s_{1_i} - x^s_{1_k}} \quad ; \quad L_j^{(2)}(x_2) = \prod_{k=0,k\neq j}^{n_2} \frac{x_2 - x^s_{2_k}}{x^s_{2_j} - x^s_{2_k}} \quad (5.31)$$

Die Bezeichnungen der Stützpunkte ($x_1{}^s{}_i$, $x_2{}^s{}_j$, $c^s{}_{i,j}$) sind entsprechend einem zweidimensionalen Cartesischen Gitter angegeben. Für die Berechnung der multilinearen Interpolation bei mehr als zwei Eingangsgrößen ist es sinnvoll, auf die Lagrange-Interpolation oder eine Matrizenschreibweise zurückzugreifen und die Gl. 5.31 entsprechend zu erweitern. Die stückweise multilineare Interpolation verwendet bei m Eingangsgrößen jeweils nur 2^m Stützpunkte zur Berechnung eines neuen Funktionswertes $c=F(\underline{x})$ und ist deshalb auch bei größeren Stützpunktmengen in Echtzeit ausführbar.

5.7.4.2 Gordon-Coons-Interpolation

Bei technischen Anwendungen wie auch in der *RIP*-Methode ist die Berücksichtigung unterschiedlicher Kantenfunktionen bei der Berechnung der Flächenstücke $F(\underline{x})$ der Elementarzellen in bestimmten Fällen erwünscht. Die Gordon-Coons-Interpolation ermöglicht die Einbeziehung der Kantenfunktionen bei der Berechnung des Flächenstückes. Das Flächenstück wird bei der multilinearen Interpolation nur durch die Stützpunkte $(\underline{x}^s_i, c^s_i)$ in den Ecken der Elementarzelle beeinflußt, und implizit werden lineare Kantenfunktionen angenommen. Eine Abweichung von linearen Kantenfunktionen ist mit der multilinearen Interpolation nicht möglich. Eine Verallgemeinerung der multilinearen Interpolation ist die Gordon-Coons-Interpolation, die beliebig nicht-lineare Kantenfunktionen zuläßt.

Die Gordon-Coons-Interpolation berechnet das Flächenstück einer Elementarzelle über den Umweg der Kantenfunktionen und verwendet hierzu ein Kontinuum von Daten, welches durch die Menge aller Punkte der Kantenfunktionen bestimmt wird. Aus diesem Grund wird in der Literatur die Gordon-Coons-Interpolation auch als transfinite Interpolation bezeichnet. Dies soll den Gegensatz zu den anderen Interpolationsverfahren andeuten, die auf einer diskreten Anzahl von Daten beruhen [Hoschek 89]. Das Verbinden der Kantenfunktionen erfolgt durch Bindefunktionen (Blending Functions), die so beschaffen sein müssen, daß die Kantenfunktionen an den Rändern erfüllt werden, um zumindest einen stetigen Funktionsübergang von einer zur anderen Elementarzelle zu gewährleisten. Die Gordon-Coons-Interpolation läßt sich sehr einfach anwenden und beschreiben, wenn ein Cartesisches Stützstellengitter vorausgesetzt wird. Die durch die Gordon-Coons-Interpolation berechneten Flächenstücke werden in der englischen Literatur auch als Coons-Patches bezeichnet. Bei der Interpolation der Coons-Patches wird wie bei der multilinearen Interpolation keine Information außerhalb der betreffenden Elementarzelle berücksichtigt.

In Abb. 5.23 sind vier willkürlich gewählte Kantenfunktionen einer Elementarzelle für die zwei Eingangsgrößen X_1, X_2 abgebildet. Die Kantenfunktionen dienen bei der Gordon-Coons-Interpolation als feste Randkurven zur Berechnung des Flächenstückes der Elementarzellen. Wie bei der multilinearen Interpolation im vorherigen Kapitel ist die Elementarzelle auf den Bereich $[0,1]\times[0,1]$ normiert.

Zur Berechnung des zu interpolierenden Flächenstückes $F(\underline{x})$ werden bei der Gordon-Coons-Interpolation zwei unterschiedliche Mengen von Bindefunktionen P_1F bzw. P_2F gebildet. In der x_2 bzw. x_1 Richtung werden diese Bindefunktionen zwischen den (nicht-linearen) Kantenfunktionen $F(x_1,0)$ und $F(x_1,1)$ bzw. $F(0,x_2)$ und $F(1,x_2)$ durch einfache Geraden definiert. Die Menge all dieser Geraden P_1F bzw. P_2F einer jeden Richtung bildet ein Flächenstück, welches als Lofting-Fläche bezeichnet wird [Encarnação 88] (Abb. 5.24 bzw. Abb. 5.25).

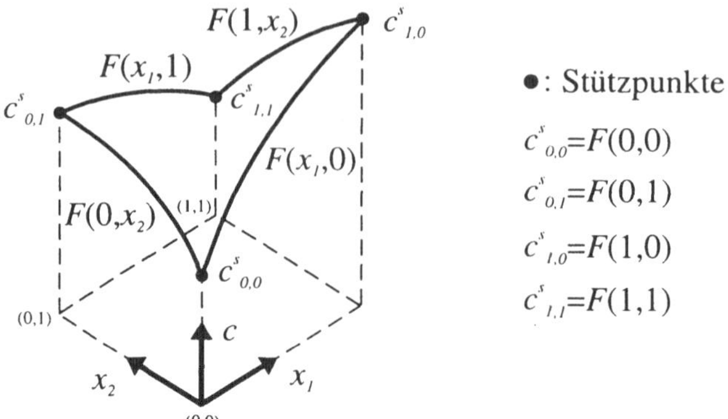

Abb. 5.23: Rahmen und beliebige Kantenfunktionen einer Elementarzelle

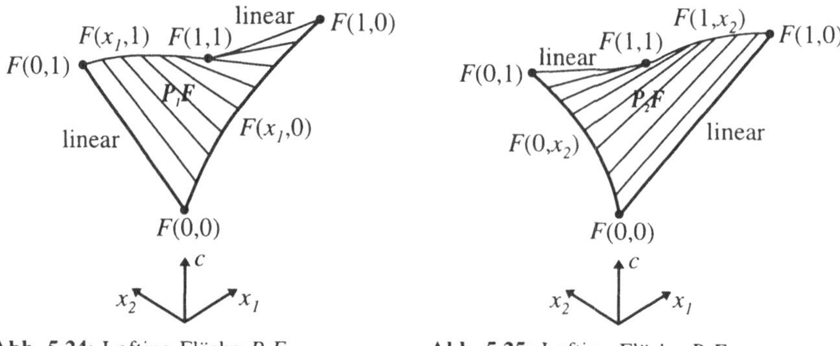

Abb. 5.24: Lofting-Fläche P_1F **Abb. 5.25:** Lofting-Fläche P_2F

Aus den Abb. 5.24 und Abb. 5.25 können die Geradengleichungen P_1F bzw. P_2F der beiden Lofting-Flächen für die x_2 bzw. x_1-Richtung abgeleitet werden.

$$\boldsymbol{P_1F = (1-x_2)\cdot F(x_1,0) + x_2\cdot F(x_1,1)} \tag{5.32}$$

bzw.

$$\boldsymbol{P_2F = (1-x_1)\cdot F(0,x_2) + x_1\cdot F(1,x_2)} \tag{5.33}$$

Die Geraden P_1F bzw. P_2F ersetzen die Geraden zwischen P_1, P^*_1 und P_2, P^*_2 der multilinearen Interpolation in Abb. 5.22. Im Gegensatz zum multilinearen Fall schneiden sich die Geraden P_1F bzw. P_2F im allgemeinen nicht. Ziel ist es, eine eindeutige Flächendarstellung zu erhalten, deshalb müssen die Gl. 5.32 und Gl. 5.33 der Gordon-Coons-Interpolation noch korrigiert werden. Es kann gezeigt werden, daß die Korrektur durch die multilineare Interpolation P_2P_1F der Elementarzelle nach Gl. 5.29 geschaffen werden kann [Hoschek 89]. In Abb. 5.26 ist das Flächenstück der multi- bzw. bilinearen Interpolation der Elementarzelle aus Abb. 5.23 dargestellt, wobei wieder auf die linearen Kantenfunktionen zu achten ist.

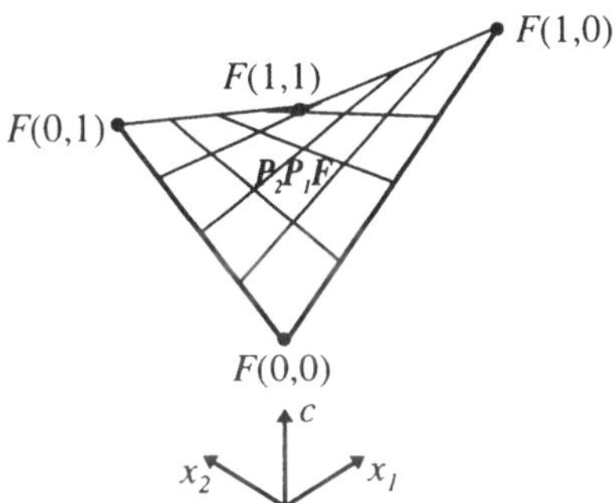

Abb. 5.26: Bilineare Interpolation

Als endgültige Interpolationsformel für das Bilinear Blending, wie dieser Vorgang auch genannt wird [Farin 92], ergibt sich die Summe der beiden Lofting-Flächen, von der die multilineare Fläche P_2P_1F aus Gl. 5.28 als Korrekturglied subtrahiert wird. Mit Hilfe der zuvor eingeführten Symbolik lautet die Gleichung für das Flächenstück eines Coons-Patches

$$c = F(\underline{x}) = P_1F + P_2F - P_2P_1F. \qquad (5.34)$$

Abb. 5.27 erläutert die Vorgehensweise der Gordon-Coons-Interpolation nach Gl. 5.34 nochmals in Form einer Graphik.

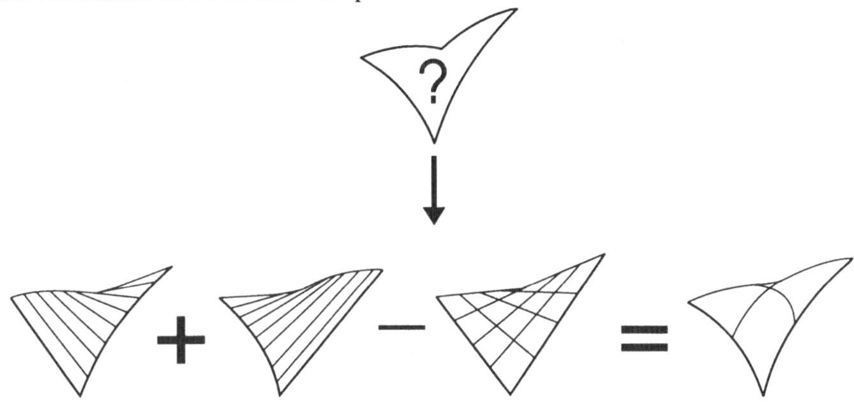

Abb. 5.27: Erzeugung eines Coons-Patches: Bilinear Blending

Aufgrund der Einbeziehung der Kantenfunktionen eignet sich die Gordon-Coons-Interpolation zur Umsetzung von bereichsweise konstanten Verknüpfungsvorschriften, die bei der Klammerung von linguistischen Werten in der Prämisse entstehen sollen (Kap. 5.3.1, Kap. 5.5). In Abb. 5.28 ist als Beispiel das Ergebnis der Gordon-Coons-Interpolation mit bereichsweise konstanten Kantenfunktionen für eine Elementarzelle abgebildet. Durch die vier Stützpunkte in den Ecken der Elementarzelle und die vier bereichsweise konstanten Kantenfunktionen ist das Flächenstück in der Elementarzelle eindeutig bestimmt. Wie gewünscht ist das Flächenstück in der Umgebung der Stützstellen konstant und ändert sich nur im inneren Bereich der Elementarzelle kontinuierlich.

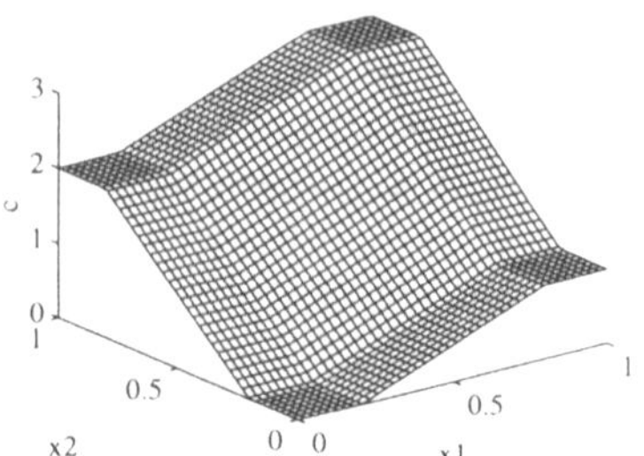

Abb. 5.28: Bereichsweise konstante Kantenfunktionen

Die Gordon-Coons-Interpolation kann wie die multilineare Interpolation auf mehr als zwei Eingangsgrößen angewendet werden. Weiterhin ist durch geeignete Wahl der Kantenfunktionen $F(x_1,0)$, $F(x_1,1)$, $F(0,x_2)$ und $F(1,x_2)$ ein stetiger Gradient $grad(F(\underline{x}))$ für den gesamten Eingangsraum der Verknüpfungsvorschrift $F(\underline{x})$ möglich.

5.8 Vervollständigung

Nach dem Exkurs über Interpolationen bzw. Extrapolationen wird nun in den beiden folgenden Kapiteln die Anwendung des zweistufigen Interpolationsverfahrens aus Kapitel 5.7.2 in der *RIP*-Methode erläutert. Wie am Anfang von Kapitel 5.7 bereits angesprochen, müssen die konfliktfreien Stützstellen interpoliert werden, um eine umfassende Verknüpfungsvorschrift *F* eines *RIP*-Blockes zu erhalten. In Kapitel 5.7 wurde die Problematik unvollständiger Regelbasen anhand der Regelbasis ***R1*** in Tabelle 5.2 erläutert. Eine formale Definition der Vollständigkeit einer *RIP*-Regelbasis soll nun gegeben werden.

Definition 5.1: Vollständigkeit der *RIP*-Regelbasis
Eine *RIP*-Regelbasis in Normalform nach Gl. 5.9 ist vollständig, wenn für alle Grundbereiche $\wp_{i\_1,\dots,i\_m}$ nach Gl. 5.10 mindestens eine Regel R_i existiert.

$$\forall \wp_{i_1,\dots,i_m}: \qquad \exists R_i \tag{5.35}$$

□

Aus der Definition 5.1 läßt sich die Mindestanzahl n_{voll} der Regeln R_i bzw. der Stützpunkte für eine vollständige Regelbasis ableiten. Die Mindestanzahl n_{voll} der Regeln R_i in Normalform ergibt sich aus dem Produkt der linguistischen Auflösungen α_k der Eingangsgrößen X_k.

$$n_{voll} = \prod_{k=1}^{m} \alpha_k \qquad (5.36)$$

Ist die Anzahl n der Regeln größer als n_{voll} und stehen Stützpunkte im Konflikt, dann müssen die widersprüchlichen Handlungsanweisungen aufgelöst werden. Nach der Konflikt-Auflösung existieren maximal n_{voll} Stützpunkte. Eine Vervollständigung der Regelbasis bzw. der Stützpunkte ist nur dann notwendig, wenn die Anzahl n der Stützstellen kleiner als n_{voll} ist. Ist $n<n_{voll}$, dann ist das Stützstellengitter nicht cartesisch und muß unter Verwendung der Shepard-Interpolation vervollständigt werden.

Zur Vervollständigung sollte der Bewertungsfaktor μ der Shepard-Interpolation relativ groß gewählt werden (vgl. Klasse 4 in Tabelle 5.3), damit die interpolierten Stützpunkte vornehmlich durch die in ihrer näheren Umgebung befindlichen Stützpunkte bestimmt sind. Aufgrund der Beschränkung der Gleitkomma-Arithmetik von Computern sollte der Bewertungsfaktor nicht zu groß gewählt werden, da der Bewertungsfaktor μ im Exponent von Gl. 5.22 steht. Ein guter Kompromiß ist ein Bewertungsfaktor $\mu \approx 10...20$.

Vor einer Anwendung der Shepard-Interpolation werden die Basismengen $\boldsymbol{X_1},...,\boldsymbol{X_m}$ der Eingangsgrößen noch auf ein einheitliches Intervall (z.B. [0,100]) normiert, da die Eingangsgrößen in den meisten Anwendungen physikalisch unterschiedliche Größen sind, oder ihre Skalierungen verschieden sind. Bei dieser Normierung werden m Abbildungen N_k der Basismengen $\boldsymbol{X_1},...,\boldsymbol{X_m} \subset \mathbb{R}$ auf ein einheitliches Intervall $\boldsymbol{X_{norm}} \subset \mathbb{R}$ durchgeführt.

$$\forall k \in \{1,...,m\}: \qquad N_k: X_k \rightarrow X_{norm} \qquad (5.37)$$

Die Stützpunktmenge nach der normierten Vervollständigung ist für die Regelbasis ***R1*** der Ventilatorsteuerung in Abb. 5.29 und Abb. 5.30 dargestellt.

Die Vervollständigung in *RIP* Control orientiert sich an den Stützstellen bzw. Stützpunkten, die durch eine Regelbasis generiert werden. Aufgrund des Zusammenhanges von Regeln R_i mit den Stützpunkten P_i nach Gl. 5.11 und Gl. 5.12 kann die Vervollständigung als Regelgenerierung interpretiert werden. Die Vervollständigung kann somit zur Erzeugung neuer Regeln[7] R^v_i, die zur Definition

[7] Der Index "*v*" zeigt, daß Regeln für eine vollständige Regelbasis generiert werden.

einer vollständigen Regelbasis fehlen, verwendet werden.

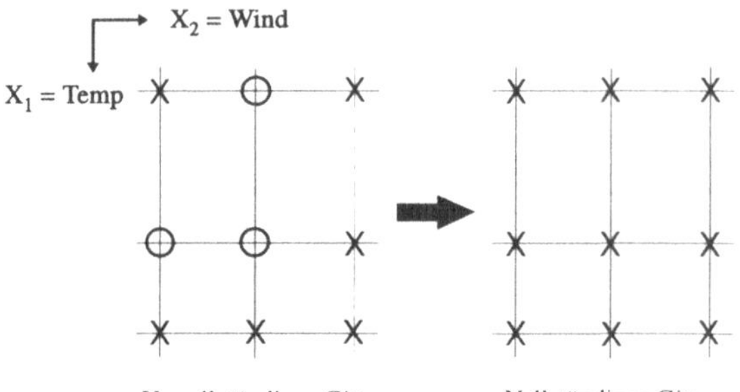

Abb. 5.29: Vervollständigung des Stützstellengitters zu einem Cartesischen Gitter

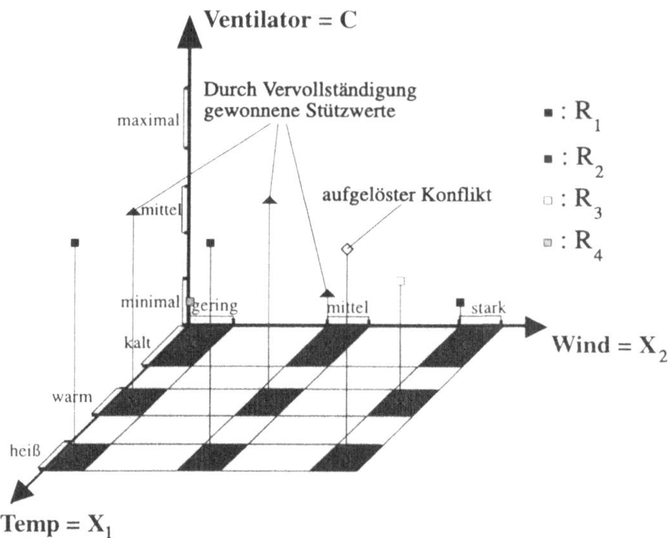

Abb. 5.30: Vervollständigte Stützpunktmenge der Regelbasis ***R1***

Die Regelgenerierung kann auf zwei Arten erfolgen.

- Generierung von Regeln mit reellen Werten c^v_i in der Konklusion.
- Generierung von Regeln mit linguistischen Werten $\boldsymbol{B}^v_i$ in der Konklusion.

Im ersten Fall wird jeder der interpolierten Stützwerte direkt als reeller Wert c^v_i in der Konklusion der neuen Regel R^v_i verwendet, dadurch ergeben sich Regeln mit der Gestalt nach Gl. 5.16.

Im zweiten Fall wird jedem interpolierten Stützwert ein linguistischer Wert $\boldsymbol{B}^v_i$ in der Konklusion zugeordnet und durch diesen ersetzt. Auf diese Art ergeben sich Regeln der Form gemäß Gl. 5.9. Da die Definition der linguistischen Werte zu den zentralen Aufgaben eines Experten bzw. Knowledge Engineers gehört, ist eine automatische Generierung neuer linguistischer Werte durch die *RIP*-Methode nicht unbedingt sinnvoll. Aus diesem Grunde ist es im allgemeinen angebracht, den interpolierten Stützpunkten jeweils dem am nächsten gelegenen linguistischen Ausgangswert $\boldsymbol{B}_i$, der durch den Knowledge Engineer definiert wurde, zuzuweisen.

5.9 Ausfüllung

Nach der Vervollständigung existiert eine konfliktfreie und vollständige Stützpunktmenge. Das dazugehörige Stützstellen-Gitter kann nun unter Verwendung der multilinearen Interpolation oder Gordon-Coons-Interpolation zu einer vollständig definierten Verknüpfungsvorschrift $F(\underline{x})$ ausgefüllt werden. Die multilineare Interpolation wird bei nicht geklammerten linguistischen Werten in der Prämisse und die Gordon-Coons-Interpolation bei geklammerten linguistischen Werten in der Prämisse angewendet (Kap. 5.5). Bei der Ausfüllung werden zur Berechnung eines Funktionswertes $c=F(\underline{x})$ nur 2^m Stützpunkte statt $n_{voll}=\alpha_1 \cdot \ldots \cdot \alpha_m$ Stützpunkte benötigt, deshalb ist die multilineare Interpolation oder die Gordon-Coons-Interpolation auch in Echtzeitsystemen einsetzbar.

In Abb. 5.31 und Abb. 5.32 sind die Ergebnisse der lokalen Ausfüllung mittels multilinearer Interpolation nach einer Vervollständigung mit unterschiedlichen Bewertungsfaktoren $\mu=5$ bzw. $\mu=10$ für die Ventilatorregelbasis ***R1*** abgebildet. Die Kennflächen unterscheiden sich nur in der Nähe der durch die Vervollständigung generierten Stützpunkte. Bei einem Bewertungsfaktor z.B. $\mu=10$ werden die in der unmittelbaren Nähe gelegenen Stützpunkte durch die Vervollständigung sehr stark bewertet. Weiter entfernte Stützpunkte werden dann kaum berücksichtigt. Bei einem kleineren Bewertungsfaktor z.B. $\mu=5$ werden die entfernteren Stützpunkte durch die Shepard-Interpolation stärker berücksichtigt. In der *RIP*-Methode eignen sich vor allem Bewertungsfaktoren mit $\mu \geq 10$. Im folgenden wird der Bewertungsfaktor $\mu=10$ als Standardwert verwendet.

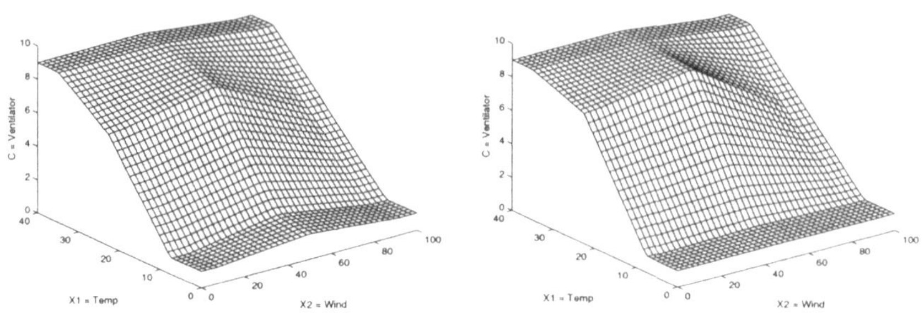

Abb. 5.31: Kennfläche mit μ=5 **Abb. 5.32:** Kennfläche mit μ=10

Die *RIP*-Kennflächen in Abb. 5.31 und Abb. 5.32 sind im Vergleich zu den Fuzzy-Kennflächen in Kap. 4.4 zu sehen. Es ist nur ein qualitativer Vergleich der Kennfelder möglich, da es hier nicht das primäre Ziel ist, identische Verknüpfungsvorschriften zu erzeugen, sondern beide Methoden im Vergleich vorzustellen. Im Gegensatz zu den Fuzzy-Kennflächen in Abb. 4.17 und Abb. 4.18 ist die *RIP*-Kennfläche in Abb. 5.32 über den gesamten Eingangsbereich fließend. Dies ergibt sich durch die Vervollständigung, die in der *RIP*-Methode automatisch integriert ist.

Wie bereits im Kapitel über Fuzzy Control gezeigt wurde, kann die Ventilatorregelbasis ***R1*** auch in *RIP* Control durch die folgenden Regeln R_5 bis R_7 "per Hand" vervollständigt werden.

R_5: if { *Temperatur = warm* ∧ *Wind = gering* } then { *Ventilator = mittel* } | 0.2

R_6: if { *Temperatur = warm* ∧ *Wind = mittel* } then { *Ventilator = mittel* } | 0.2

R_7: if { *Temperatur = kalt* ∧ *Wind = mittel* } then { *Ventilator = minimal* } | 0.2

Die *RIP*-Kennfläche in Abb. 5.33, deren Regelbasis von Hand vervollständigt wurde, ist mit den Fuzzy-Kennflächen in Abb. 4.19 und Abb. 4.20 vergleichbar. In *RIP* Control wird im Gegensatz zu Fuzzy Control der Übergangsbereich zwischen benachbarten Regeln nicht durch die Gewichtungsfaktoren beeinflußt. Die Gewichtung der Regeln dient lediglich der Auflösung von Regelkonflikten, das bedeutet, daß nur Regeln mit gleichen Grundbereichen durch die Gewichtungsfaktoren beeinflußt werden. Aufgrund der unterschiedlichen Regelgewichtung und der Einstellung der Freiheitsgrade sind die Fuzzy-Kennflächen in Abb. 4.19 und Abb. 4.20 "welliger" als die *RIP*-Kennfläche in Abb. 5.33.

Im folgenden ist eine Regelbasis ***R2*** mit geklammerten linguistischen Werten angegeben, um zu demonstrieren, wie in *RIP* Control mit Hilfe der Gordon-Coons-Interpolation eine bereichsweise konstante Kennfläche generiert werden kann (Abb. 5.34). Hierbei ist lediglich eine Klammerung der linguistischen Werte in der Prämisse durchzuführen. Aus der per Hand vervollständigten Regelbasis ***R1*** (mit den Regeln R_1 bis R_7) ergibt sich dann die Regelbasis ***R2***. In Fuzzy Control können solche bereichsweise konstanten Kennflächen nicht über eine Modifikation der Regelbasis erzielt werden, sondern durch die Verwendung trapezförmiger Zugehörigkeitsfunktionen für die Eingangs-Fuzzy-Mengen (Abb.4.22 und Abb. 4.23). Die *RIP*-Kennfläche in Abb. 5.34 ist mit den Fuzzy-Kennflächen in Abb. 4.22 und Abb. 4.23 vergleichbar.

"Geklammerte" *RIP*-Regelbasis (*R2*): Ventilatorsteuerung

R_1:	if {	*Temperatur=[kalt]*	∧ *Wind=[stark]*	} then {	*Ventilator=minimal*	}	0.2
R_2:	if {	*Temperatur=[heiß]*		} then {	*Ventilator=maximal*	}	1
R_3:	if {	*Temperatur≠[kalt]*	∧ *Wind=[stark]*	} then {	*Ventilator=mittel*	}	0.2
R_4:	if {	*Temperatur=[kalt]*	∧ *Wind=[gering]*	} then {	*Ventilator=minimal*	}	0.2
R_5:	if {	*Temperatur=[warm]*	∧ *Wind=[gering]*	} then {	*Ventilator=mittel*	}	0.2
R_6:	if {	*Temperatur=[warm]*	∧ *Wind=[mittel]*	} then {	*Ventilator=mittel*	}	0.2
R_7:	if {	*Temperatur=[kalt]*	∧ *Wind=[mittel]*	} then {	*Ventilator=minimal*	}	0.2

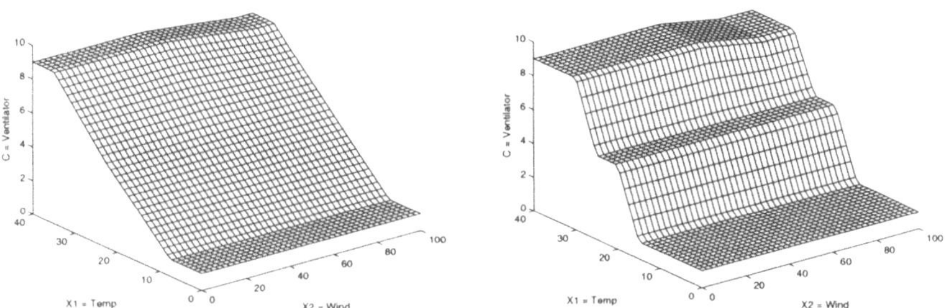

Abb. 5.33: Kennfläche der Regelbasis ***R1*** (R_1 bis R_7)

Abb. 5.34: Kennfläche der Regelbasis ***R2*** (R_1 bis R_7)

Abschließend sei zu *RIP* Control noch angemerkt, daß Funktionen f_i in den Konklusionen der Regeln nur näherungsweise durch die multilineare Interpolation approximiert werden. Die Funktion F ist nur in den generierten Stützpunkten P_i identisch mit der Funktion f_i. Die Approximation der Funktionen f_i kann durch

Erhöhen der Anzahl der linguistischen Werte der Eingangsgrößen bzw. der Stützpunkte beliebig gesteigert werden. Für den Sonderfall von linearen Funktionen f_i ergeben sich aufgrund der multilinearen Interpolation lineare Funktion F. Wie in Kapitel 9 und 10 gezeigt wird, sind in praktischen Anwendungen approximierte Funktionen ausreichend. Zudem ist zu bedenken, daß die *RIP*-Methode vornehmlich zur Umsetzung von qualitativem und weniger von quantitativem Expertenwissen in eine Verknüpfungsvorschrift konzipiert wurde, so daß eine exakte Funktionsnachbildung nie das Ziel war.

Das in den letzten Kapiteln vorgestellte zweistufige Interpolationsverfahren zur Generierung einer Verknüpfungsvorschrift aus einer beliebigen Stützpunktmenge, läßt sich in vielfältiger Weise modifizieren und optimieren. Wie in den folgenden Kapiteln noch gezeigt wird, ist das zweistufige Interpolationsverfahren für praktische Anwendungen in der Automatisierungstechnik sehr geeignet und erfüllt die in Kapitel 5.7.1 gestellten Anforderungen dementsprechend gut. Dieses zweistufige Interpolationsverfahren ist auch für andere technische Anwendungen, bei denen keine wissensbasierte Methoden zur Anwendung kommen, einsetzbar. Die *RIP*-Methode kann natürlich durch andere und modifizierte Interpolationsverfahren in vielfältiger Weise optimiert und erweitert werden.

Kapitel 6

RIP Control

In Kapitel 5 wurde die *RIP*-Methode unabhängig von einer technischen Anwendung vorgestellt. Unter dem Begriff *RIP Control* wird in diesem Kapitel die Anwendung der *RIP*-Methode in der Automatisierungstechnik eingeführt. Da bei der Entwicklung der *RIP*-Methode die automatisierungstechnische Anwendung stets das Ziel war, kann die *RIP*-Methode ohne weiteres in *RIP* Control eingesetzt werden. Im Gegensatz hierzu muß bei der Fuzzy-Methode die Fuzzification und Defuzzification eingeführt werden, um die Realisierung eines technischen Fuzzy Controllers mit eindeutigen Ein- bzw. Ausgangsgrößen zu ermöglichen. Eine Fuzzification und Defuzzification ist bei *RIP* Control nicht notwendig.

Neben der Vorstellung der Grundstruktur eines *RIP* Controllers, seiner Freiheitsgrade und einer *RIP*-Entwicklungsumgebung werden unterschiedliche Entwurfsverfahren und lernfähige bzw. adaptive *RIP* Controller die Themen dieses Kapitels sein.

6.1 Grundstruktur eines *RIP* Controllers

Die Grundstruktur eines *RIP* Controllers teilt sich ähnlich wie ein Fuzzy Controller in 3 Blöcke auf (Abb. 6.1).

1. Eingangs-Filter (Input-Filter)
2. *RIP*-Block
3. Ausgangs-Filter (Output-Filter)

Im Gegensatz zu dem Fuzzy Controller in Kapitel 4.1 ist der Fuzzy-Block in Abb. 6.1 durch einen *RIP*-Block ersetzt. Das Übertragungsverhalten eines *RIP*-Blockes wird wie bei einem Fuzzy-Block durch das Expertenwissen in Form von Regeln und linguistischen Werten bestimmt. Im Gegensatz zu Fuzzy Control sind die linguistischen Werte in *RIP* Control keine Fuzzy-Mengen, sondern klassische Mengen.

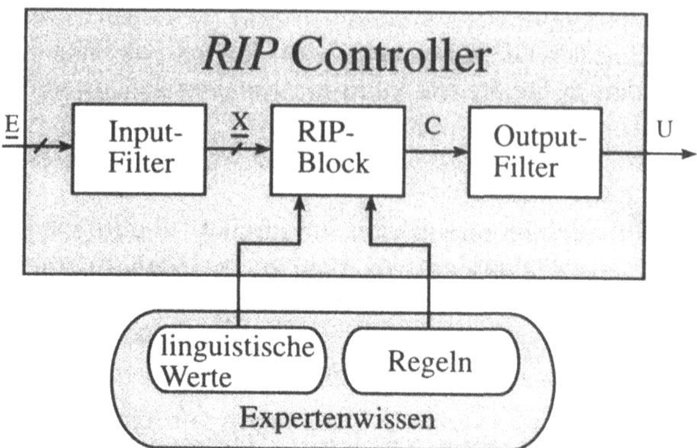

Abb. 6.1: Grundstruktur eines *RIP* Controllers

Das Übertragungsverhalten eines *RIP*-Blockes kann wie ein Fuzzy-Block durch eine statische Verknüpfungsvorschrift F: $\underline{X} \rightarrow C$ beschrieben werden. Die Funktionsweise eines *RIP*-Blockes ist in Kapitel 5 beschrieben. Die Eingangs- und Ausgangs-Filter bilden die Systemgrößen $E_1,\ldots,E_e$ auf die Eingangsgrößen $X_1,\ldots,X_m$ bzw. die Ausgangsgröße C auf die Stellgröße U ab. Die Kriterien für den Entwurf der Eingangs- und Ausgangs-Filter wurden bereits ausführlich in Kapitel 4.1.1 über Fuzzy Control diskutiert.

6.2 Regelstrukturen

In Kapitel 5.3 wurden die unterschiedlichen Regelstrukturen von *RIP*-Blöcken und deren Umsetzung in Stützpunkte vorgestellt. Es sind prinzipiell 3 Regelstrukturen in *RIP* Control zu unterscheiden. Die Regelstrukturen unterscheiden sich in der Konklusion. Die Prämissen P_i besitzen weiterhin die gleiche Struktur.

- Linguistische bzw. relationale Regelstrukturen
- Funktionale Regelstrukturen
- Hybride Regelstrukturen bzw. Regelbasen

Rein linguistische Regeln ähneln Regeln nach der Mamdani-Methode in Fuzzy Control. Solche Regeln verwenden in der Konklusion ausschließlich linguistische Werte $\boldsymbol{B}_i$ nach Gl.6.1.

$$R_i^{ling}: \qquad P_i \Rightarrow C=B_i \tag{6.1}$$

Funktionale Regeln nach Gl. 6.2 ähneln dem Ansatz von Takagi/Sugeno (Kap. 4.2.5) und verwenden in der Regelkonklusion funktionale Zusammenhänge f_i :

$$R_i^{funkt}: \qquad P_i \Rightarrow C=f_i(X_1,...,X_m) \tag{6.2}$$

Hybride Regelbasen vereinen linguistische und funktionale Regeln (Gl. 6.3). Es ist dabei der Unterschied zu hybriden Systemen zu beachten, die eine solche Kombination durch unterschiedliche Blöcke realisieren (Kap. 8.4).

$$\begin{aligned} R_i^{ling}: &\qquad P_i \Rightarrow C=B_i \\ R_j^{funkt}: &\qquad P_j \Rightarrow C=f_j(X_1,...,X_m) \end{aligned} \tag{6.3}$$

Die linguistischen Regeln erlauben eine Art tabellarische Auflistung des Expertenwissens. Die funktionalen Regeln ermöglichen dagegen eine einfache und kompakte Formulierung von Gesetzmäßigkeiten über eine größere Menge von Grundbereichen. Regelbasen, die über rein linguistische Regeln formuliert sind, können nachträglich nur schwer für eine größere Menge von Grundbereichen modifiziert werden, da jede einzelne Regel meist nur lokale Gültigkeit hat. Dagegen sind funktionale Regeln aufgrund ihrer Funktionsparameter leicht für größere Mengen von Grundbereichen definierbar und modifizierbar. Aus diesem Grund ist eine Kombination der beiden Typen von Regeln in hybriden Regelbasen für den praktischen Entwurf von Controllern sehr sinnvoll. Hieraus ergeben sich neuartige Entwurfsmethoden die in Kapitel 6.5 behandelt werden.

6.3 *RIP*-Entwicklungsumgebung

Die Zweckmäßigkeit und Funktionsweise der *RIP*-Methode kann am besten anhand einer *RIP*-Entwicklungsumgebung (*RIP* Shell) dargelegt werden. Eine informationelle Aufbaustruktur einer solchen *RIP*-Entwicklungsumgebung ist in Abb. 6.2 in Form eines Instanzennetzes [Wendt 89] abgebildet. Das Instanzennetz der *RIP*-Entwicklungsumgebung kann aus dem Ablaufplan der *RIP*-Methode in Abb. 5.2 abgeleitet werden. Durch die *RIP*-Entwicklungsumgebung kann ein Anwender (in der Rolle des Knowledge-Engineers) einen *RIP* Controller mit seinem Expertenwissen konfigurieren und einstellen.

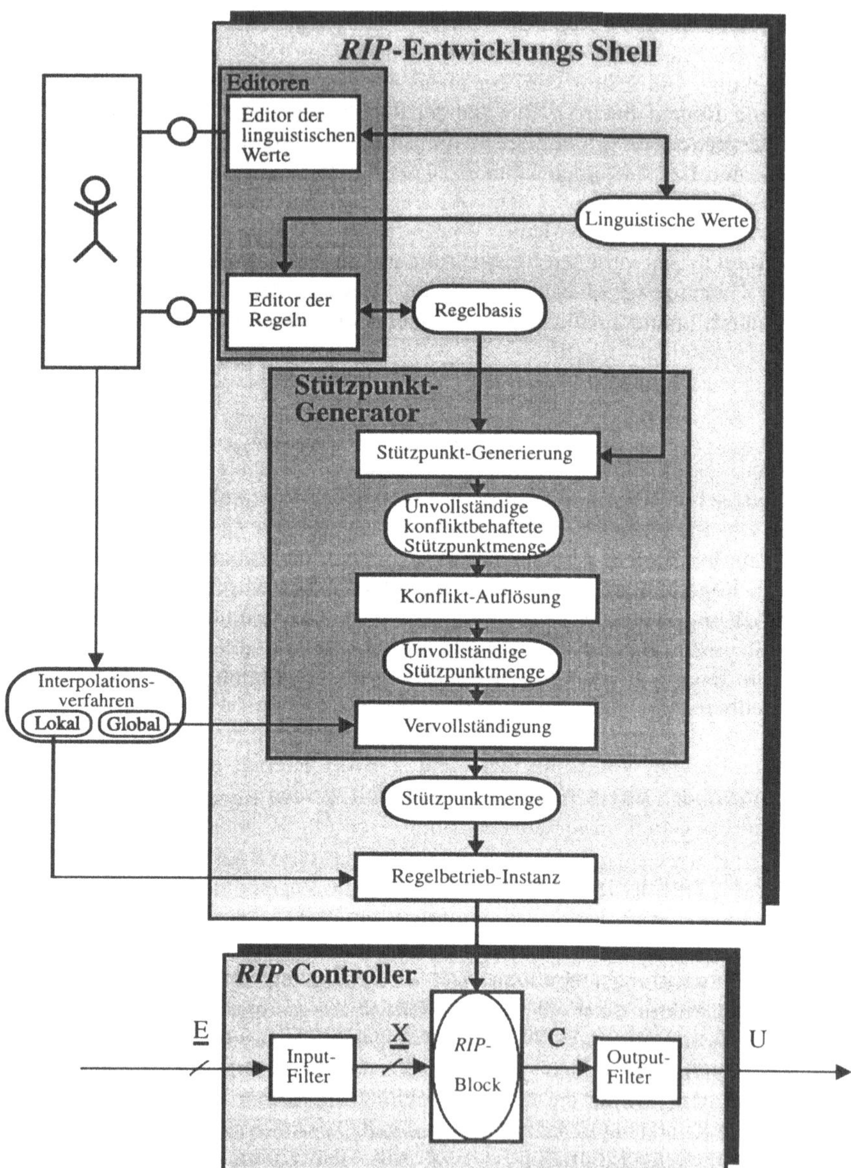

Abb. 6.2: Informationelle Aufbaustruktur der *RIP*-Entwicklungsumgebung

Die beiden zentralen Schnittstellen zwischen der *RIP*-Entwicklungsumgebung und dem Anwender bilden zwei Editoren. Für den Knowledge-Engineer sind diese beiden Editoren die zentralen Kommunikations-Schnittstellen mit der *RIP*-Entwicklungsumgebung. Ein Editor wird für die Festlegung der linguistischen Werte und ein zweiter Editor wird für die Eingabe der Regeln benötigt. Die Formulierung und Eingabe der Regeln basiert auf den zuvor definierten linguistischen Werten, die zu jeder Zeit modifiziert werden können. Nach der Formulierung der linguistischen Werte und Regeln, wird der Stützpunkt-Generator gestartet, der ohne Interaktion mit dem Anwender ablaufen kann. Wie in der *RIP*-Methode beschrieben, besteht der Stützpunkt-Generator aus einer Stützpunkt-Generierungs-, einer Konflikt-Auflösungs- und einer Vervollständigungs-Instanz. Die Funktionsweisen der Instanzen sind bereits ausführlich in Kapitel 5 erläutert worden. Der Stützpunkt-Generator erzeugt als Ergebnis eine vollständige und konfliktfreie Stützpunktmenge. Diese Stützpunktmenge definiert das Übertragungsverhalten des *RIP*-Blockes. Während des eigentlichen Regelbetriebes führt die Regelbetrieb-Instanz eine stückweise multilineare Interpolation über der Stützpunktmenge aus. Die Regelbetrieb-Instanz verkörpert somit den Regelalgorithmus und die Stützpunktmenge kann als die Parametrisierung des *RIP*-Blockes interpretiert werden.

Die Regelbetrieb-Instanz kann aufgrund ihrer einfachen Struktur und ihrer elementaren Rechenoperationen (Additionen und Multiplikationen) aus der eigentlichen *RIP*-Entwicklungsumgebung (Editoren, Stützpunkt-Generator) ausgelagert und auf einer beliebigen Ziel-Hardware implementiert werden. Die Stützpunktmenge muß hierzu von dem Stützpunktgenerator der *RIP*-Entwicklungsumgebung in ein Speicher geladen werden, welches von der Regelbetrieb-Instanz gelesen werden kann.

Die Aufteilung der *RIP*-Entwicklungsumgebung in eine Regelbetrieb-Instanz und die *RIP*-Entwicklungsumgebung entspricht der allgemeinen Modellierung von Knowledge Engineering-Systemen in Abb. 2.1. Aus dem Blickwinkel von Abb. 2.1 entspricht die *RIP*-Entwicklungsumgebung ohne die Regelbetrieb-Instanz einer *KBS* Shell. Die Regelbetrieb-Instanz repräsentiert das Prozeß-Interface.

Durch die Auswahl geeigneter Interpolationsverfahren wie multilineare IP, Gordon Coons-IP und B-Splines-IP ist es möglich, daß mit Hilfe der *RIP*-Entwicklungsumgebung bestimmte Eigenschaften der generierten Verknüpfungsvorschrift automatisch sichergestellt werden. Hierunter sind neben der stückweisen Multilinearität auch andere Eigenschaften wie stetige erste Ableitung der Kennflächen oder stückweise konstante Kennflächen möglich. Der Anwender kann die Einstellung solcher Eigenschaften direkt über die Auswahl der entsprechenden Interpolationen festlegen. Die Gewährleistung der ausgewählten Eigenschaften wird dann unabhängig von den linguistischen Werten und Regeln durch die entsprechende Interpolation garantiert.

Es ist wichtig zu betonen, daß der Anwender der *RIP*-Methode sich nicht mit der Funktionsweise des Stützpunkt-Generators (Stützpunkt-Generierung, Konflikt-Auflösung und Interpolationsverfahren) auseinander setzen muß. Dies ist lediglich die Aufgabe des Entwicklers der *RIP*-Entwicklungsumgebung. Der Anwender der *RIP*-Methode denkt bei der Parametrisierung eines *RIP* Controllers in linguistischen Werten bzw. Regeln und nicht in mehrdimensionalen Kennfeldern, wie es bei den klassischen Kennfeldreglern notwendig ist. Für Systeme mit mehreren Eingangsgrößen führt ein Entwurf mit klassischen Kennfeldreglern aufgrund fehlender Systematik und ungeeigneten Werkzeugen zu einem schwierigen und unübersichtlichen Unterfangen. In diesem Punkt besitzt die *RIP*-Methode große Vorteile.

Im folgenden werden die Freiheitsgrade und die verschiedenen Entwurfsverfahren vorgestellt, die eine solche *RIP*-Entwicklungsumgebung ermöglicht.

6.4 Freiheitsgrade eines *RIP*-Blockes

Ähnlich wie in Fuzzy Control können die Freiheitsgrade eines *RIP*-Blockes in Parametrisierungs- und Algorithmus-Freiheitsgrade unterschieden werden. Es kann die folgende Aufteilung der Freiheitsgrade eines *RIP*-Blockes vorgenommen werden.

Freiheitsgrade:

Parametrisierung:

- Linguistische Werte (Subintervalle)
- Regelbasis und Regeln
- Gewichtungsfaktoren

Algorithmus:

- Stützpunkt-Generierung (Umsetzung in Stützpunkte)
- Interpolationsverfahren

Es ist sofort erkennbar, daß *RIP* Control eine geringere Anzahl an Freiheitsgraden besitzt und daß die Anzahl der Parametrisierungs-Freiheitsgrade gegenüber den Algorithmus-Freiheitsgraden überwiegt. Hierdurch kommt den Parametrisierungs-Freiheitsgraden eine stärkere Bedeutung als den Algorithmus-Freiheitsgraden zu. Die Auswirkungen von Modifikationen der Parametrisierungs-Freiheitsgrade ist für den Anwender leichter abzuschätzen als die Modifikationen von Algorithmus-Freiheitsgraden. Dies resultiert daraus, daß die Parametrisierungs-Freiheitsgrade dem menschlichen Sprachgebrauch und Denkstrukturen stärker angelehnt sind.

Die Formulierung von linguistischem Expertenwissen wird durch die Dominanz der Parametrisierungs-Freiheitsgrade in *RIP* Control sehr einfach und einsichtig. Wie in Kapitel 4.2.4 bereits dargelegt, ist das Verhalten eines Fuzzy-Blockes von den Parametrisierungs- und Algorithmus-Freiheitsgraden gleichermaßen abhängig. Für den ungeübten Anwender von Fuzzy Control ist deshalb eine Einschätzung des Übertragungsverhaltens eines Fuzzy-Blockes häufig nur schwer möglich. Durch die Konzentration auf die Parametrisierungs-Freiheitsgrade wird für den Anwender der Umgang mit *RIP* Control transparenter.

In diesem Zusammenhang ist es wichtig festzuhalten, daß trotz der deutlich geringeren Anzahl von Freiheitsgraden in *RIP* Control bei praktischen Anwendungen kein Verlust an Einstellmöglichkeiten eines *RIP*-Blockes im Vergleich zu einem Fuzzy-Block entsteht.

6.5 *RIP* Control-Entwurfsverfahren

RIP Control bietet prinzipiell die gleichen Entwurfsmöglichkeiten wie Fuzzy Control. Darüber hinaus verfügt *RIP* Control über einige Entwurfsvorteile, die ein systematisiertes Entwerfen und eine direkte Einbeziehung klassischer Entwurfsverfahren ermöglichen. *RIP* Control schlägt somit eine direkte Brücke zwischen klassischen und wissensbasierten Entwurfsmechanismen. Vor allem der Entwurf mit hybriden Regelstrukturen ist für die automatisierungstechnische Praxis von großer Bedeutung.

6.5.1 Entwurfsverfahren basierend auf linguistischen Regeln

Das *RIP*-Entwurfsverfahren in Abb 6.3 verwendet nur linguistische Regeln und ähnelt dem Entwurf von Fuzzy Controllern in Kapitel 4.4. Die Systemanalyse und die Wahl der Ein- und Ausgangs-Filter des *RIP* Controllers sind analog zu Fuzzy Control. In *RIP* Control sind die Verstärkungsfaktoren zur Normierung der Ein- und Ausgangsgrößen, wie sie häufig bei Fuzzy Control eingesetzt werden, nicht notwendig. Die Algorithmus- und Parametrisierungs-Freiheitsgrade in Abb. 4.15 müssen für *RIP* Control durch die Freiheitsgrade in Kapitel 6.4 ersetzt werden. Da die Effekte der Algorithmus-Freiheitsgrade in *RIP* Control geringer sind als die der Parametrisierungs-Freiheitsgrade, wird der Entwurfsvorgang sich vornehmlich auf die Wahl der linguistischen Werte, der Regeln und der Gewichtungsfaktoren konzentrieren. Für die detaillierte Erläuterung des Entwurfsvorganges in Abb. 6.3 bei rein linguistischen Regeln in *RIP* Control sei nochmals auf Kapitel 4.4 verwiesen.

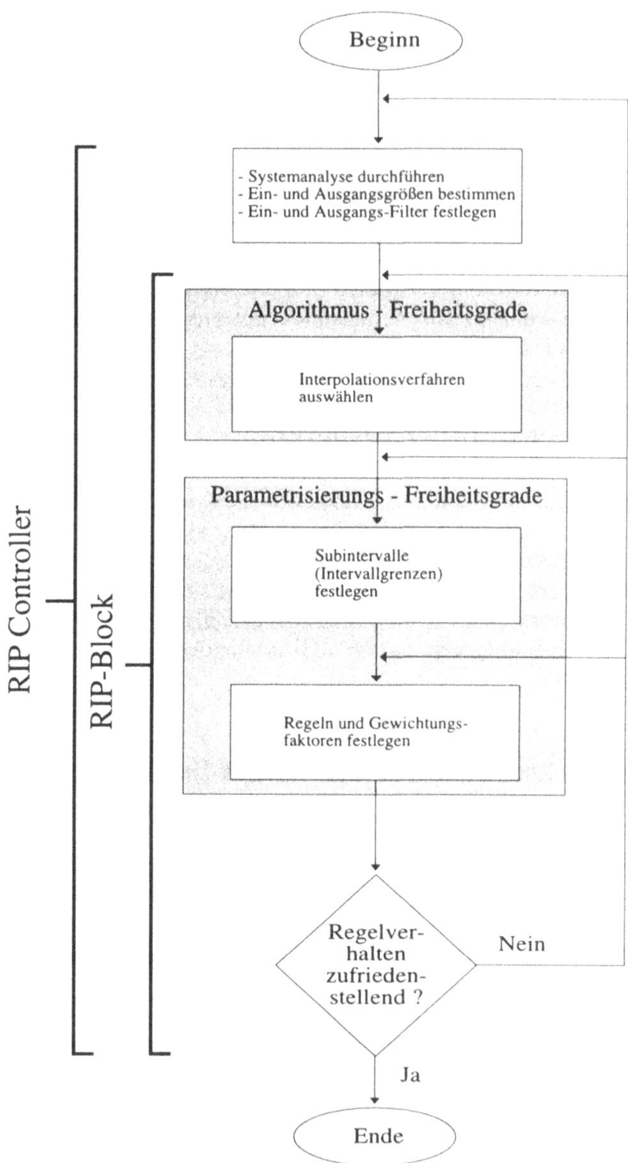

Abb. 6.3: Systematisierter *RIP* Control-Entwurfsvorgang

6.5.2 Entwurf von linearen Reglern

In diesem Kapitel wird demonstriert, wie in *RIP* Control auf einfache Weise mit funktionalen Regeln ein klassischer linearer Regler realisiert werden kann. Dies soll exemplarisch an der Umsetzung eines klassischen *PI*-Reglers erläutert werden, dessen Übertragungsfunktion $G_{PI}(s)$ sich nach Gl. 6.4 im Laplace-Bereich beschreiben läßt [Föllinger 90], [Azzo 88].

$$G_{PI}(s) = \frac{U(s)}{X_d(s)} = K_R \cdot \frac{1 + T\,s}{s} = Kp + \frac{Ki}{s} \tag{6.4}$$

RIP Controller wie auch Fuzzy Controller sind digitale Regler mit einer festen Abtastzeit T_A. Die Übertragungsfunktion $G_{PI}(s)$ eines kontinuierlichen *PI*-Reglers, die im Laplacebereich beschrieben ist, kann beispielsweise mit der Tustin-Näherung in Gl. 6.5

$$s = \frac{2}{T_A} \cdot \frac{z-1}{z+1} \tag{6.5}$$

in einen diskreten Regler transformiert werden. Zur Beschreibung der Übertragungsfunktion $G_{PI}(z)$ von diskreten Reglern wird in der regelungstechnischen Literatur der $\mathfrak{Z}$-Bereich verwendet [Isermann 87], [Houpis 85], [Föllinger 74]. Nach einigen Umformungen der obigen Gleichungen ergibt sich

$$\frac{z-1}{z} \cdot U(z) = Kp \cdot \frac{z-1}{z} \cdot X_d(z) + Ki \cdot \frac{T_A}{2} \cdot \frac{z+1}{z} \cdot X_d(z). \tag{6.6}$$

Die Gl. 6.6 kann bei der Wahl der folgenden Größen

$$\begin{aligned} X_1(z) &\triangleq \frac{z-1}{z} \cdot X_d(z) \\ X_2(z) &\triangleq \frac{T_A}{2} \cdot \frac{z+1}{z} \cdot X_d(z) \\ C(z) &\triangleq \frac{z-1}{z} \cdot U(z) \quad \Rightarrow \quad U(z) = \frac{z}{z-1} \cdot C(z) \end{aligned} \tag{6.7}$$

in der Form nach Gl. 6.8 angegeben werden.

$$C(z) = Kp \cdot X_1(z) + Ki \cdot X_2(z) \tag{6.8}$$

Aus den Gl. 6.7 und Gl. 6.8 läßt sich die Struktur des *RIP* Controllers ableiten. Die Ein- und Ausgangs-Filter werden durch die Wahl der Ein- und Ausgangsgrößen des *RIP*-Blockes in Gl. 6.7 bestimmt. Das Übertragungsverhalten des *RIP*-Blockes wird durch die Gl. 6.8 beschrieben und kann durch eine allgemeingültige funktionale Regel R_l in Gl. 6.9 formuliert werden.

$$R_1\text{: if } \{\ \} \text{ then } \{\ C = Kp \cdot X_1 + Ki \cdot X_2\ \} \quad \mid 1 \tag{6.9}$$

In Abb. 6.4 ist die hieraus resultierende Struktur eines *RIP* Controllers mit *PI*-Regelverhalten abgebildet.

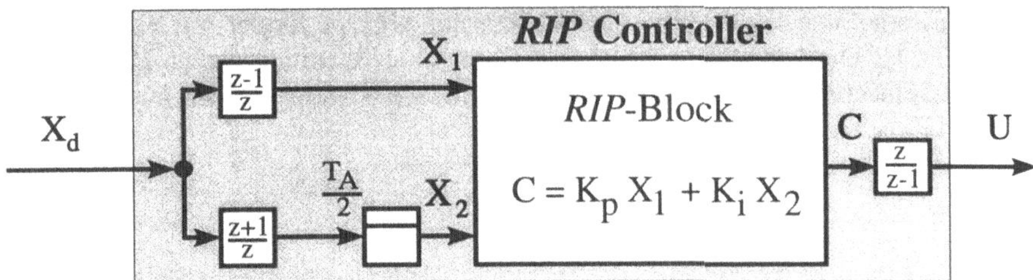

Abb. 6.4: *PI*-Regler in Form eines *RIP* Controllers

Das Übertragungsverhalten der Ein- und Ausgangs-Filter, welches in Gl. 6.7 durch die $\mathfrak{Z}$-Übertragungsfunktionen angegeben ist, kann durch Rücktransformation in den Zeitbereich als Differenzengleichungen der Abtastwerte $x_1(k)$, $x_2(k)$ und $c(k)$ angegeben werden [Isermann 87], [Houpis 85].

$$\begin{aligned} x_1(k) &\triangleq x_d(k) - x_d(k-1) \\ x_2(k) &\triangleq \frac{T_A}{2} \cdot (x_d(k) + x_d(k-1)) \\ c(k) &\triangleq \Delta u(k) = u(k) - u(k-1) \end{aligned} \tag{6.10}$$

Diese rekursiven Differenzengleichungen beschreiben die Algorithmen der Ein- und Ausgangs-Filter und können direkt in ein Computer-Programm umgesetzt werden.

In Abb. 6.5 ist exemplarisch das Übertragungsverhalten eines *RIP*-Blockes in Form eines Kennfeldes mit den Parametern Kp=0.1 und Ki=1.1 über den Basismengen X_1=[-10, 10] und X_2=[-0.4, 0.4] dargestellt. Aufgrund des klassischen linearen Reglers ergibt sich ein lineares Übertragungsverhalten. Der Stützpunkt-Generator positioniert aufgrund der Gl. 6.9 alle Stützpunkte in einer Ebene. Durch die

Anwendung der multilinearen Interpolation werden dann auch die Bereiche zwischen den Stützpunkten in diese Ebene gelegt, und somit ist die Interpolation geradentreu bzw. ebenentreu.

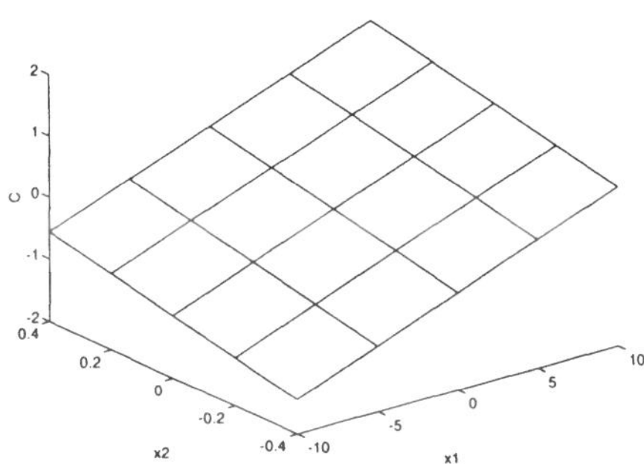

Abb. 6.5: Lineares Übertragungsverhalten eines *PI*-Reglers mit *RIP* Control (*Kp*=0.1, *Ki*=1.1)

6.5.3 Entwurf mit hybriden Regelstrukturen

Die Struktur von hybriden Regelbasen wurde bereits erläutert. In diesem Kapitel wird ein Entwurfsverfahren basierend auf diesen Regelstrukturen vorgestellt. Dieses Entwurfsverfahren stellt auch die Grundlage für die *RIP*-Adaptionseinheit in Kapitel 6.5.4 dar. In Abb. 6.6 ist dieser Entwurfsvorgang als Zustandsgraph abgebildet. Zur Verdeutlichung des hybriden Entwurfsverfahrens wird dieser Vorgang in Kapitel 10 an einer verfahrenstechnischen Anlage durchgeführt.

Das Grundprinzip dieses Entwurfsverfahren besteht darin, daß bereichsweise gültige Regelgesetze durch einen *RIP* Controller zusammengeführt werden. Durch die *RIP*-Methode werden die Übergänge zwischen diesen Regelgesetzen fließend, und es ergeben sich nicht die Effekte von schaltartigem Regelverhalten wie bei den klassischen Methoden. Der Entwurfsvorgang gliedert sich grob in zwei Stufen:

- Kleinsignal-Entwurf für ausgewählte Arbeitspunkte
- Großsignal-Entwurf für ausgewählte Arbeitsbereiche

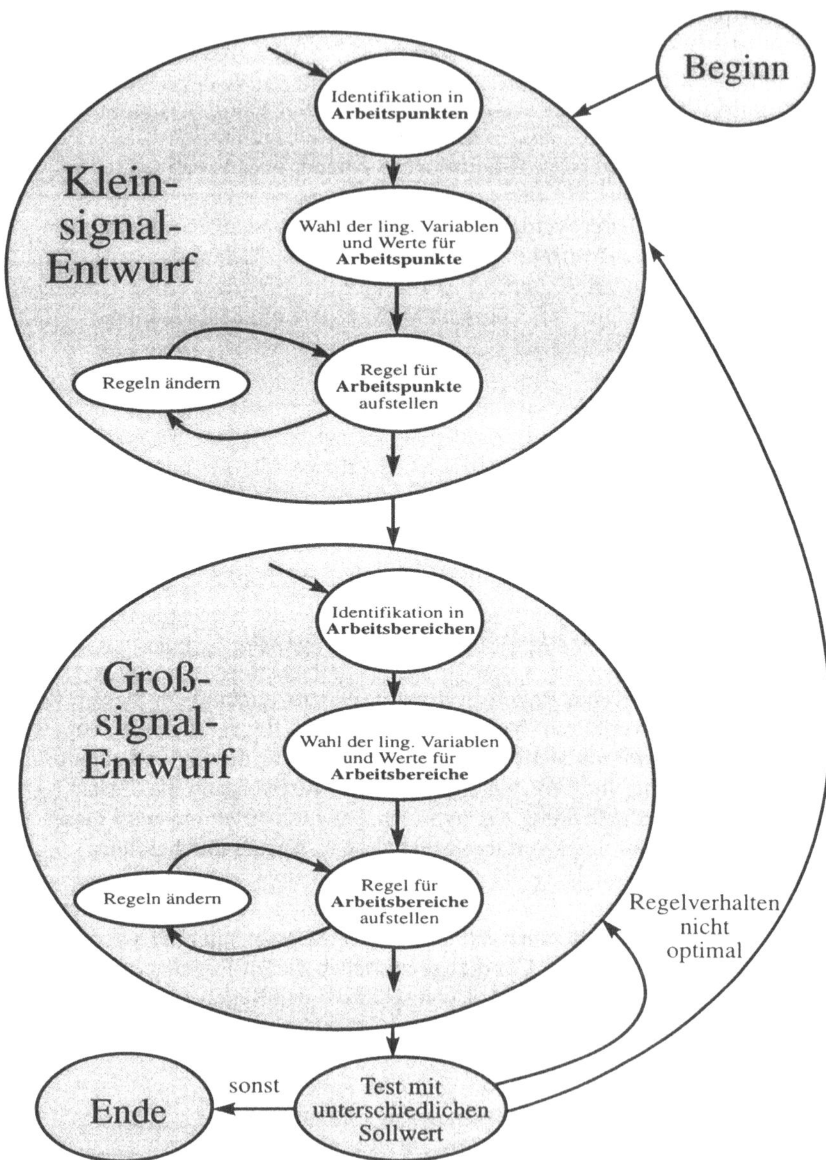

Abb. 6.6: Entwurf mit hybriden Regelstrukturen

Kleinsignal-Entwurf:
Nachdem die Ein- und Ausgangsgrößen eines *RIP* Controllers aufgrund einer Systemanalyse festgelegt sind, werden über die Aussagen der Regel-Prämissen und deren linguistischen Werte die Arbeitspunkte definiert, für die jeweils ein Regler zu bestimmen ist. Die Wahl der Arbeitspunkte hängt von der Nichtlinearität des betreffenden Prozesses ab und muß für jeden Anwendungsfall neu entschieden werden. Für die betreffenden Arbeitspunkte können über experimentelle Modellbildungsverfahren (wie die Identifikation durch Sprunganregung) jeweils grobe Prozeßmodelle abgeleitet werden. Aus diesen Prozeßmodellen können dann über klassische Reglereinstellverfahren wie Ziegler-Nichols, Takahashi etc. die Parameter eines konventionellen Reglers z.B. *PI*-Regler für den betreffenden Arbeitspunkt ermittelt werden [Ziegler 42], [Takahashi 72], [Åström 88], [Åström 89], [Klein 91], [Kuhn 95]. Wie in Kapitel 6.5.2 bereits gezeigt wurde, können diese Regler mit Hilfe von funktionalen Regeln R_i in einem *RIP* Controller realisiert werden. Die Parameter Kp_i und Ki_i der linearen Funktion f_i eines *PI*-Reglers ergeben sich aus den Identifikationen. Im folgenden ist exemplarisch eine Regel R_i eines *PI*-Reglers für einen nicht weiter spezifizierten Arbeitspunkt Ap_i dargestellt.

$$R_i\text{: if } \{ Ap_i \} \text{ then } \{ C = Kp_i \cdot X_1 + Ki_i \cdot X_2 \} \quad | \, 0 \qquad (6.11)$$

Der Vorteil einer solchen Formulierung eines linearen Regelgesetzes in *RIP* Control besteht darin, daß nachträglich durch zusätzliche linguistische Regeln R_i^{ling} das Regelverhalten in der Umgebung des Arbeitspunktes optimiert werden kann (Gl. 6.12).

$$\begin{array}{llll} R_i\text{:} & \text{if } \{ Ap_i \} & \text{then } \{ C = Kp_i \cdot X_1 + Ki_i \cdot X_2 \} & | \, 0 \\ R_i^{ling}\text{:} & \text{if } \{ X_1 = A_{1,1} \wedge X_2 = A_{2,1} \} & \text{then } \{ B_i \} & | \, 1 \end{array} \qquad (6.12)$$

Aufgrund der Gewichtung der Regel R_i mit dem Gewichtungsfaktor G_i=0 wird für den spezifizierten Bereich $\{X_1=A_{1,1} \wedge X_2=A_{2,1}\}$ die Regel R_i^{ling} die Wirkung der Regel R_i voll überdecken. Somit kann nun für jeden Arbeitspunkt über die Kombination von klassischen Reglerentwurfsmethoden und linguistischen Entwurfsmethoden ein nicht-lineares Regelgesetz entwickelt werden. Eine solche nichtlineare Optimierung ist mit klassischen *PI*-Reglern nicht möglich. Dieser Entwurfsvorgang wird in Kapitel 10.3 an der Regelung einer verfahrenstechnischen Anlage detaillierter erläutert.

Großsignal-Entwurf:
Die verschiedenen Regelbasen der betreffenden Arbeitspunkte Ap_i lassen sich zu einer gemeinsamen Regelbasis zusammensetzen. Das führt zu einem optimalen Verhalten des *RIP* Controllers in den einzelnen Arbeitspunkten Ap_i, jedoch unterscheidet sich das Großsignalverhalten (z.B. große Sollwertänderungen) in den

meisten praktischen Anwendungen von dem Kleinsignalverhalten. Deshalb müssen für das Großsignalverhalten in den betreffenden Arbeitsbereichen andere Regelgesetze angewendet werden. Hierzu werden für die Großsignalanregungen ähnlich wie im Kleinsignalentwurf geeignete Regler und deren Reglerparameter über Identifikationsverfahren bestimmt. Diese Regler werden wieder in Form von funktionalen Regeln umgesetzt. Durch die Spezifizierung der Arbeitsbereiche unter Verwendung weiterer Eingangsgrößen in den Regelprämissen wird sichergestellt, daß keine oder nur geringe Wechselwirkung mit dem Kleinsignalverhalten stattfindet. Natürlich kann das Großsignalverhalten wie auch das Kleinsignalverhalten nachträglich durch zusätzliche linguistische Regeln optimiert werden. In Kapitel 10.5 und 10.6 wird dieser Entwurfsvorgang exemplarisch für ein Simulationsmodell und eine reale verfahrenstechnische Anlage dargestellt.

6.5.4 *RIP*-Adaptionseinheit

Bisher wurden ausschließlich manuelle und halbautomatische Entwurfsverfahren vorgestellt. Adaptive Regler bieten die Möglichkeit der selbständigen Einstellung und Anpassung eines Reglers an neue Prozeßbedingungen [Åström 88], [Åström 89]. Im folgenden wird eine Adaptionseinheit für einen *RIP* Controller vorgestellt. Diese übergeordnete *RIP*-Adaptionseinheit ermöglicht eine automatische Generierung und eine Adaption der Regelbasis bzw. der Stützpunktmenge[1] eines unterlagerten *RIP* Controllers. Die Umsetzung der Regelbasis, die durch die *RIP*-Adaptionseinheit generiert und adaptiert wird, geschieht durch den Stützpunkt-Generator der *RIP*-Methode nach Kapitel 5. Die Adaptionsstrategie der *RIP*-Adaptionseinheit unterteilt sich in 3 Schritte, die im weiteren noch detaillierter erläutert werden.

***RIP*-Adaptionsstrategie:**

1. Prämisse der Regeln editieren.
   - Festlegen der Arbeitspunkte/-bereiche durch den Prozeßbetreiber bzw. Knowledge Engineer

2. Anfahradaption (offener Regelkreis).
   - Identifikation
   - Entwurf

3. Betriebsadaption (geschlossener Regelkreis).
   - Beobachter
   - Adaption

[1] Im folgenden wird nur noch von der Regelbasis gesprochen, da aus der Regelbasis die Stützpunktmenge über den Stützpunkt-Generator ableitbar ist.

In Abb. 6.7 ist die *RIP*-Adaptionseinheit abgebildet. Die einzelnen Instanzen (Funktionsblöcke) der *RIP*-Adaptionseinheit werden durch einen übergeordneten Supervisor überwacht und koordiniert. Diese Struktur, die aus einem Supervisor und einer *RIP*-Adaptionseinheit besteht, wird als Steuerkreis bezeichnet. Der Steuerkreis gliedert sich in ein Steuerwerk und ein Operationswerk [Wendt 74]. Der Zustandsgraph des Supervisors ist in Abb. 6.8 abgebildet und beschreibt den Ablauf der einzelnen Instanzen der *RIP*-Adaptionseinheit.

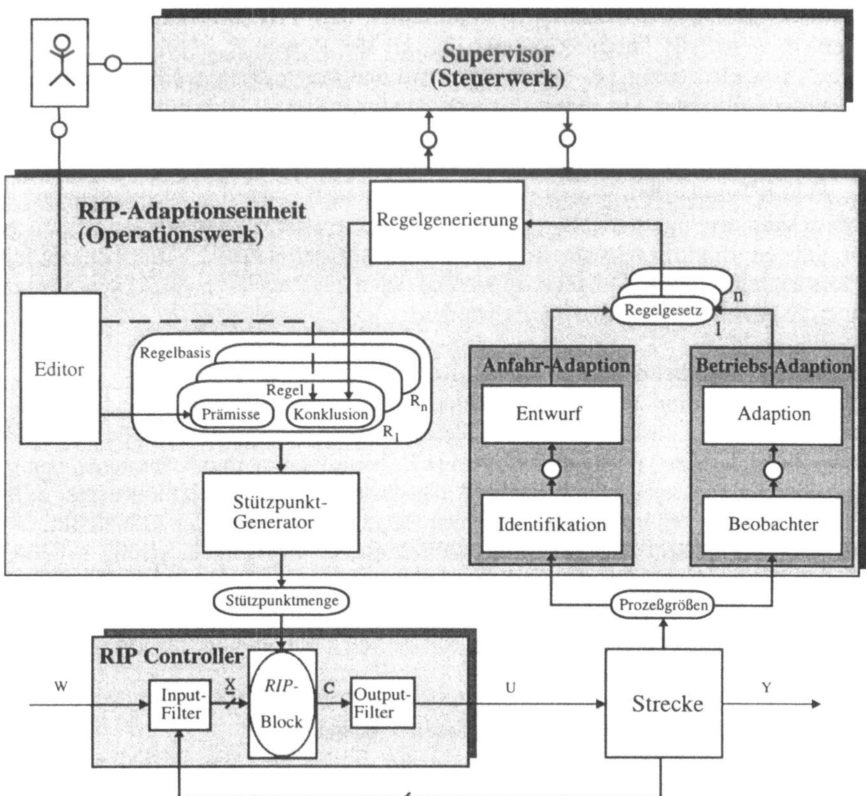

Abb. 6.7: Adaptiver *RIP* Controller

Die bereits zuvor angesprochene dreischrittige Funktionsweise der *RIP*-Adaptionseinheit läßt sich sehr anschaulich an der informationellen Struktur in Abb. 6.7 und dem Zustandsgraph in Abb. 6.8 erläutern.

1. Schritt: Editieren der Regeln
Zu Beginn definiert der Prozeßbetreiber (Knowledge Engineer) die signifikanten Arbeitspunkte/-bereiche für die spätere Regelung, ohne dabei die entsprechenden Regelgesetze angeben zu müssen. Die Angabe der Arbeitspunkte/-bereiche geschieht durch die Spezifizierung der Prämissen der entsprechenden Regeln, z.B. $\{X_3=klein \wedge \Delta X_4=gro\beta\}$. Der Anwender braucht die Regelgesetze in den Arbeitspunkten/-bereichen nicht explizit anzugeben und kann deshalb die Parametrisierung der Konklusionen der Regeln R_i ($i \in \{1,...,n\}$) auslassen. Nur die Struktur (z.B. $C=kp \cdot X_1+ki \cdot X_2$) der Konklusion muß durch den Prozeßbetreiber vorgegeben werden, wobei die Parametrisierung (*kp*, *ki*) der Regeln R_i vorerst offen bleibt. Eine Parametrisierung der Konklusion wird erst durch die nachfolgende Anfahradaption vollzogen. Aus diesem Grunde ist eine *a priori* Definition der Parameter der Konklusionen nicht notwendig. Natürlich können bereits bekannte Parametereinstellungen durch den Prozeßbetreiber auch direkt vorgegeben werden. Dies ist in Abb. 6.7 durch die gestrichelte Linie angedeutet. Nach dieser Initialisierungsphase kann die Anfahradaption gestartet werden, um die noch fehlenden Regeln zu bestimmen. Sind für alle spezifizierten Arbeitspunkte/-bereiche bereits Regeln mit Parametereinstellungen angegeben worden, kann der Regelkreis direkt geschlossen und die Betriebsadaption gestartet werden.

2. Schritt: Anfahradaption (offener Regelkreis)
Die Anfahradaption realisiert den automatisierten Entwurf mit hybriden Regelstrukturen. In der Anfahradaption werden in den unterschiedlichen Arbeitspunkten bzw. -bereichen jeweils Identifikationen (z.B. Identifikation durch Sprunganregung) der Strecke durchgeführt. Für die Arbeitspunkte bzw. -bereiche werden dann mittels der Entwurf-Instanz die einzelnen Regelgesetze abgeleitet. Die Konklusionen der entsprechenden Regeln ergeben sich nach der Regelgenerierung aufgrund der zuvor ermittelten Regelgesetze. Auf diese Art können nun die Regeln bzw. die Parameter (*kp*, *ki*) der Konklusionen für alle Arbeitspunkte bzw. -bereiche bestimmt werden. Nach der Stützpunkt-Generierung kann der unterlagerte Regelkreis geschlossen werden.

3. Schritt: Betriebsadaption (geschlossener Regelkreis)
Während des Regelbetriebes überwacht ein Beobachter die Prozeßgrößen auf kritische Ereignisse wie das Verlassen vorgegebener Toleranzbänder. Nur beim Auftreten eines kritischen Ereignisses startet die Adaption. Die Adaption analysiert das aufgetretene Ereignis und veranlaßt die Änderung des betreffenden Regelgesetzes. Anschließend wird wie bei der Anfahradaption die Regelgenerierung zur Aktualisierung der Regelbasis und der Stützpunkt-Generator aufgerufen. Auf diese Art adaptiert die Betriebsadaption den unterlagerten *RIP* Controller nach dem Auftreten von kritischen Ereignissen. Der Zustand der Beobachtung in Abb. 6.8 kann jederzeit durch den Abbruch der Regelung beendet werden.

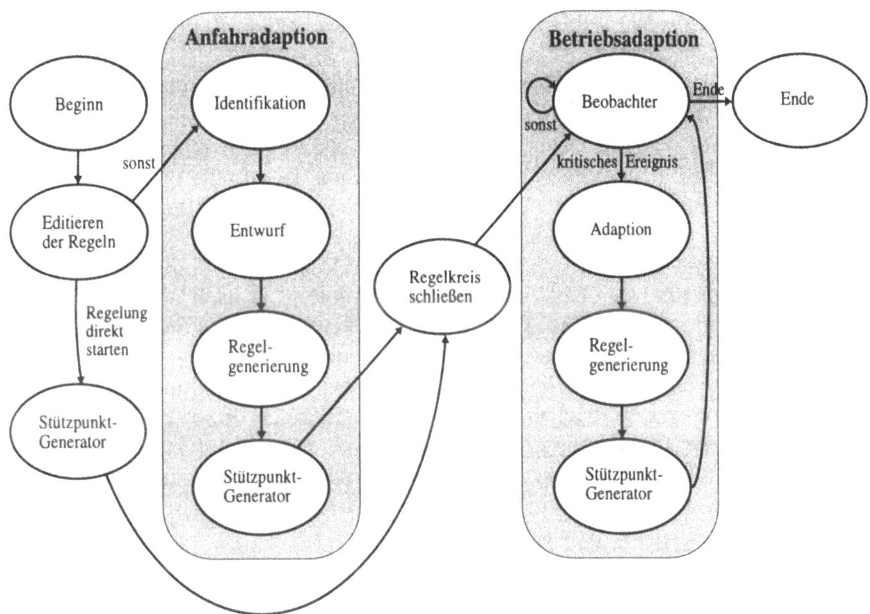

Abb. 6.8: Zustandsgraph des Supervisors der *RIP*-Adaptionseinheit

Der Vorteil einer solchen *RIP*-Adaptionseinheit liegt darin, daß der *RIP* Controller sich automatisch auf einen neuen Prozeß und geänderte Prozeßbedingungen einstellen kann. Des weiteren werden die Regeln der Wissensbasis automatisch durch die *RIP*-Adaptionseinheit erlernt und optimiert. Diese Fähigkeit der automatischen Anpassung der Regelbasis bzw. der Stützpunktmenge durch die überlagerte *RIP*-Adaptionseinheit macht das System in Abb. 6.7 lernfähig.

Die hier vorgestellte *RIP*-Adaptionseinheit zeichnet sich durch die folgenden Punkte aus.

- Der Prozeßbetreiber kann die Adaption anhand einer Regelbasis überwachen und korrigierend auf sie eingreifen.
- Die Identifikation, der Entwurf und die Adaption sind klassische Methoden. Aufgrund der Umsetzung der Regelgesetze in eine Regelbasis können diese Methoden mit wissensbasierten Methoden kombiniert werden.
- Die Spezifizierung der Arbeitspunkte bzw. -bereiche kann problemlos von mehreren Eingangsgrößen abhängen.

- Außerhalb bzw. zwischen den Arbeitspunkten bzw. -bereichen existieren keine Umschaltprobleme von einem auf das andere Regelgesetz.
- Unvollständige Regelbasen bzw. Stützpunktmengen werden vervollständigt.

Kapitel 7

Vollständigkeit und Vervollständigung

7.1 Unvollständiges Expertenwissen

Unvollständiges Expertenwissen stellt ein zentrales Problem in wissensbasierten Systemen dar. Besonders bei wissensbasierten Systemen mit mehreren Eingängen entstehen leicht sehr große Regelbasen. Der Umfang einer Regelbasis eines wissensbasierten Systems steigt exponentiell mit der Anzahl seiner Eingangsgrößen. Bei m Eingangsgrößen und einer linguistischen Auflösung von α für jede Eingangsgröße ergeben sich α^m mögliche Kombinationen der linguistischen Werte der Eingangsgrößen. Es ist leicht einsehbar, daß für mehrere Eingangsgrößen die vollständige Spezifizierung aller α^m Kombinationen ein Problem darstellt.

In *RIP* Control werden unvollständige Regelbasen über globale scattered Data-Interpolation vervollständigt. Hierfür wird in *RIP* Control die Shepard-Interpolation eingesetzt. *RIP* Control bietet somit eine Methode zur Vervollständigung von unvollständigen Regelbasen und mildert die meist negativen Auswirkungen von unvollständigem Expertenwissen.

In der Literatur über Fuzzy Control wird das Problem der Vollständigkeit häufig nur oberflächlich und am Rande behandelt. Bis heute widmen sich nur wenige Veröffentlichungen eingehender diesem Problem und entwickelten Lösungsansätze [Teodorescu 1/93], [Teodorescu 2/93], [Kóczy 1/93], [Kóczy 2/93] und [Kóczy 1/92]. Zur Zeit sind keine Kriterien zur Beurteilung der Eignung von Fuzzy Controllern bzgl. Vollständigkeit verfügbar [Preuß 92]. Selbst eine eindeutige und allgemeingültige Begriffsbildung von Vollständigkeit in Fuzzy Control ist nicht gegeben. Darüber hinaus existieren in Fuzzy Control keine geeigneten Methoden zur Vervollständigung bei unvollständigem Expertenwissen.

7.2 Begriffsbildung der Vollständigkeit in Fuzzy Control

Im folgenden wird nun eine Begriffsbildung von Vollständigkeit in Bezug zu Fuzzy Control angegeben, welche die Grundlage für später vorgestellte Vervollständigungsmethoden bildet. In diesem Kapitel werden die Bezeichnungen aus Kapitel 5 übernommen. Die Definitionen der Vollständigkeit beziehen sich auf den Fuzzy-Block eines Fuzzy Controllers. Es werden die drei folgenden Definitionen (Def. 7.1-7.3) von Vollständigkeit unterschieden.

Definition 7.1: Vollständigkeit der Datenbasis
Die Datenbasis der Basismengen $\boldsymbol{X_k}$ bzw. $\boldsymbol{C}$ ist vollständig, wenn die Vereinigung der Supports der Fuzzy-Mengen $\boldsymbol{A_{k,i\_k}} \subset \boldsymbol{X_k}$ bzw. $\boldsymbol{B_i} \subset \boldsymbol{C}$ die jeweilige Basismenge vollständig überdecken.

$$\text{Eingänge:} \quad \forall\ X_k: \quad \bigcup_{i_k=1}^{\alpha_k} Supp(\mu_{A_{k,i_k}}(x_k)) = X_k \quad \text{mit } k \in \{1,...,m\}\ , \quad x_k \in X_k$$

$$\text{Ausgang:} \quad C: \quad \bigcup_{i=1}^{\beta} Supp\ (\mu_{B_i}(c)) = C \quad \text{mit } c \in C\ .$$

α_k ,β: Linguistische Auflösung der Basismengen X_k , C.

□

Die Vollständigkeit der Datenbasis eines Fuzzy-Blockes wird auch als ε-Vollständigkeit bezeichnet [Lee 90]. Ein Sonderfall einer vollständigen Datenbasis ergibt sich bei der Verwendung von Fuzzy-Mengen A_{k,i_k} , deren Support gleich ihrer Basismenge X_k ist.

$$Supp\ (A_{k,i_k}) \triangleq Supp\ (\mu_{A_{k,i_k}}(x_k)) = X_k \qquad \text{mit } x_k \in X_k\ . \tag{7.1}$$

Fuzzy-Mengen mit z.B. gaußförmiger Zugehörigkeitsfunktion erfüllen deshalb die Bedingung einer vollständigen Datenbasis nach Definition 7.1.

Die folgende Definition der Vollständigkeit einer Fuzzy-Regelbasis kann mit der Definition 5.1 von *RIP*-Regelbasen in Kapitel 5 verglichen werden. Im Unterschied zu der Definition in *RIP* Control sind die Subintervalle durch Fuzzy-Mengen ersetzt.

Definition 7.2: Vollständigkeit der Fuzzy-Regelbasis
Eine Fuzzy-Regelbasis in Normalform nach Gl. 4.1 ist vollständig, wenn für jeden Fuzzy-Grundbereich

$$\wp_{i_1,\ldots,i_m} = \mathop{\times}_{k=1}^{m} Supp\ (\mu_{A_{k,i_k}}(x_k)) \qquad \text{mit} \quad i_k \in \{1,\ldots,\alpha_k\}$$

bestehend aus den Eingangs-Fuzzy-Mengen A_{k,i_k} mindestens eine Regel R_i existiert.

$$\forall \wp_{i_1,\ldots,i_m}: \qquad \exists R_i$$

□

Im Gegensatz zu *RIP* Control reicht in Fuzzy Control eine vollständige Regelbasis nicht aus, um eine vollständige Verknüpfungsvorschrift F zu gewährleisten. Aufgrund der Wahl der Eingangs-Fuzzy-Mengen A_{k,i_k} kann trotz vollständiger Regelbasis die Verknüpfungsvorschrift F nicht für alle Eingangsgrößen definiert sein. Deshalb ist eine weitere Definition der Vollständigkeit der Verknüpfungsvorschrift in Fuzzy Control notwendig.

Definition 7.3: Vollständigkeit der Verknüpfungsvorschrift
Ein Fuzzy-Block besitzt eine vollständige Verknüpfungsvorschrift $F(\underline{x})$, wenn für alle Elemente $\underline{x}=(x_1,\ldots,x_m)$ des Produktraumes $\underline{X}=X_1\times\ldots\times X_m$ der Basismengen der Eingangsgrößen mindestens eine Regel R_i einen Erfülltheitsgrad $E_i(\underline{x})$ größer als Null hat.

$$\forall \underline{x}: \exists R_i: \qquad E_i(\underline{x})>0$$

□

Der Erfülltheitsgrad $E_i(\underline{x})$ einer Regel R_i entspricht dem Wahrheitswert der Regelprämisse nach der Aggregation. Eine Regel R_i mit einem Erfülltheitsgrad $E_i(\underline{x})>0$ bedeutet, daß diese Regel "feuert" und somit aktiv ist.

Ein Fuzzy-Block mit vollständiger Verknüpfungsvorschrift $F(\underline{x})$ erzeugt für jede beliebige Belegung der Eingangsgrößen eine Ausgabe, die durch das Expertenwissen explizit definiert ist. Ein Fuzzy-Block mit vollständiger Verknüpfungsvorschrift wird auch als Fuzzy-Block mit vollständigem Übertragungsverhalten bezeichnet. In den undefinierten Bereichen eines Fuzzy-Blockes mit unvollständiger Verknüpfungsvorschrift ist die Ausgabe des Fuzzy-Blockes nicht explizit durch das Expertenwissen bestimmt. Die undefinierten Bereiche werden auch als Unvollständigkeitsbereiche einer unvollständigen Verknüpfungsvorschrift bezeichnet.

In Abb. 7.1 ist je ein Fuzzy-Block mit vollständiger und mit unvollständiger Verknüpfungsvorschrift gegenübergestellt. Der linke Fuzzy-Block besitzt eine unvollständige Regelbasis. Aufgrund der Wahl von nicht mehr als zweifachüberlappenden und dreieckförmigen Zugehörigkeitsfunktionen der Eingangs-Fuzzy-Mengen

A_{k,i_k} ist die Verknüpfungsvorschrift unvollständig. Die Unvollständigkeitsbereiche sind grau unterlegt und durch Fragezeichen "?" markiert. Der rechte Fuzzy-Block besitzt trotz unvollständiger Regelbasis eine vollständige Verknüpfungsvorschrift. Dies resultiert aus der Verwendung von gaußförmigen Zugehörigkeitsfunktionen als Eingangs-Fuzzy-Mengen.

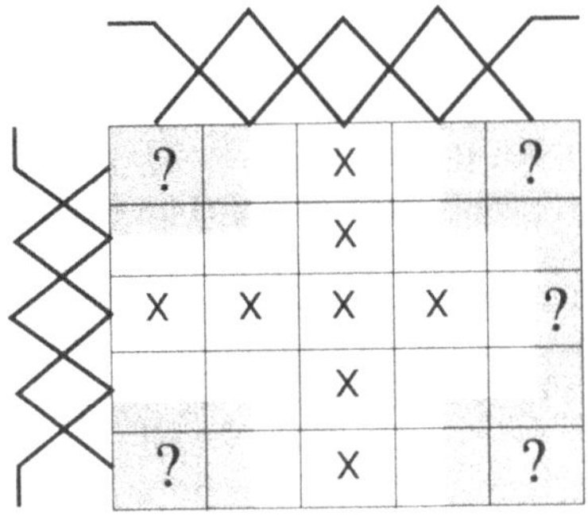

Unvollständige Regelbasis und unvollständig definiertes Übertragungsverhalten eines Fuzzy-Blockes

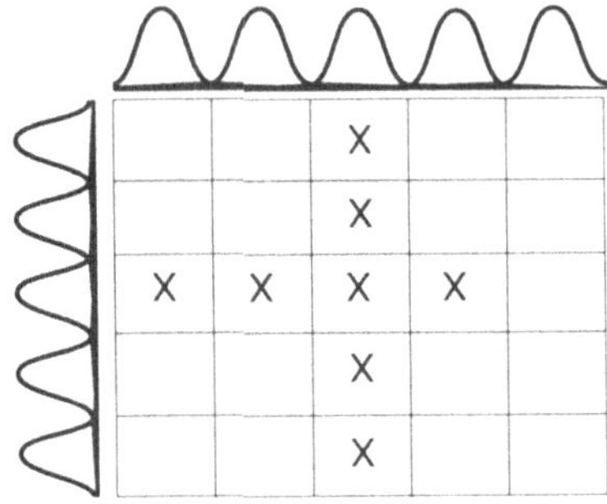

Unvollständige Regelbasis und vollständig definiertes Übertragungsverhalten eines Fuzzy-Blockes

Abb. 7.1: Unvollständige und vollständige Verknüpfungsvorschriften von Fuzzy-Blöcken

Aus Abb. 7.1 ist leicht abzuleiten, daß für Fuzzy-Blöcke mit unvollständiger Datenbasis der Eingangs-Fuzzy-Mengen trotz vollständiger Regelbasis keine vollständige Verknüpfungsvorschrift definiert werden kann. Aus diesem Grund wird die Vollständigkeit der Datenbasis der Eingangs-Basismengen X_k im weiteren vorausgesetzt. Einen Sonderfall bilden Fuzzy-Informationssysteme, die aufgrund ihrer Definition grundsätzlich eine vollständige Datenbasis der Eingangs-Fuzzy-Mengen besitzen. Für die Ausgangs-Fuzzy-Mengen B_i gelten diese Einschränkung nicht.

7.3 Vervollständigungsmethoden in Fuzzy Control

In den vorherigen Kapiteln wurden unterschiedliche Definitionen von Vollständigkeit eines Fuzzy-Blockes gegeben. Hierbei ist besonders auf den Unterschied zwischen vollständiger Regelbasis und vollständiger Verknüpfungsvorschrift des Fuzzy-Blockes zu achten. Ein Fuzzy-Block ist nur dann ohne Restriktionen an die Eingangsgrößen einsetzbar, wenn seine Verknüpfungsvorschrift vollständig ist. In der Praxis von Fuzzy Control ist dies jedoch nicht immer zu gewährleisten, weshalb verschiedene Methoden vorgestellt werden, die das Problem der unvollständigen Verknüpfungsvorschriften lösen oder umgehen. In Abb. 7.2 sind die unterschiedlichen Methoden gegenübergestellt. Die einzelnen Methoden werden in den folgenden Kapiteln detailliert behandelt. Ein praktischer Vergleich dieser Methoden am Beispiel eines invertierten Pendels ist in Kapitel 8 gegeben.

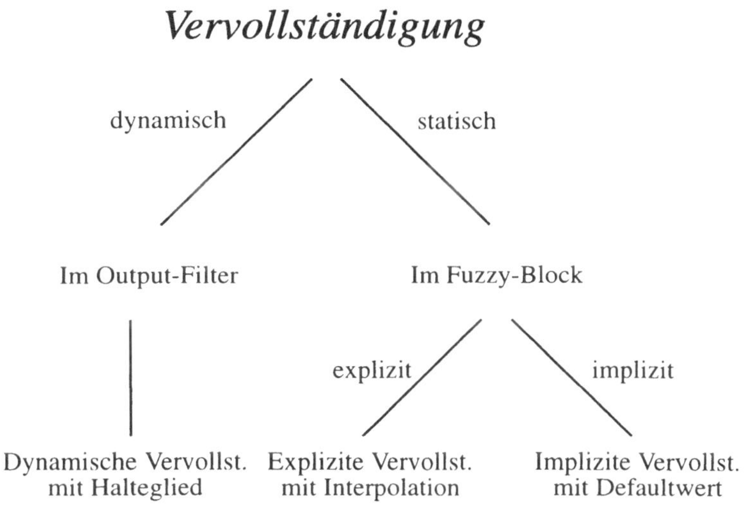

Vervollständigung

dynamisch — statisch

Im Output-Filter — Im Fuzzy-Block

explizit — implizit

Dynamische Vervollst. mit Halteglied — Explizite Vervollst. mit Interpolation — Implizite Vervollst. mit Defaultwert

Abb. 7.2: Vervollständigungsmethoden in Fuzzy Control

7.3.1 Dynamische Vervollständigung

Bei dynamischer Vervollständigung wird beim Eintritt der Eingangsgrößen in einen undefinierten Bereich des Fuzzy-Blockes der zuletzt definierte Ausgangswert c des Fuzzy-Blockes beibehalten. Dieser Ausgangswert wird solange verwendet, bis die Eingangsgrößen wieder in einen Bereich eintreten, der durch die Verknüpfungsvorschrift des Fuzzy-Blockes definiert ist. Aufgrund der Abhängigkeit des Ausgabewertes von dem Verlauf der Eingangsgrößen wird diese Vervollständigungsmethode als dynamische Vervollständigungsmethode bezeichnet. Die Verknüpfungsvorschrift des Fuzzy-Blockes bleibt weiterhin unvollständig. Die dynamische Vervollständigung ist somit keine Vervollständigungsmethode, welche die Verknüpfungsvorschrift $F(\underline{x})$ eines Fuzzy-Blockes vervollständigt. Sie ist nur im Zusammenhang mit dem dynamischen Verhalten eines Fuzzy Controllers durchführbar.

Die dynamische Vervollständigung wird durch ein Halteglied im Ausgangs-Filter realisiert. Das Halteglied konserviert den letztgültigen Ausgangswert eines Fuzzy-Blockes bis zum Wiederauftreten eines definierten Ausgangswertes. Nach der

Definition 7.3 ist ein Ausgabewert eines Fuzzy-Blockes gültig, wenn der Erfülltheitsgrad $E_i(\underline{x})$ mindestens einer Regel R_i größer Null ist ($E_i(\underline{x})>0$). Mathematisch gesehen ist der Wert des Ausgangs des Fuzzy-Blockes nicht definiert, wenn der Erfülltheitsgrad gleich Null ist ($E_i(\underline{x})=0$). In technischen Systemen werden auch in diesem Fall immer Ausgaben erfolgen. Dieser Ausgabewert in den undefinierten Bereichen des Fuzzy-Blockes wird Defaultwert *nil* in technischen Systemen genannt. Der Defaultwert *nil* hängt von der technischen Realisierung des Fuzzy-Blockes ab und kann bei manchen Softwaretools eingestellt werden [Inform 91], [Kahlert 93], [Matrix$_x$ 91]. Der Wert *nil* kann zur Ansteuerung eines Haltegliedes im Ausgangs-Filter verwendet werden. In Abb. 7.3 ist das Strukturbild einer dynamischen Vervollständigung bestehend aus Umschalter und Speicherglied gegeben. Der Umschalter schaltet bei dem Wert *nil* auf den gespeicherten Wert des Output-Filters, ansonsten wird der Ausgangswert des Fuzzy-Blockes *c* auf den Output-Filter geleitet. In der Theorie der Abtastsysteme wird das Speicherglied durch die $\mathfrak{Z}$-Übertragungsfunktion $G_s(z)=z^{-1}$ modelliert. Dies entspricht der Speicherung des letzten Abtastwertes.

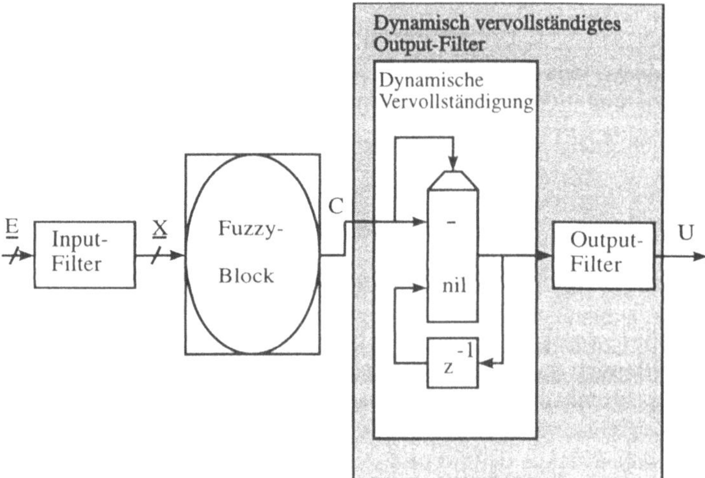

Abb. 7.3: Dynamische Vervollständigung

Durch die dynamische Vervollständigung ergeben sich keine eindeutigen Kennlinien- bzw. Kennfeldcharakteristiken für den Fuzzy Controller. Das Verhalten solcher Fuzzy Controller ähnelt konventionellen Reglern mit Hysterese-Eigenschaften.

In der regelungstechnischen Praxis wird die dynamische Vervollständigung aufgrund ihrer einfachen Realisierbarkeit sehr häufig eingesetzt. Die dynamische Vervollständigung hat jedoch die folgenden Nachteile.

- Der Defaultwert *nil* des Fuzzy-Blockes bleibt weiterhin im mathematischen Sinne undefiniert und hängt von der technischen Realisierung des Fuzzy-Blockes ab.
- Die Vervollständigung hängt von der Dynamik des gesamten Systems (Regelkreis) ab, und es ergeben sich Hysterese-ähnliche Effekte.
- Es besteht ein Initialisierungsproblem, wenn sich die Eingangsgrößen des Fuzzy Controllers zu Beginn des Regelbetriebes in einem undefinierten Bereich befinden.

7.3.2 Statische Vervollständigung

Die statische Vervollständigung findet im Gegensatz zu der dynamischen Vervollständigung ausschließlich im statischen Teil (Fuzzy-Block) des Fuzzy Controllers statt. Hierbei sind wiederum zwei Methoden, die explizite und die implizite Vervollständigung, zu unterscheiden.

7.3.2.1 Implizite Vervollständigung

Wie bereits in Kapitel 7.3.1 erläutert, definiert der Fuzzy-Block in den undefinierten Bereichen mathematisch gesehen keinen Ausgabewert. Jedes technische System liefert aber einen Ausgabewert (Defaultwert) *nil*. Durch die technische Realisierung eines unvollständigen Fuzzy-Blockes findet somit eine implizite Vervollständigung mit dem Defaultwert *nil* statt. Der Entwickler eines Fuzzy-Controllers kann die implizite Vervollständigung bei dem Entwurf einer Regelbasis zur Auslassung von Regeln verwenden, wenn der Fuzzy-Block in bestimmten Bereichen den Defaultwert *nil* annehmen soll.

Die implizite Vervollständigung besitzt jedoch einige signifikante Nachteile.

- Der Defaultwert *nil* erscheint nicht in der Regelbasis des Fuzzy-Blockes. Hierdurch besteht die Gefahr, daß die Regelbasis als unvollständig und damit als falsch interpretiert wird, obwohl der Entwickler den Defaultwert *nil* für den undefinierten Bereich impliziert.

- Die Verknüpfungsvorschrift $F(\underline{x})$ des Fuzzy-Blockes hängt stark von der technischen Implementierung des Fuzzy Controllers ab, da der Defaultwert *nil* auf unterschiedlichen technischen Systemen verschieden sein kann. Hierdurch ergeben sich Portierungsprobleme der Regelbasis zwischen technischen Systemen.

Wenn möglich sollte die implizite Vervollständigung zu Gunsten anderer Vervollständigungsmethoden wie die explizite Vervollständigung vermieden werden.

In Abb. 7.4 ist das Strukturbild zur Anpassung des Defaultwertes *nil* an einen beliebig vorgebbaren Ausgangswert c_{nil} abgebildet, wobei $c_{nil} \in \boldsymbol{C}$ ist.

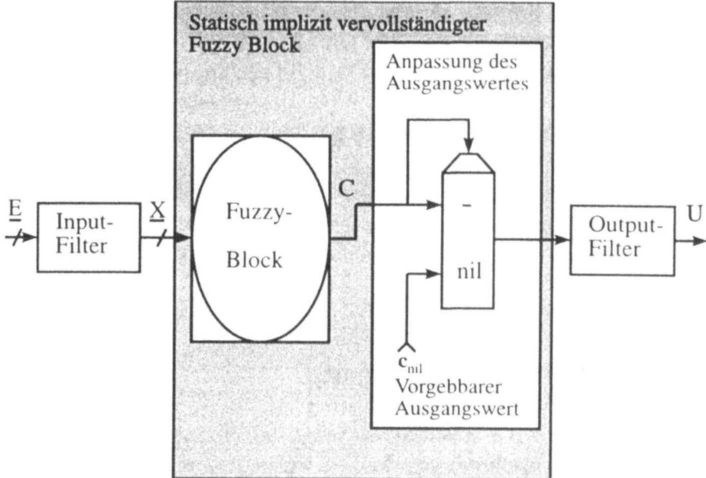

Abb. 7.4: Implizite Vervollständigung

7.3.2.2 Explizite Vervollständigung

Die explizite Vervollständigung ist eine Methode, die aus der *RIP*-Methode in Kapitel 5 abgeleitet ist. Das Grundprinzip der expliziten Vervollständigung besteht darin, daß fehlende Regeln einer unvollständigen Fuzzy-Regelbasis über Interpolation bzw. Extrapolation berechnet werden. Wie bei der Vervollständigung in der *RIP*-Methode eignet sich hierfür die Shepard-Interpolation. Die explizite Vervollständigung generiert neue Regeln. Das bedeutet, daß fehlende Verknüpfungen von Eingangs- und Ausgangs-Fuzzy-Mengen bestimmt werden. Der Ablauf der expliziten Vervollständigung ist in Abb. 7.5 dargestellt.

Zu Beginn werden alle Fuzzy-Mengen des Fuzzy-Blockes in scharfe bzw. eindeutige Werte abgebildet. Dies betrifft sowohl die Eingangs- $\boldsymbol{A}_{k,i\_k}$ als auch die Ausgangs-Fuzzy-Mengen $\boldsymbol{B}_i$. Hierfür gibt es mehrere Möglichkeiten. Eine Möglichkeit besteht darin, den maximalen Wert der betreffenden Fuzzy-Mengen zu benutzen. Eine andere Möglichkeit besteht darin, gängige Defuzzification-Methoden wie die *COA*-Methode auf die Fuzzy-Mengen anzuwenden, um auf diese Art scharfe Werte abzuleiten. Somit wird wie bei der *RIP*-Methode jede Regel R_i einer Fuzzy-Regelbasis in Stützpunkte P_i eines Hyperraumes umgesetzt (Gl. 7.2).

$$R_i \rightarrow P_i = (x^s_{1,i},...,x^s_{m,i},c^s_i) \qquad (7.2)$$

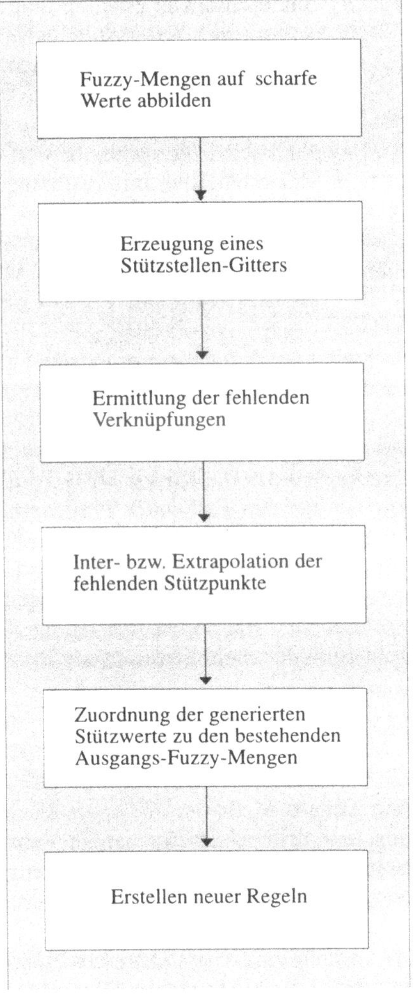

Abb. 7.5: Explizite Vervollständigung

Die Fehlstellen des so erzeugten Stützstellen-Gitters können nun einfach detektiert werden. Die fehlenden Stützwerte[1] $c^f_1,...,c^f_v$ der unbelegten Stützstellen eines Cartesischen Gitters können über die Shepard-Interpolation berechnet werden. Hierdurch ergibt sich ein vollständig besetztes Cartesisches Gitter, was einer vollständigen Regelbasis entspricht. Zur Formulierung der neuen Regeln müssen die berechneten Stützwerte $c^f_1,...,c^f_v$ wieder auf die bestehenden Ausgangs-Fuzzy-Mengen $\boldsymbol{B}_i$ zurück abgebildet werden, oder es müssen neue Ausgangs-Fuzzy-Mengen $\boldsymbol{B}^f_i$ gebildet werden. Sind die Ausgangs-Fuzzy-Mengen $\boldsymbol{B}_i$ Singletons, dann können die Stützwerte $c^f_1,...,c^f_v$ direkt als Ausgangs-Fuzzy-Mengen verwendet werden. Wenn die Ausgangs-Fuzzy-Mengen $\boldsymbol{B}_i$ keine Singletons sind, ist diese Abbildung nicht eindeutig. Am einfachsten und anschaulichsten ist eine Zuweisung der berechneten Stützwerte $c^f_1,...,c^f_v$ zu den

[1] Der hochgestellte Index "f" soll auf die fehlenden Stützwerte hinweisen.

Ausgangs-Fuzzy-Mengen B_i, deren scharfe Werte c_i^s den berechneten Stützwerten $c^f_1,...,c^f_v$ am nächsten liegen.

Die explizite Vervollständigung besitzt die folgenden Vorteile.

- Die Verknüpfungsvorschrift F des Fuzzy-Blockes wird vervollständigt.
- Es besteht kein Initialisierungsproblem wie bei der dynamischen Vervollständigung.
- Die Vervollständigung ist völlig unabhängig von der technischen Implementierung des Fuzzy Controllers.

Nachteilig ist, daß diese Vervollständigungsmethode komplexere Berechnungen als die dynamische oder die implizite Vervollständigung benötigt.

Das Grundprinzip der expliziten Vervollständigung wird in ähnlicher Form auch in [Teodorescu 1/93], [Kóczy 2/93] vorgeschlagen. Jedoch sind die Lösungsansätze dort nur für den Fall einer Eingangsgröße des Fuzzy-Blockes realisiert worden. Fuzzy-Blöcke mit mehreren Eingangsgrößen wurden dort nicht untersucht, da die dort verwendeten Interpolationen nicht direkt auf den mehrdimensionalen Fall portierbar sind. Der Vorteil der obigen Methoden gegenüber den in der Literatur beschriebenen Methoden liegt in der Verwendung der Shepard-Interpolation, die problemlos für mehrdimensionale Problemstellungen anwendbar ist.

7.3.3 Fuzzy-Mengen mit maximalem Einzugsbereich

Eine weitere Methode, um einen Fuzzy-Block mit einer vollständigen Verknüpfungsvorschrift zu erzielen, ist die Verwendung von Eingangs-Fuzzy-Mengen A_{k,i_k}, deren Support gleich ihrer Basismenge X_k ist (Gl. 7.1). Solche Fuzzy-Mengen besitzen einen maximalen Einzugsbereich.

Die Verknüpfungsvorschrift eines Fuzzy-Blockes ist vollständig, sobald mindestens eine Regel R_i mit Eingangs-Fuzzy-Mengen A_{k,i_k} verwendet wird, deren Supports gleich der Basismengen X_k der Eingangsgrößen sind. Dies ist sofort einsichtig, da eine solche Regel R_i den gesamten Bereich $X_1 \times ... \times X_m$ der Eingangsgrößen als Einzugsbereich überdeckt. Die Regel ist somit für den gesamten Einzugsbereich aktiv. Abb. 7.1 gibt hierfür ein Beispiel bei Verwendung von Fuzzy-Mengen mit gaußförmigen Zugehörigkeitsfunktionen an.

Neben dem Vorteil der einfachen Gewährleistung einer vollständigen Verknüpfungsvorschrift besitzen Eingangs-Fuzzy-Mengen mit maximalem Einzugsbereich die folgenden Nachteile.

- Jede Regel ist über dem gesamten Bereich $X_1 \times ... \times X_m$ der Eingangsgrößen aktiv. Die Regeln haben keine räumlich-lokale Beschränkung.
- Sind die Überlappungen der Zugehörigkeitsfunktionen sehr groß, dann sind die Auswirkungen von Regeländerungen aufgrund der Wechselwirkung der Regeln nicht mehr transparent.
- Einige Fuzzy-Tools ermöglichen keine Fuzzy-Mengen mit z.B. gaußförmigen Zugehörigkeitsfunktionen.
- Der Rechenaufwand ist groß.
- Die generierte Verknüpfungsvorschrift tendiert für Eingangs-Fuzzy-Mengen mit starker Überlappung zu einem mittleren Ausgangswert.

7.4 Vervollständigungsmethoden bei einer Eingangsgröße

Bevor in Kapitel 8 die Kennflächen und das Regelverhalten der unterschiedlichen Vervollständigungsmethoden am Beispiel des invertierten Pendels untersucht werden, sollen in diesem Kapitel an einer einfachen Regelbasis (Gl. 7.3) mit einer Eingangs- und Ausgangsgröße die Kennlinien der unterschiedlichen Vervollständigungsmethoden gegenübergestellt werden. Das Übertragungsverhalten des Fuzzy-Blockes bzw. des Fuzzy Controllers kann bei nur einer Eingangs- und einer Ausgangsgröße durch eine Kennlinie dargestellt werden. Es ist die Regelbasis in Gl. 7.3 mit den linguistischen Werten bzw. Zugehörigkeitsfunktionen in Abb. 7.6 gegeben. Die in Abb. 7.6 gestrichelte Fuzzy-Menge *PS* der Ausgangsgröße *C* ist nicht *a priori* definiert, sondern wird erst durch die explizite Vervollständigung generiert.

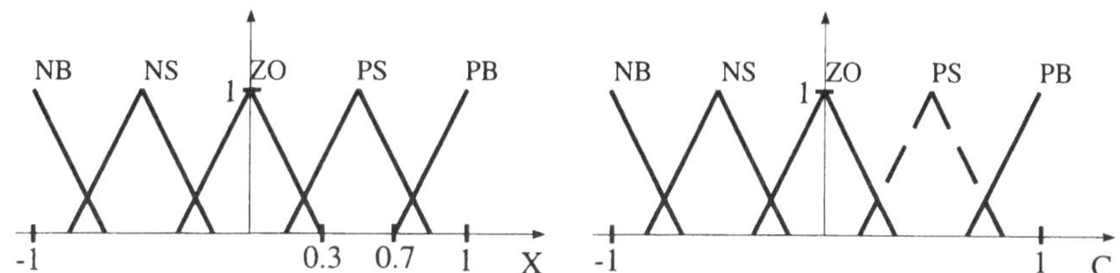

Abb. 7.6: Linguistische Werte und Fuzzy-Mengen

Regelbasis:

$$\begin{aligned} R_1&: \text{ if } X{=}NB \text{ then } C{=}NB \\ R_2&: \text{ if } X{=}NS \text{ then } C{=}NS \\ R_3&: \text{ if } X{=}ZO \text{ then } C{=}ZO \\ R_4&: \text{ if } X{=}PB \text{ then } C{=}PB \end{aligned} \tag{7.3}$$

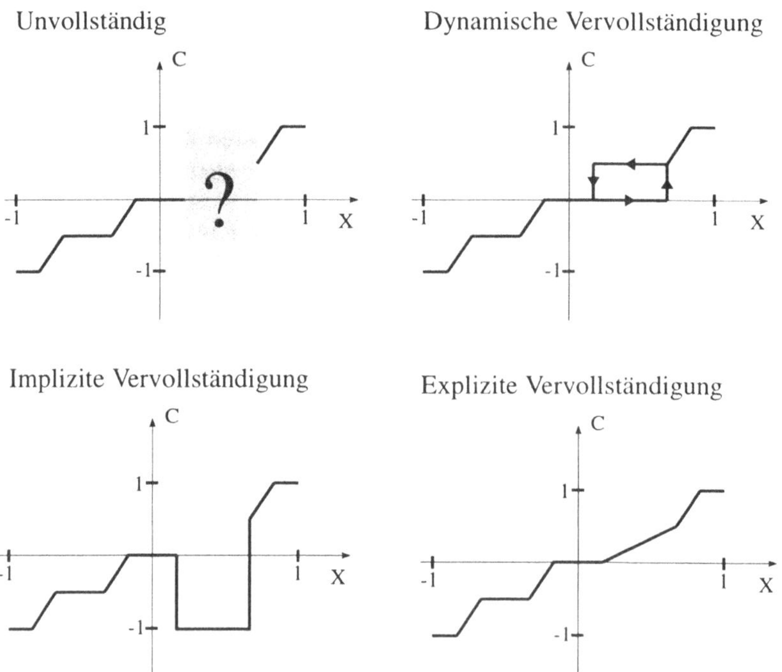

Abb. 7.7: Kennlinien von vervollständigten Fuzzy-Blöcken bzw. Fuzzy Controllern

Aus der Regelbasis in Gl. 7.3 ist zu erkennen, daß für den Fall $X=PS$ keine Regel definiert ist. Deshalb ist für Eingangswerte zwischen 0.3 und 0.7 keine Regel R_i aktiv und somit das Übertragungsverhalten unvollständig definiert, wie in Abb. 7.7 oben links dargestellt. In Abb. 7.7 sind schematisch die Kennlinien der unterschiedlichen Vervollständigungsmethoden gegenübergestellt. Bei der impliziten Vervollständigung wird als Default-Ausgangswert der Wert nil=-1 angenommen. Der untere Ausgangswert "-1" der Ausgangs-Basismenge wird bei vielen Fuzzy

Tools als Default-Ausgangswert *nil* verwendet, was in diesem Fall natürlich nicht sinnvoll ist. Vorteil der dynamischen und expliziten Vervollständigung ist, daß der Ausgangswert innerhalb der durch die Randbereiche des undefinierten Bereiches vorgegebenen maximalen und minimalen Schranken bleibt. Bei der dynamischen Vervollständigung ist deutlich die Hysterese in dem undefinierten Bereich erkennbar. Welche Vervollständigungs-Methode am sinnvollsten ist, hängt von dem jeweiligen Anwendungsfall und den Anforderungen an den Regelkreis ab. In Kapitel 9 wird dies eingehender untersucht. Die Auswirkungen der unterschiedlichen Vervollständigungsmethoden können anhand der Abb. 7.7 abgeschätzt werden.

Es sei noch darauf hingewiesen, daß ein *RIP* Controller mit einer Regelbasis nach Gl. 7.3 eine Kennlinie wie ein Fuzzy Controller bei expliziter Vervollständigung erzeugt (Abb. 7.7). In *RIP* Control ergeben unvollständige Regelbasen aufgrund der automatischen Vervollständigung in jedem Fall einen Controller mit einer vollständigen Verknüpfungsvorschrift. Wie in diesem Kapitel gezeigt wurde, trifft dies bei Fuzzy Control ohne geeignete Vervollständigungsmethoden nicht immer zu.

Kapitel 8

Hybride Systeme

Dieses Kapitel befaßt sich mit der Kombination und den Gemeinsamkeiten von *RIP*-Systemen, Fuzzy-Systemen und Neuronalen Netzen. *Interpolative Reasoning* wird als übergeordneter Begriff für *RIP*- und Fuzzy Methoden vorgestellt. Ein Exkurs in das Gebiet der künstlichen Neuronalen Netze (*KNN*) zeigt, wie die Lernfähigkeit der *KNN* mit wissensbasierten Methoden (*RIP* und Fuzzy) kombiniert werden kann. Solche Kombinationen werden unter den Schlagworten *Neuro-Fuzzy* und *Neuro-RIP* vorgestellt. Es werden Einschränkungen der Freiheitsgrade aufgezeigt, mit denen identische Verknüpfungsvorschriften in *RIP*- und Fuzzy Control erzeugt werden können. Die Vor- und Nachteile hybrider und adaptiver Controller-Strukturen zur Reduktion der Komplexität der Regelbasen werden beleuchtet. Eine Betrachtung der Stabilität solcher Regelkreise zeigt nochmals die enge Verwandtschaft von *RIP*- und Fuzzy Control mit der nicht-linearen Regelungstechnik. Abschließend werden die Darstellungsform und der Informationsgehalt wissensbasierter Regelbasen diskutiert.

8.1 Interpolative Reasoning

In einigen Veröffentlichungen wird die Verwandtschaft von Fuzzy-Methoden, Neuronalen Netzen und Interpolationen hervorgehoben z.B. [Grauel 95], [Johansson 2/94], [Dubois 92], [Kóczy 93], [Kóczy 2/92], [Zadeh 1/92]. Zadeh schreibt:

... Interpolation plays a central role in both neural network theory and fuzzy logic. Interpolation and learning from examples involve the construction of a model of a system from the knowledge of a collection of input-output pairs. In neural networks, researchers often assume a feedforward multilayer network as an approximation framework and modify it with, say, the backpropagation gradient-descent algorithm. In the case of fuzzy systems, we usually assume the input-output pairs have the structure of if-then rules that relate linguistic or fuzzy variables whose values are words (fuzzy sets) instead of numbers. Linguistic variables

facilitate interpolation by allowing an approximate match between the input and the antecedents of the rules. ...[Zadeh 1/92].

Zadeh stellt somit fest, daß Interpolationen bzw. Approximationen in Fuzzy-Systemen und Neuronalen Netzen eine zentrale Rolle spielen. Dies entspricht dem Grundprinzip der *RIP*-Methode, welche direkt Interpolationsverfahren verwendet, um eine approximative Zuweisung festzulegen. Ein zentraler Unterschied zwischen *RIP*- und Fuzzy-Methoden besteht in der Modellierung der linguistischen Werte; entweder als klassische Mengen oder als Fuzzy-Mengen. Ähnlich wie Zadeh folgert Dubois [Dubois 92], daß das Schließen in Fuzzy Control auch Interpolationen modelliert. Dies kann an einem einfachen und anschaulichen Beispiel erläutert werden. Gegeben sei die folgende Regelbasis in Gl. 8.1, wobei die linguistischen Werte durch dreieckförmige Zugehörigkeitsfunktionen beschrieben werden (Abb. 8.1). Die μ-Achse in Abb. 8.1 bildet die Zugehörigkeitsgrade bzw. die Erfülltheitsgrade der Regeln auf die Zugehörigkeitsfunktionen des Ausgangs ab.

Regelbasis:

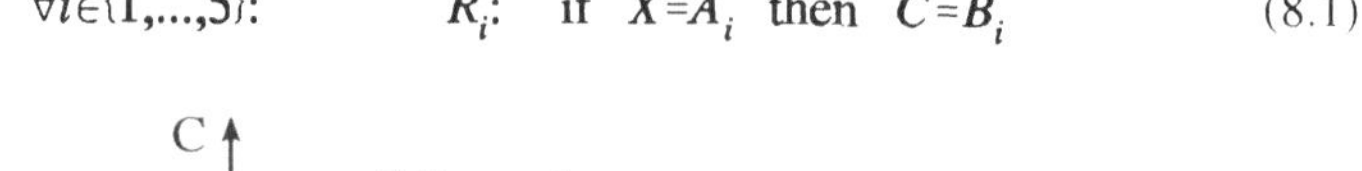

$$\forall i \in \{1,\ldots,5\}: \qquad R_i: \text{ if } X = A_i \text{ then } C = B_i \qquad (8.1)$$

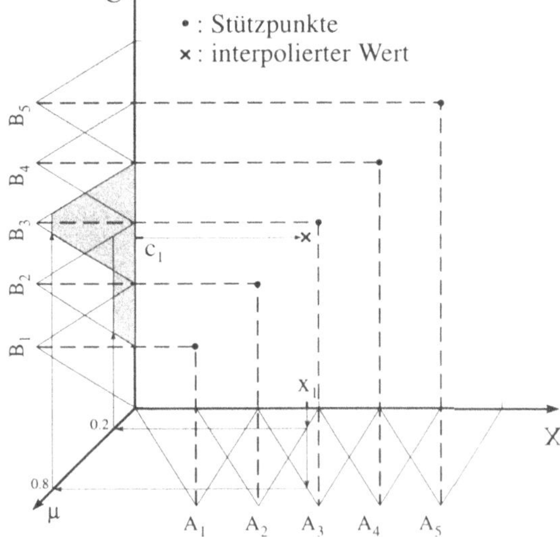

Abb. 8.1: Interpretation der Fuzzy-Methode als Interpolation von Stützstellen

Die Fuzzy-Regelbasis aus Gl. 8.1 kann als eine Menge von Stützpunkten interpretiert werden, die jeweils in den Extremwerten der Zugehörigkeitsfunktionen lokalisiert sind. In Abb. 8.1 ist dies exemplarisch für eine Eingangs- und Ausgangsgröße unter Verwendung der *COA*- bzw. *COG*-Defuzzification-Methode skizziert. Alle Zwischenpunkte wie z.B. (x_l, c_l) werden über den Fuzzy-Algorithmus unter Beachtung der Zugehörigkeitsfunktionen interpoliert. Die Zugehörigkeitsfunktionen $\mu_{A\_i}(x)$ der Eingangsgröße X repräsentieren die Einzugsbereiche der betreffenden Stützstellen für die Interpolation. Bei Verwendung der *COG*-Defuzzification-Methode bestimmen die Zugehörigkeitsfunktionen $\mu_{B\_i}(c)$ der Ausgangsgrößen C die gegenseitige Gewichtung G_i der einzelnen Stützpunkte bei der Interpolation. Die Gewichtung G_i eines Stützpunktes ergibt sich aus der Fläche unter der betreffenden Zugehörigkeitsfunktion $\mu_{B\_i}(c)$.

$$\forall i \in \{1,...,n\}: \qquad G_i = \int_{c \in C} \mu_{B_i}(c)\, dc \qquad (8.2)$$

In Abb. 8.1 sind die Gewichtungsfaktoren aufgrund der symmetrischen Zugehörigkeitsfunktion $\mu_{B\_i}(c)$ gleich.

Der Fuzzy-Algorithmus ist somit vergleichbar mit Interpolationen, die auf Stützstellen mit einer räumlich begrenzten oder räumlich abnehmenden Wirkung und einer Vielzahl weiterer Einstellungsparameter operieren. Der Fuzzy-Algorithmus zeigt bei Verwendung nicht mehrfachüberlappender Zugehörigkeitsfunktionen der Eingangs-Fuzzy-Mengen (z.B Dreieck) ähnliche Eigenschaften wie eine lokale Interpolation. Bei gaußförmigen Zugehörigkeitsfunktionen ergeben sich Effekte wie bei globalen Interpolationen, da der Support der Eingangs-Fuzzy-Mengen gleich der betreffenden Basismenge ist. Die Effekte hängen bei gaußförmigen Zugehörigkeitsfunktionen stark von der Einstellung der Standardabweichung ab.

Aufgrund der zuvor erläuterten Verwandtschaft von Fuzzy-Methoden mit Interpolationen wird in einigen Veröffentlichungen der Begriff Interpolative Reasoning verwendet [Kacprzyk 93], [Kóczy 1/93], [Dubois 92], [Zadeh 3/92]. Interpolative Reasoning kann als ein gemeinsames Prinzip für *RIP*- und Fuzzy-Methoden angesehen werden, wobei innerhalb von *RIP*-Methoden der Bezug zu Interpolative Reasoning aufgrund der direkten Verwendung von Interpolationen unmittelbarer als bei Fuzzy-Methoden ist.

8.2 Neuronale Netze

In diesem Kapitel werden die Zusammenhänge und die Berührungspunkte von *RIP*- und Fuzzy Control mit den künstlichen Neuronalen Netzen herausgestellt. Die künstlichen Neuronalen Netze (*KNN*) sind stark vereinfachte technische Abbilder von Nervensystemen wie sie im menschlichen Gehirn zu finden sind [Ritter 90], [Nauck 94]. Ziel der *KNN* ist die Nachbildung der Informationsverarbeitung des menschlichen Gehirns auf Computern, mit dem Ziel, leistungs- und lernfähige Systeme zu entwickeln.

Der Grundbaustein eines *KNN* ist das Neuron, welches über Verbindungsleitungen mit anderen Neuronen verknüpft ist. Das Neuron in einem *KNN* ist ein Knoten, der mehrere Eingangssignale als gewichtete Summe s über eine in der Regel nichtlineare Schwellenfunktion $f(s)$, die allgemein als Transfer- oder Aktivierungsfunktion bezeichnet wird, in ein Ausgangssignal umsetzt [Preuß 1/94]. Der Einfluß der Eingänge auf den Ausgang kann durch Parameter bzw. Gewichtungsfaktoren g_i eingestellt werden. In Abb. 8.2 ist die Grundstruktur eines Neurons abgebildet.

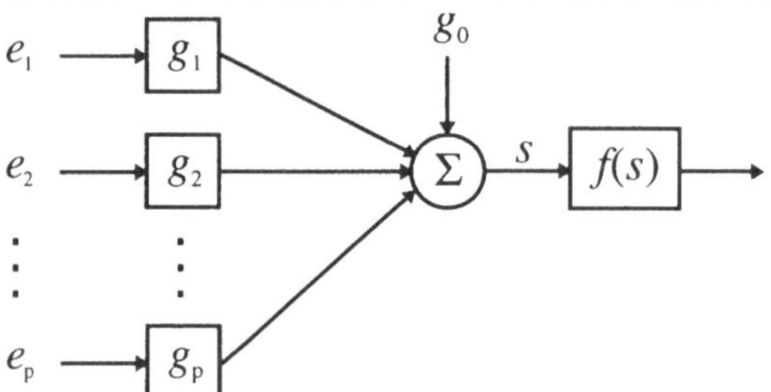

Abb. 8.2: Grundstruktur eines Neurons

In der Theorie der *KNN* existieren verschiedene Netzstrukturen, die sich durch unterschiedliche Schichten (Layer) und unterschiedliche Verbindungen der Neuronen (Knoten) unterscheiden. In der technischen Praxis weitverbreitet sind die Multilayer-Perceptron-Netze (*MLP*), welche aus mehreren hintereinanderliegenden Schichten von Neuronen bestehen. In der Regel haben die *MLP*-Netze neben einer Eingangs- und Ausgangsschicht nur eine einzige versteckte Zwischenschicht (Hidden Layer). Alle Verbindungen der unterschiedlichen Schichten sind vorwärtsgerichtet, und es existieren keine Rückkopplungen von einer Schicht auf eine weiter vorn gelegene Schicht (Abb. 8.3).

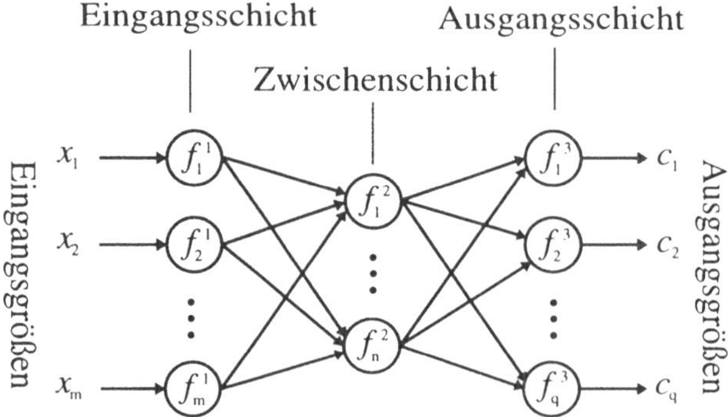

Abb. 8.3: *MLP*-Netz mit drei Schichten

Im Zusammenhang mit *RIP*- und Fuzzy Control sind vor allem die radialen Basisfunktions-Netze (*RBF*-Netze), die ein Sonderfall der *MLP*-Netze bilden, interessant. Die *RBF*-Netze haben lineare Knoten in der Ein- und Ausgangsschicht und eine Zwischenschicht mit radialen Basisfunktions-Knoten (*RBF*). Die Eingangsschicht besteht aus *m* Neuronen, die den Eingangswertevektor $\underline{x}=(x_1,...,x_m)$ auf alle Neuronen der Zwischenschicht verteilt. Die Zwischenschicht enthält *n* Knoten, mit mehrdimensionalen gaußförmigen Übertragungsfunktionen f_i^2 ($i \in \{1,...,n\}$). Aus Übersichtlichkeitsgründen wird im folgenden die Übertragungsfunktion f_i^2 der Zwischenschicht als f_i bezeichnet (Gl. 8.3). Diese Knoten der Zwischenschicht werden *RBF*-Knoten genannt, da ihr Übertragungsverhalten durch *m*-dimensionale Gaußfunktionen f_i bestimmt wird. Die Übertragungsfunktion $f_i(x)$ des *i*-ten *RBF*-Knotens bei nur einer Eingangsgröße x ist in Gl. 8.3 angegeben (m=1).

$$f_i(x) = f_i^2(x) = e^{-\frac{(x - x_i^s)^2}{2\sigma_i^2}} \tag{8.3}$$

Der Parameter x^s_i ist der Wert des Maximums und der Parameter σ_i ist die Standardabweichung der Gaußfunktion (Abb. 8.4). Bei einem *m*-dimensionalen Eingangswertevektor $\underline{x}$ ergibt sich die Übertragungsfunktion $f_i(\underline{x})$ der *RBF*-Knoten aus dem Produkt eindimensionaler Gaußfunktionen $f_{i\_k}(x_k)$, welches aufgrund der Exponentialfunktion als Summation im Exponenten dargestellt werden kann. Die Übertragungsfunktion $f_i(\underline{x})$ eines mehrdimensionalen *RBF*-Knotens ist durch die mehrdimensionale Gaußfunktion (*RBF*)

$$f_i(\underline{x}) = \prod_{k=1}^{m} f_{i_k}(x_k) = e^{-\sum_{k=1}^{m}\frac{(x_k - x_{k,i}^s)^2}{2\sigma_{k,i}^2}} \qquad \text{mit} \quad \underline{x} = (x_1,...,x_m) \tag{8.4}$$

beschreibbar. Hierbei sind die Parameter $x^s_{k,i}$ die Koordinaten des Maximumvektors $\underline{x}^s_i=(x^s_{1,i},...,x^s_{k,i},...,x^s_{m,i})$ und die Parameter $\sigma_{k,i}$ die Standardabweichungen der i_k-ten Basisfunktion der *k*-ten Eingangsgröße. In Abb. 8.5 ist eine zweidimensionale radiale Basisfunktion angedeutet.

Die Ausgangsschicht berechnet die Ausgängsgrößen des Netzes über eine gewichtete Addition der Ausgänge der *n* *RBF*-Knoten unter Verwendung von *n* Gewichtungsfaktoren c^s_i. Die Übertragungsfunktion $F(\underline{x})$ eines *RBF*-Netzes mit *m* Eingängen, einem Ausgang (q=1) und *n* Knoten lautet

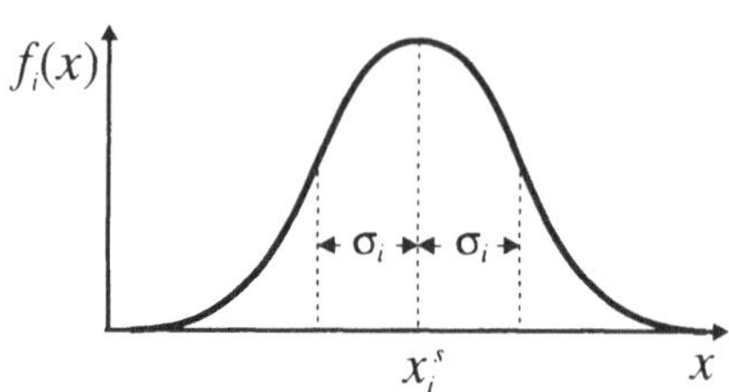

Abb. 8.4: Eindimensionale *RBF*

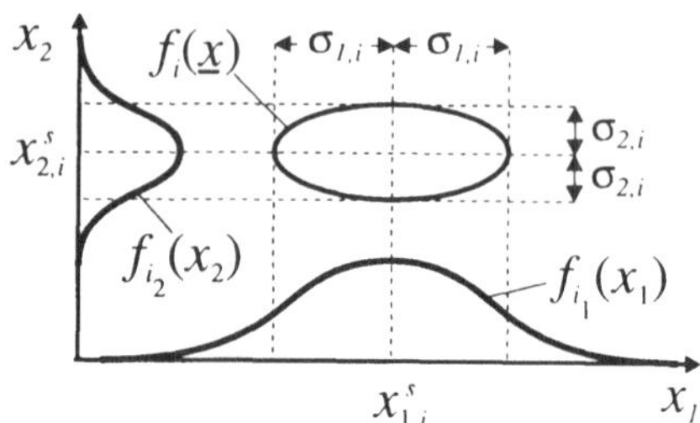

Abb. 8.5: Zweidimensionale *RBF*

$$c = F(\underline{x}) = \sum_{k=1}^{n} f_i(\underline{x}) \cdot c_i^s . \qquad (8.5)$$

RBF-Netze nach Gl. 8.5 werden nicht-normalisierte *RBF*-Netze genannt. Ihre Netzstruktur ist in Abb. 8.6 für einen Ausgang c dargestellt. Bei mehreren Ausgangsgrößen ist Abb. 8.4 entsprechend zu vervielfältigen.

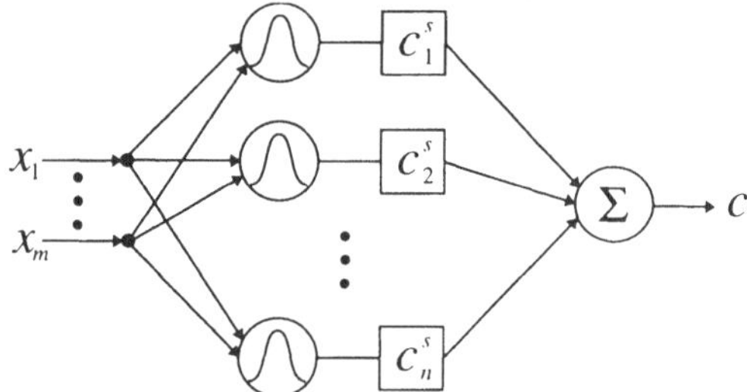

Abb. 8.6: Nicht-normalisiertes *RBF*-Netz

Nicht-normalisierte *RBF*-Netze neigen in den Zwischenbereichen der Maxima $\underline{x}_i^s=(x^s_{1,i},\ldots,x^s_{k,i},\ldots,x^s_{m,i})$ der radialen Basisfunktionen zu einem Durchhängen oder Durchsacken der approximierten Übertragungsfunktion $F(\underline{x})$. Zur Verbesserung dieser nachteiligen Approximationseigenschaft werden vielfach normalisierte *RBF*-Netze eingesetzt. Im Gegensatz zu der gewichteten Addition der nicht-normalisierten *RBF*-Netze nach Gl. 8.5 benützen die normalisierten *RBF*-Netze nach Gl. 8.6 in der Ausgangsschicht einen gewichteten Mittelwert. Die Übertragungsfunktion $F(\underline{x})$ eines normalisierten *RBF*-Netzes mit m-Eingängen und einem Ausgang und n-Knoten lautet

$$c = F(\underline{x}) = \frac{\sum_{i=1}^{n} f_i(\underline{x}) \cdot \kappa_i \cdot c_i^s}{\sum_{i=1}^{n} f_i(\underline{x}) \cdot \kappa_i}, \tag{8.6}$$

In Gl. 8.6 stellen die Parameter κ_i zusätzliche Gewichtungsfaktoren dar. Bei den normalisierten *RBF*-Netzen wird aufgrund des gewichteten Mittelwertes dem Durchhängen in den Zwischenbereichen der Maxima $\underline{x}^s_i=(x^s_{1,i},\ldots,x^s_{m,i})$ entgegengewirkt. Die Struktur eines normalisierten *RBF*-Netzes kann aus Gl. 8.6 abgeleitet werden und ist in Abb. 8.7 dargestellt.

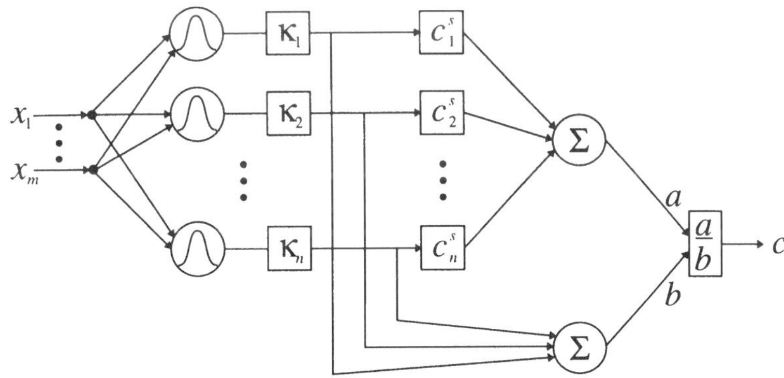

Abb. 8.7: Normalisiertes *RBF*-Netz

In den vorangegangen Kapiteln wurde die allgemeine Struktur von *RBF*-Netzen vorgestellt. Dabei zeigte sich, daß eine große Menge von Gewichtungsfaktoren einzustellen ist. Die Gewichtungsfaktoren werden während einer Lern- bzw. Trainingsphase mit bekannten Trainingsdaten, die das gewünschte Ein- und Ausgangsverhalten des *KNN* verkörpern, sukzessive ermittelt. Die Übertragungsfunktion $F(\underline{x})$ eines *KNN* wird durch die internen Gewichtungsfaktoren festgelegt. Geeignete Gütekriterien und Optimierungsverfahren dienen während der Lernphase zur Einstellung der Gewichtungsfaktoren. Die Trainingsdaten werden hierfür meist mehrmalig auf das *KNN* angewendet, bis das Gütekriterium ausreichend erfüllt ist. Die Parametereinstellung des *KNN* wird maßgeblich durch die verwendeten Trainingsdaten, den Lernalgorithmus und das ausgewählte Gütekriterium bestimmt. Während der Lernphase eines *KNN* spielt deshalb die Wahl geeigneter Trainingsdaten eine entscheidende Rolle. Die Trainingsdaten müssen dabei das Systemverhalten möglichst gut widerspiegeln.

Ein sehr populärer Trainingsalgorithmus zur Bestimmung der Gewichtungsfaktoren ist der (Error-)Backpropagation-Algorithmus [Nauck 94], [Kosko 92], [Rumelhart 86]. Die Idee des Backpropagation-Algorithmus besteht darin, den Fehler, der zwischen den angewendeten Trainingsdaten $\underline{c}^{(i)}$ und den generierten Ausgabedaten $\underline{\hat{c}}^{(i)}$ in einem Lernzyklus entsteht, rückwärts von den Ausgängen des *KNN* in Richtung der Eingänge zu propagieren. Dieser rückwärts-propagierte Fehler dient zur Bestimmung der Fehler der inneren Einheiten und der Gewichtungsfaktoren des *KNN*. Das Ziel ist die Minimierung dieser Fehler durch eine sukzessive Minimierung der Fehlerquadratsumme $E=\sum E_i=1/2\cdot\sum\sum(c_j^{(i)}-\hat{c}_j^{(i)})^2$ aller Ausgänge. Die Minimierung der Fehlerquadratsumme erfolgt dabei durch die Optimierung der Gewichtungsfaktoren unter Verwendung eines Gradientenabstiegs.

Das Übertragungsverhalten eines *RBF*-Netzes besitzt keine Dynamik und kann deshalb durch eine statische Übertragungsfunktion $F(\underline{x})$ beschrieben werden (Gl. 8.6). Dies führt nun zu der Frage, wie und unter welchen Voraussetzungen kann ein *RBF*-Netz in einen *RIP*- oder Fuzzy-Block überführt werden, so daß das Übertragungsverhalten erhalten bleibt? Dies wird in den beiden folgenden Unterkapiteln behandelt. Es wird die gegenseitige Abbildung von *KNN* (*RBF*-Netzen), Fuzzy Controllern und *RIP* Controllern erläutert. In Kapitel 8.2.2 wird eine abschließende Gegenüberstellung der Methoden vorgenommen.

8.2.1 Neuro-Fuzzy

Unter dem Schlagwort *Neuro-Fuzzy* werden Fuzzy-Methoden und künstliche Neuronale Netze (*KNN*) miteinander vereint. Fuzzy-Systeme bieten den Vorteil, daß interpretierbares Expertenwissen direkt über eine Regelbasis in die Verknüpfungsvorschrift eines Fuzzy-Blockes eingebracht werden kann. Im Gegensatz dazu bieten *KNN* den Vorteil, ihr Übertragungsverhalten aufgrund von Lerndaten während einer Trainingsphase selbst zu erlernen bzw. zu optimieren [Kosko 92], [Preuß 94]. Das Expertenwissen eines Fuzzy Controllers ist aufgrund der Darstellung mit linguistischen Werten und Regeln leicht zu interpretieren. Dagegen läßt ein *KNN* keine Interpretation der in ihm gespeicherten Information zu. Da die Nachteile einer Methode durch die Vorteile der anderen eliminiert werden können, verspricht eine geeignete Kombination beider Methoden die Vereinigung der positiven Potentiale. Vor allem die Verbindung des interpretierbaren Expertenwissens eines Fuzzy Controllers mit der Lernfähigkeit eines *KNN* macht den *Neuro-Fuzzy*-Ansatz sehr vielversprechend. Hierfür ist die Überführung eines Fuzzy-Blockes in ein äquivalentes *KNN* und umgekehrt ein zentrales Ziel. Dadurch wird die Initialisierung des *KNN* am Anfang der Lernphase aufgrund des bereits bestehenden Expertenwissens erheblich verkürzt und umgekehrt kann das vorhandene Expertenwissen durch eine nachgeschaltete Trainingsphase verbessert werden. Im folgenden wird gezeigt, unter welchen Voraussetzungen ein Fuzzy-Block und ein

KNN das gleiche Übertragungsverhalten besitzen.

Gegeben sei die Normalform der Regeln nach Gl. 4.1 aus Kapitel 4, wobei die Fuzzy-Menge $\boldsymbol{B}_i$ der Ausgangsgröße ein Fuzzy-Singleton bzw. einen reellen Wert c_i^o darstellt. Die Form der Regeln ist

$$R_i\colon \bigwedge_{k=1}^{m} (X_k = A_{k,i_k}) \Rightarrow C = c_i^o \qquad \text{für } i \in \{1,\dots,n\},\ i_k \in \{1,\dots,\alpha_k\}\ . \tag{8.7}$$

Die Fuzzification ergibt die Erfülltheitsgrade

$$E_{k,i}(x_k) = \mu_{A_{k,i_k}}(x_k) \qquad \text{für} \quad i \in \{1,\dots,n\},\ k \in \{1,\dots,m\},\ i_k \in \{1,\dots,\alpha_k\}. \tag{8.8}$$

Bei Verwendung der Takagi/Sugeno-Inferenz ergibt sich die Verknüpfungsvorschrift

$$c = F(\underline{x}) = \frac{\sum_{i=1}^{n} w_i \cdot c_i^o}{\sum_{i=1}^{n} w_i}\,, \tag{8.9}$$

$$\text{mit} \quad w_i = E_i(\underline{x}) = \prod_{k=1}^{m} E_{k,i}(x_k), \quad x_k \in X_k, \quad c \in C, \quad i \in \{1,\dots,n\}\ .$$

Im Gegensatz zu Kapitel 4.2.5 (Gl. 4.20) sind hier die Funktionen f_i durch die reellen Werte c_i^o in Gl. 8.9 ersetzt. Für den Fall, daß die linguistischen Werte $\boldsymbol{A}_{k,i\_k}$ aller Eingangsgrößen durch gaußförmige Zugehörigkeitsfunktionen

$$\mu_{A_{k,i_k}}(x_k) = f_{i_k}(x_k) = \mathrm{e}^{-\frac{(x_k - x_{k,i}^s)^2}{2\sigma_{k,i}^2}} \qquad \text{mit} \quad \sigma_{k,i} \in \mathbb{R}^+\ , \tag{8.10}$$

modelliert sind und mit der *Produkt*-Aggregation ergibt sich als Erfülltheitsgrad die mehrdimensionale Gaußfunktion

$$f_i(\underline{x}) = \prod_{k=1}^{m} f_{i_k}(x_k) = \mathrm{e}^{-\sum_{k=1}^{m} \frac{(x_k - x_{k,i}^s)^2}{2\sigma_{k,i}^2}} \qquad \text{mit } \underline{x} = (x_1,\dots,x_m)\ . \tag{8.11}$$

Die Gl. 8.11 entspricht der Gl. 8.4 einer mehrdimensionalen Gaußfunktion eines *KNN*. Die Verknüpfungsvorschrift aus Gl. 8.9 kann somit in die folgende Gleichung überführt werden.

$$c = F(\underline{x}) = \frac{\sum_{i=1}^{n} f_i(\underline{x}) \cdot c_i^o}{\sum_{i=1}^{n} f_i(\underline{x})} . \qquad (8.12)$$

Diese Verknüpfungsvorschrift $F(\underline{x})$ des Fuzzy-Blockes gleicht der eines normalisierten *RBF*-Netzes nach Kap. 8.2. In Gl. 8.10 ist $x^s_{k,i}$ die Koordinate des Maximums und $\sigma_{k,i}$ die Standardabweichung der i_k-ten gaußförmigen Zugehörigkeitsfunktion der k-ten Eingangsgröße. Das Fuzzy-Singleton c_i^o in Gl. 8.10 entspricht dem Produkt aus den Gewichtungsfaktoren c^s_i und κ_i des *RBF*-Netzes in Gl. 8.6. Es ist somit möglich Fuzzy-Blöcke und neuronale *RBF*-Netze gegenseitig ineinander zu überführen, mit dem Ziel ihre unterschiedlichen Vorteile zu vereinen.

8.2.2 Neuro-*RIP*

Bisher wurde der Zusammenhang von Fuzzy Control und künstlichen Neuronalen Netzen (*KNN*) untersucht. Wie in Neuro-Fuzzy kann mit Neuro-*RIP* das interpretierbare Expertenwissen eines *RIP*-Blockes durch Umwandlung in ein *KNN* und einer anschließenden Trainingsphase verbessert werden. Die Vorteile des Neuro-Fuzzy-Ansatzes aus Kapitel 8.2.1 gelten im gleichen Maße auch für den Neuro-*RIP*-Ansatz, so daß sie hier nicht nochmals aufgeführt werden. Im weiteren wird nun der Zusammenhang von *KNN* und *RIP* Control aufgezeigt.

Ausgangspunkt ist wiederum die Normalform der Regeln aus Kapitel 5, wobei der Übersichtlichkeit wegen reelle Werte c_i^o in der Konklusion angenommen werden. Die Form der Regeln ist wie folgt.

$$R_i\colon \bigwedge_{k=1}^{m} (X_k = A_{k,i_k}) \Rightarrow C = c_i^o \quad \text{für} \quad i \in \{1,\ldots,n\},\ i_k \in \{1,\ldots,\alpha_k\} \qquad (8.13)$$

Wie bereits beschrieben, werden in einem *RIP*-Block die Regeln R_i in Stützpunkte $(\underline{x}^s_i, c^s_i)$ mit $c^s_i = c^o_i$ umgesetzt, um dann durch Interpolationen eine umfassende Verknüpfungsvorschrift festzulegen. Hierbei wird die Shepard-Interpolation zur Vervollständigung der Stützpunktmenge zu einem Cartesischen Netz verwendet. Wird die Shepard-Interpolation nicht nur zur Vervollständigung, sondern direkt zur Ausfüllung der Stützpunkte verwendet und wird dabei als Gewichtungsfunktion eine gaußförmige Gewichtungsfunktion verwendet, kann die Äquivalenz des *RIP*-Blockes mit einem *KNN* gezeigt werden. Die Verknüpfungsvorschrift $F(\underline{x})$ unter ausschließlicher Verwendung der Shepard-Interpolation mit gaußförmiger Gewichtungsfunktion w_i lautet

$$c = F(\underline{x}) = \frac{\sum_{i=1}^{n} w_i \cdot c_i^s}{\sum_{i=1}^{n} w_i} \qquad \text{mit} \qquad w_i = \kappa_i \cdot e^{-\sum_{k=1}^{m} \frac{(x_k - x_{k,i}^s)^2}{2\sigma_{k,i}^s}} , \quad (8.14)$$

$$\text{und} \qquad \underline{x} = (x_1, \ldots, x_m), \quad \underline{x}_i^s = (x_{1,i}^s, \ldots, x_{m,i}^s).$$

Die Stützpunkte ($\underline{x}^s_i$, c^s_i) in Gl. 8.14 ergeben sich, wie bereits in Kapitel 5 beschrieben. Ein Vergleich der Gl. 8.14 mit den Ergebnissen in den beiden letzten Kapiteln bestätigt, daß die Überführung von neuronalen *RBF*-Netzen, Fuzzy- und *RIP*-Blöcken unter Beibehaltung ihres Übertragungsverhaltens gegenseitig möglich ist, wenn die Freiheitsgrade der Methoden geeignet gewählt werden (Abb. 8.8).

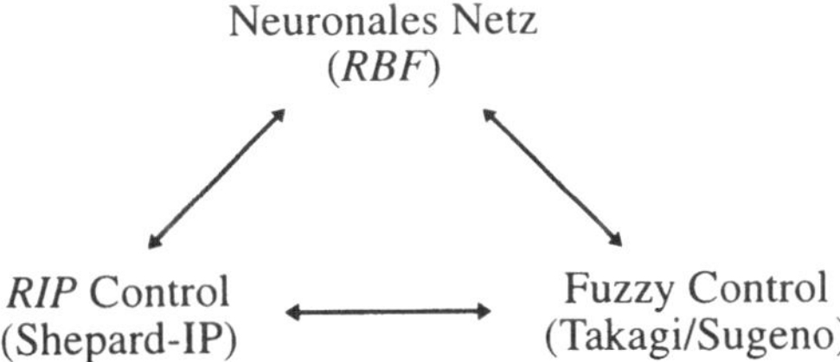

Abb. 8.8: Identität des Übertragungsverhaltens

Die Parameter $x^s_{k,i}$, c^s_i, $\sigma_{k,i}$ der Übertragungsfunktion bzw. Verknüpfungsvorschrift $F(\underline{x})$ sind dabei unterschiedlich zu interpretieren. In Tabelle 8.1 sind die unterschiedlichen Interpretationen der Parameter angegeben. Die Regeln eines *RIP*- bzw. eines Fuzzy Controllers können als Knoten der Zwischenschicht eines *KNN* mit radialen Basisfunktionen interpretiert werden.

Tabelle 8.1: Interpretationen der Parameter

	$x^s_{k,i}$	c^s_i	$\sigma_{k,i}$
RIP	Stützstellen-Koordinate	Stützwert	Standardabweichung einer Gewichtungsfunktionen der Shepard-IP
Fuzzy	Maximum einer Zugehörigkeitsfunktion eines Eingangs	Singleton einer Zugehörigkeitsfunktion eines Ausgangs	Standardabweichung einer Zugehörigkeitsfunktion
KNN	Maximum einer *RBF*	Gewichtungsfaktor einer Verbindung	Standardabweichung einer *RBF*

8.3 Wissensbasierte Kennfeldregler

Das eigentlich Neue an *RIP*- und Fuzzy Control ist die Entwurfsmethode basierend auf linguistischen Werten und Regeln. Statische Verknüpfungsvorschriften, Kennflächen bzw. Kennfelder $F(\underline{x})$ sind in der klassischen Regelungstechnik seit langem unter dem Schlagwort *Kennfeldregler* im Einsatz. Bei den Kennfeldreglern wird die Verknüpfungsvorschrift in tabellarischer Form als *Look-Up-Table* bzw. Kennfeld eingegeben und nicht über eine Regelbasis definiert. Im Gegensatz zu *RIP*- und Fuzzy Control ist die Handhabung klassischer Kennfelder für mehr als zwei Eingangsgrößen nicht mehr übersichtlich. Vor allem aus zwei Gründen werden in der Literatur die *RIP*- und Fuzzy Controller auch in die Klasse der Kennfeldregler eingeordnet.

- Jeder *RIP*- und Fuzzy-Block kann nach seinem Entwurf durch eine statische Verknüpfungsvorschrift bzw. ein Kennfeld beschrieben werden.

- In der automatisierungstechnischen Praxis werden aufgrund von Hardware-Restriktionen häufig direkt die durch den *RIP*- und Fuzzy-Block generierbaren Kennfelder im Speicher des Controllers abgelegt. Eine direkte Abarbeitung der Interpolationsverfahren oder des Fuzzy-Algorithmus ist aufgrund der zur Verfügung stehenden Rechenleistung oftmals nicht möglich.

Es erscheint jedoch sinnvoller, die Controller aufgrund ihrer Entwurfsverfahren zu klassifizieren als sie nach ihrer generierten Verknüpfungsvorschrift (Kennfeld) zu benennen. *RIP*- und Fuzzy Control-Entwurfsverfahren basieren auf Regelbasen und generieren statische Verknüpfungsvorschriften, wobei Unterschiede in der Art der Generierung bestehen. In *RIP* Control werden direkt Interpolationsverfahren und in Fuzzy Control wird der Fuzzy-Algorithmus, bestehend aus Fuzzification, Inferenz und Defuzzification, angewendet. *RIP*- und Fuzzy Controller können somit als *wissensbasierte Kennfeldregler* bezeichnet werden.

Im nächsten Kapitel werden die durch *RIP*- und Fuzzy Control entstehenden Verknüpfungsvorschriften anhand einiger Kennflächen verglichen. Hierbei wird angegeben, unter welchen Voraussetzungen die Verknüpfungsvorschriften der beiden Methoden gleich sind, und wie Kennflächeneigenschaften wie z.B. Linearität oder schaltendes Verhalten sichergestellt werden können.

8.3.1 Kennfelder/Kennflächen

Im Kapitel über Neuronale Netze wurden bereits Einstellungen der Freiheitsgrade eines *RIP*- oder Fuzzy Controllers vorgestellt, mit denen die Verknüpfungsvorschriften der beiden Methoden identisch sind und einem *KNN* mit radialer Basisfunktion entsprechen. Es existieren weitere Einstellungen der Freiheitsgrade, die gleiche Verknüpfungsvorschriften bei *RIP*- und Fuzzy Controllern bewirken. Im folgenden werden einige populäre Einstellungen der Freiheitsgrade vorgestellt.

Eine in der technischen Praxis häufig relevante Eigenschaft eines Controllers ist die Linearität. Wie in Kapitel 5 bereits erläutert wurde, erzeugt ein *RIP*-Block bei Verwendung der multilinearen Interpolation automatisch eine stückweise multilineare Kennfläche, unabhängig von den Parametrisierungs-Freiheitsgraden des *RIP*-Blockes. Bei geeigneter Wahl der Freiheitsgrade kann auch mit einem Fuzzy-Block eine stückweise multilineare bzw. lineare Kennfläche generiert werden [Jüngst 92], [Johansson 94], [Dubois 92], [Grauel 95]. Hierzu müssen jedoch einige Einschränkungen der Parametrisierungs- und der Algorithmus-Freiheitsgrade des Fuzzy-Blockes vorgenommen werden. Als Parametrisierungs-Freiheitsgrade werden meist dreieckförmige Zugehörigkeitsfunktionen, ein Fuzzy-Informationssystem, eine vollständige Regelbasis, identische Gewichtungsfaktoren und gleiche Flächen G_i bzw. Singletons aller Ausgangs-Zugehörigkeitsfunktionen vorausgesetzt. Weiterhin sind die Algorithmus-Freiheitsgrade geeignet zu wählen, wie z.B.

	Fuzzy-Algorithmus-Freiheitsgrade			
Methode	Aggregation	Implikation	Akkumulation	Defuzzification
1. [Jüngst 94]	Produkt	Produkt	Summe	*COA*
2. Kap. 4.2.5	Produkt	Produkt	Summe	*COS*
usw.	...	...	...	...

Die Mißachtung nur einer Einstellung der Freiheitsgrade eines Fuzzy-Blockes genügt, um die Voraussetzungen für eine stückweise multilineare Kennfläche zu durchbrechen. Die Einstellungen der Algorithmus-Freiheitsgrade in Tabelle 8.2 sind notwendige Bedingungen für eine stückweise multilineare Kennfläche. Sie setzen darüber hinaus geeignete Parametrisierungs-Freiheitsgrade voraus. In *RIP* Control kann dies allein schon durch die Wahl der Algorithmus-Freiheitsgrade (multilineare Interpolation) sichergestellt werden. In der Tabelle 8.2 sind exemplarisch die linearen Kennflächen einer Elementarzelle eines *RIP*- und eines Fuzzy-Blockes gegenübergestellt.

Tabelle 8.2: Lineare Kennflächen einer Elementarzelle

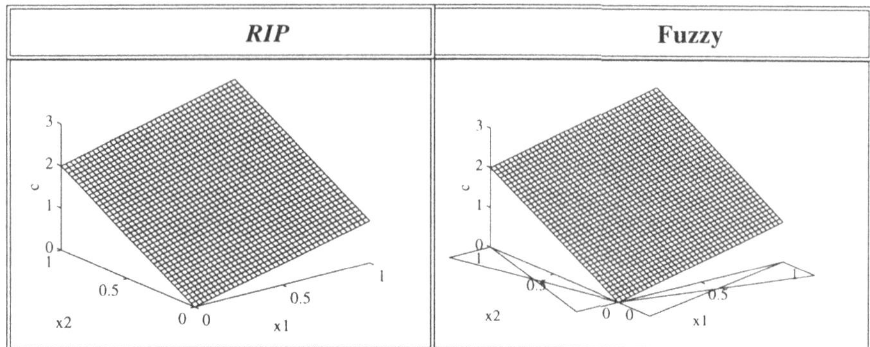

Neben der Linearität existieren noch andere für die Regelungstechnik wichtige Kennfeldeigenschaften. Beispielsweise kann eine "glatte" Kennfläche mit stetiger erster Ableitung erwünscht sein. In *RIP* Control können solche Eigenschaften durch das unterlagerte Interpolationsverfahren sichergestellt werden. In Fuzzy Control kann aufgrund der Vielzahl der Freiheitsgrade der Aufwand für solche Einstellungen der Kennflächeneigenschaften sehr groß werden. Die Einstellung wird dem Anwender überlassen, der die Algorithmus- und Parametrisierungs-Freiheitsgrade selbst geeignet einzustellen hat. Zudem ist bei Fuzzy Control nachteilig, daß bestimmte Kennflächeneigenschaften nicht nur durch eine einzige, sondern durch mehrere verschiedene Einstellungen der Freiheitsgrade erzielt werden können. Dies erschwert einen transparenten Entwurf.

Das Übertragungsverhalten der unterschiedlichen Arten von Experten Controllern wurde bereits in Kapitel 2.5.3 schematisch in einer Tabelle gegenübergestellt. Im folgenden sind exemplarisch die Kennflächen von *RIP*- und Fuzzy Controllern anhand jeweils einer Elementarzelle gegenübergestellt, um die prinzipiellen Einstellmöglichkeiten nochmals an den Kennflächen zu verdeutlichen. In zwei Tabellen (Tab. 8.3 und Tab. 8.4) sind die Ergebnisse aufgezeigt.

In beiden Tabellen werden die *RIP*-Kennflächen durch die Gordon-Coons-Interpolation berechnet, wobei in jeder Zeile der Tabellen unterschiedliche Kantenfunktionen verwendet werden. Die Kantenfunktionen werden durch die vier Stützpunkte (0,0,0), (1,0,1), (0,1,2) und (1,1,3) in den Elementarbereichsecken begrenzt. Im linken-oberen Feld der Tabelle werden schaltende Kantenfunktion zur Interpolation eingesetzt, die jeweils im Mittelpunkt zwischen den Stützpunkten umschalten. Im linken-mittleren Feld werden bereichsweise konstante und im linken-unteren Feld werden fließende Kantenfunktionen verwendet. In Tabelle 8.3 sind die Kantenfunktionen stückweise linear, wogegen in Tabelle 8.4 die Kantenfunktionen in den Stützpunkten horizontale Tangenten haben und relativ "glatt" sind.

Die Fuzzy-Kennfelder in Tabelle 8.3 und Tabelle 8.4 sind durch ihre Freiheitsgrade so eingestellt, daß sie den *RIP*-Kennfeldern ähneln. Die Zugehörigkeitsfunktionen der Eingangsgrößen sind an den Koordinatenachsen der Fuzzy-Kennfelder abgebildet. Die Zugehörigkeitsfunktionen der Ausgangsgrößen wurden so gewählt, daß die Kennfelder in den Eckpunkten der Elementarzellen den *RIP*-Stützwerten entsprechen. Die Algorithmus-Freiheitsgrade der Fuzzy-Blöcke sind wie folgt gewählt.

	Fuzzy-Algorithmus-Freiheitsgrade			
Tabelle	Aggregation	Implikation	Akkumulation	Defuzzification
8.3	Minimum	Produkt	Summe	*COS*
8.4	Minimum	Minimum	Maximum	*COA*

Tabelle 8.3: Kennfelder mit linearen Kantenfunktionen

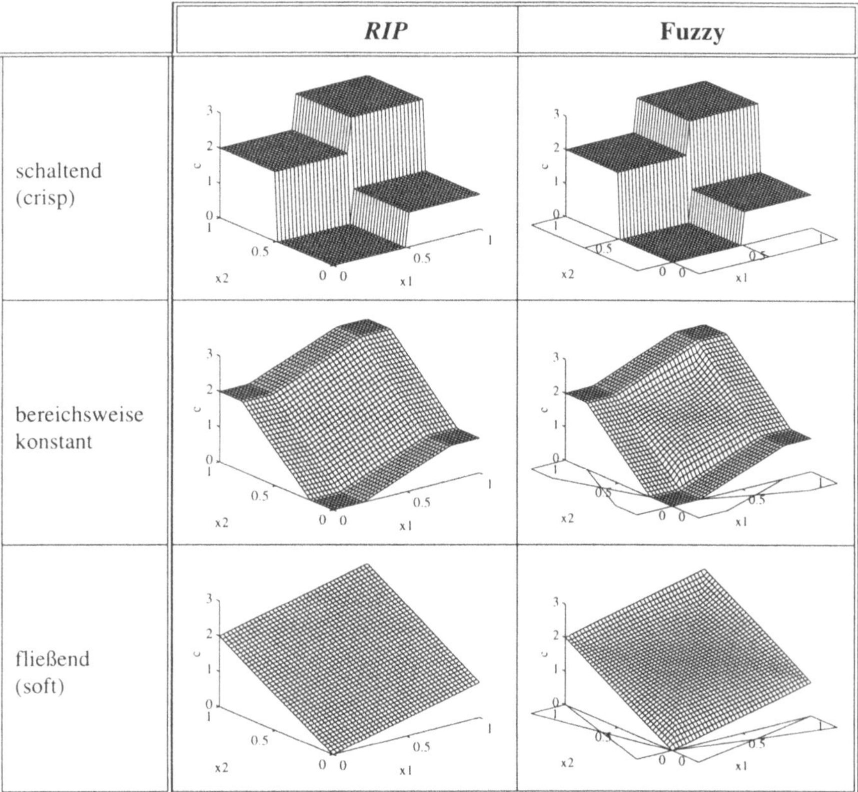

Tabelle 8.4: Kennfelder mit "geschwungenen" Kantenfunktionen

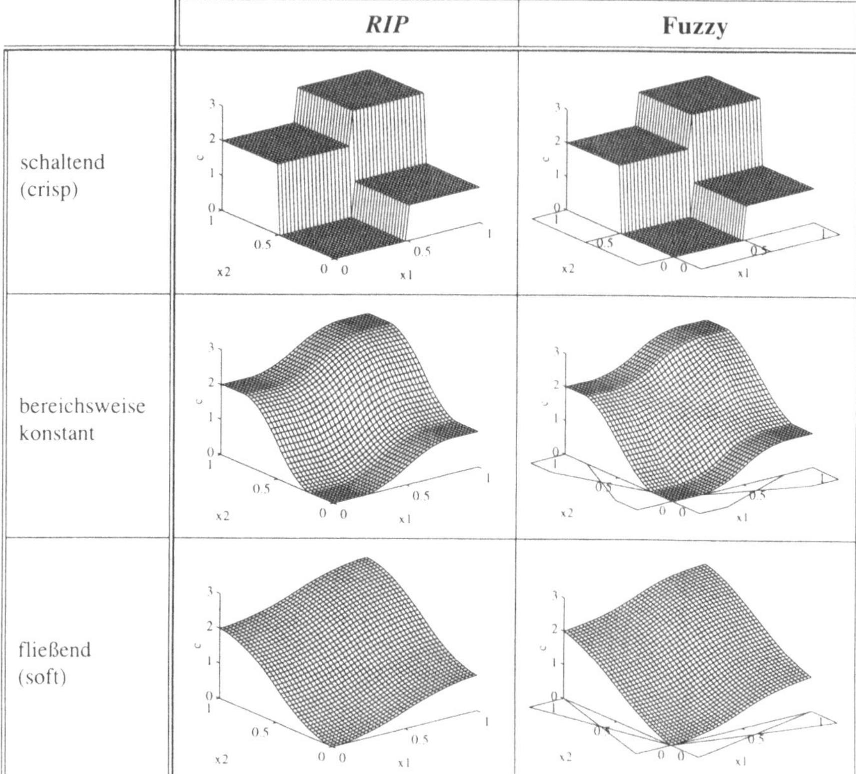

In beiden Tabellen ist deutlich zu erkennen, daß durch die Wahl der Kantenfunktionen in *RIP* Control bzw. der Zugehörigkeitsfunktionen in Fuzzy Control das Kennfeld von schaltendem oder bereichsweise konstantem bis zu fließendem Verhalten eingestellt werden kann.

Welches der unterschiedlichen Übertragungscharakteristiken in Tabelle 8.3 und Tabelle 8.4 ein *RIP*- oder ein Fuzzy-Block besitzen soll, hängt von der regelungstechnischen Aufgabenstellung ab. In jedem Einzelfall muß dies neu entschieden werden. Allgemeingültige Aussagen hierüber sind nicht möglich.

8.4 Reduktion der Komplexität von Regelbasen

Eine vollständige Spezifizierung eines *RIP*- bzw. Fuzzy-Blockes mit mehreren Eingangsgrößen bereitet bei rein wissensbasierten Controllern (Controllern mit linguistischen bzw. relationalen Regelstrukturen) mit mehr als 3 Eingangsgrößen meist große Probleme. In Abb. 8.9 ist beispielsweise ein Controller mit 10 Eingangsgrößen dargestellt. Es läßt sich leicht abschätzen, wie komplex eine derartige Aufgabenstellung ist, wenn jede Eingangsgröße durch mehrere linguistische Werte spezifiziert ist. Die Angabe eines vollständig spezifizierten Controllers über eine rein linguistische Regelbasis wächst in einem solchen Beispiel leicht ins Unermeßliche. Die durch den *RIP*- bzw. Fuzzy-Block festgelegte Verknüpfungsvorschrift $c=F(\underline{x})$ ist für diesen Fall in einem 11 dimensionalen Raum definiert.

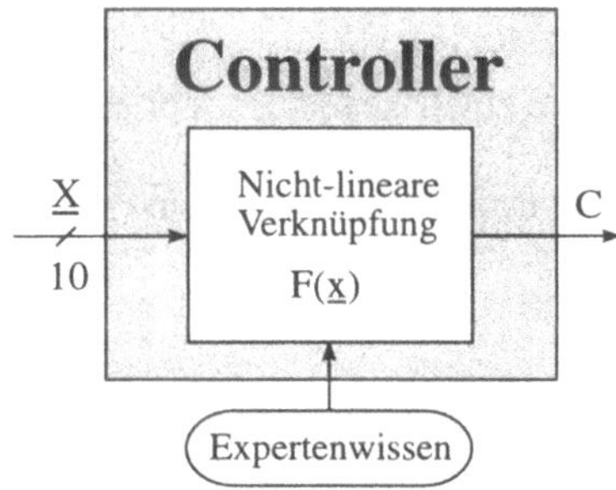

Abb. 8.9: Wissensbasierter Controller mit mehreren Eingangsgrößen

Die außerordentlich nützlichen Möglichkeiten von Vervollständigungsmethoden bei unvollständigem Expertenwissen wurden bereits in Kapitel 7 aufgezeigt. Jedoch werden in der automatisierungstechnischen Praxis die nachteiligen Effekte von unvollständig spezifizierten Controllern meist nicht durch eine Vervollständigung, sondern durch eine geeignete Strukturierung des Controllers in Teilsysteme überwunden.

Ein zentrales Ziel der Strukturierung eines Controllers in Teilsysteme besteht darin, die Anzahl der Eingangsgrößen der einzelnen Teilsysteme wesentlich gegenüber der Anzahl des ursprünglichen Controllers nach Abb. 8.9 zu verringern. Da die Anzahl der Regeln zur Definition einer vollständigen Regelbasis[1] exponentiell mit der Anzahl der Eingangsgrößen ansteigt, wird die Summe der Regeln der Teilsysteme aufgrund der geringeren Anzahl von Eingangsgrößen pro Teilsystem erheblich kleiner sein und somit kann die Komplexität der Regelbasis erheblich gesenkt werden. Hierdurch ergeben sich folgende Vorteile für den Entwurf von Controllern mit Teilsystemen.

[1] Es werden Regelbasen in Normalform vorausgesetzt.

- Die Regelbasen der Teilsysteme sind aufgrund der geringen Anzahl von Eingangsgrößen übersichtlich.
- Die Transparenz während des Entwurfes der Teilsysteme ist hoch, da die Komplexität der Regelbasen der Teilsysteme gering ist.
- Die Fehlersuche und Fehlerbewältigung ist aufgrund der höheren Transparenz und der geringen Komplexität besser möglich.
- Der Entwurfs- und Optimierungsvorgang des gesamten Controllers ist zeit- und kosteneffizient.

Nachteilig bei der Strukturierung mit Teilsystemen ist, daß bei einer gewählten Struktur die Einstellmöglichkeiten begrenzt sind. Dies kann oftmals durch eine Modifikation der gewählten Struktur der Teilsysteme behoben werden. In den meisten Fällen wiegt dies die zuvor genannten Vorteile nicht auf.

In der wissensbasierten Automatisierungstechnik sind vor allem zwei Grundstrukturen von Controllern basierend auf Teilsystemen zu unterscheiden, die in der Praxis in vielfältiger Weise kombiniert und abgewandelt werden.

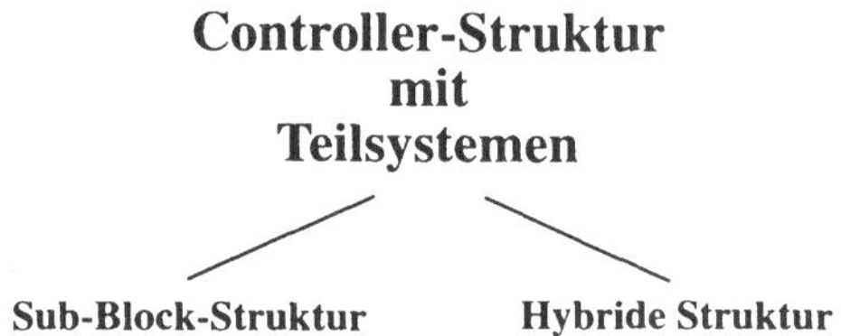

Diese beiden Grundstrukturen werden in den folgenden Kapiteln erläutert. Sie haben als primäres Ziel, den Entwurf des Controllers in Abb. 8.9 durch Teilsysteme geringerer Komplexität zu vereinfachen.

8.4.1 Sub-Block-Struktur

Die Sub-Block-Struktur unterteilt den Controller nach Abb. 8.9 in parallel und nacheinander geschaltete wissensbasierte Sub-Blöcke. Ein mögliches Beispiel einer solchen Struktur mit Sub-Blöcken für einen Controller mit 10 Eingängen ist in Abb. 8.10 dargestellt.

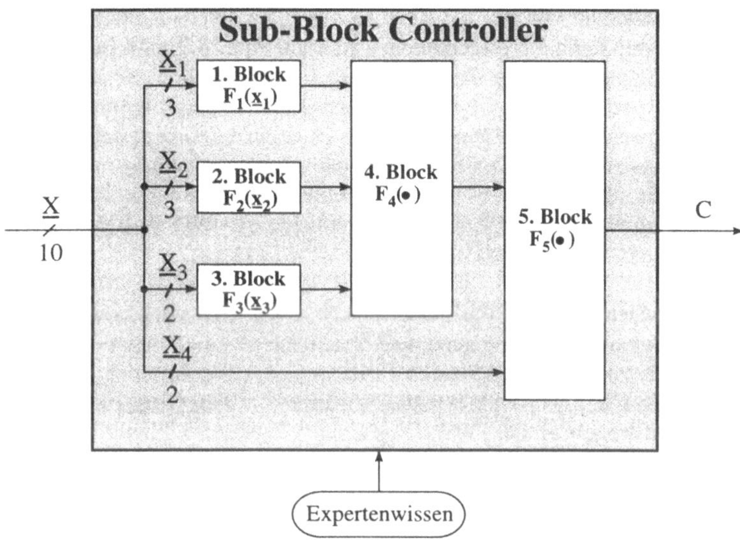

Abb. 8.10: Sub-Block-Struktur

Die Verknüpfungsvorschrift des Controllers in Abb. 8.10 läßt sich durch die Verknüpfungsvorschrift

$$c = F_5(F_4(F_1(\underline{x}_1),F_2(\underline{x}_2),F_3(\underline{x}_3)),\underline{x}_4); \qquad \text{mit } \underline{x}=(\underline{x}_1,\underline{x}_2,\underline{x}_3,\underline{x}_4)\in\underline{X};\ c\in C \qquad (8.15)$$

beschreiben. Die Funktionen F_i sind die Verknüpfungsvorschriften der einzelnen Sub-Blöcke. Die Sub-Blöcke enthalten das Expertenwissen in Form von einfachen und überschaubaren Regelbasen.

Die Einstellungsmöglichkeiten des Controllers nach Gl. 8.15 sind aufgrund der Struktur in Abb. 8.9 nicht so groß wie die des Controllers nach Abb. 8.9. Dagegen ist der Entwurf des Controllers mit Sub-Blöcken wesentlich transparenter, da die Anzahl der Regeln zur Definition eines vollständig spezifizierten Controllers wesentlich geringer ist. Dies soll an einem Zahlenbeispiel verdeutlicht werden. Hierzu wird angenommen, daß alle Eingangsgrößen durch jeweils 3 linguistische Werte unterteilt sind. Der Controller nach Abb. 8.9 benötigt in diesem Fall 3^{10}=59049 Regeln in Normalform, um den Controller mit Sub-Block-Struktur vollständig zu spezifizieren. Der Controller aus Abb. 8.10 verlangt dagegen nur $3^3+3^3+3^2+3^3+3^3=117$ Regeln. Die Sub-Block-Struktur nach Abb. 8.10 benötigt nur ca. 0.2% der Regeln des Controllers nach Abb. 8.9. Dieses einfache Zahlenbeispiel verdeutlicht eindrucksvoll, wie stark die Komplexität von Regelbasen durch die Sub-Block-Struktur reduziert werden kann.

Es ist stets zu beachten, daß für die Regelbasen auch entsprechendes Expertenwissen zur Verfügung steht. Im allgemeinen Fall nach Abb. 8.9 muß bei einer größeren Zahl von Eingangsgrößen die berechtigte Frage gestellt werden, ob es überhaupt möglich und sinnvoll ist, diesen Ansatz in seiner Allgemeinheit in der automatisierungstechnischen Praxis zu lösen. Es ist anzunehmen, daß die Entwickler solcher wissensbasierter Controller -bewußt oder unbewußt- eine Reduzierung der Komplexität der Regelbasis durch allgemeingültige Regeln erreichen. Dies kann in ähnlicher Weise auch durch die Strukturierung mit Sub-Blöcken realisiert werden.

Die Sub-Block-Struktur des Controllers in Abb. 8.10 wird stark von der aktuellen Problemstellung bestimmt. Eine geeignete Struktur ergibt sich meist direkt während der Analyse des zu automatisierenden Prozesses. Als industrielles Beispiel einer Automatisierung mit Sub-Block-Struktur wird auf die Adaption einer Flächengewichts-Querprofilregelung bei Papiermaschinen verwiesen [Adamy 94] .

8.4.2 Hybride Strukturen

Eine weitere Möglichkeit zur Strukturierung eines Controllers mit mehreren Eingangsgrößen bieten hybride Strukturen. Im Gegensatz zu den rein wissensbasierten Controllern mit Sub-Block-Struktur in Kapitel 8.4.1 werden bei hybriden Strukturen wissensbasierte mit klassisch parametrisierbaren Controllern kombiniert. Solche hybriden Strukturen können auf zwei Arten erfolgen.

Hybride Strukturen

Hybrider Controller | **Controller mit hybrider Regelstruktur**

Bei hybriden Controllern wird die Kombination von wissensbasierten und klassischen Methoden durch zwei unterschiedliche Blöcke realisiert. Bei Controllern mit hybrider Regelstruktur wird die Kombination innerhalb eines Blockes durch eine hybride Regelbasis, die aus linguistischen und funktionalen Regeln besteht, erreicht. Im folgenden werden diese beiden hybriden Strukturen vorgestellt.

8.4.2.1 Hybrider Controller

Hybride Controller werden oft bei adaptiven oder lernfähigen Controllern eingesetzt. Die Struktur hybrider Controller ist in Abb. 8.11 dargestellt. Der Controller aus Abb. 8.9 wird hierfür in einen wissensbasierten und parametrisierbaren Block nach Abb. 8.11 aufgeteilt.

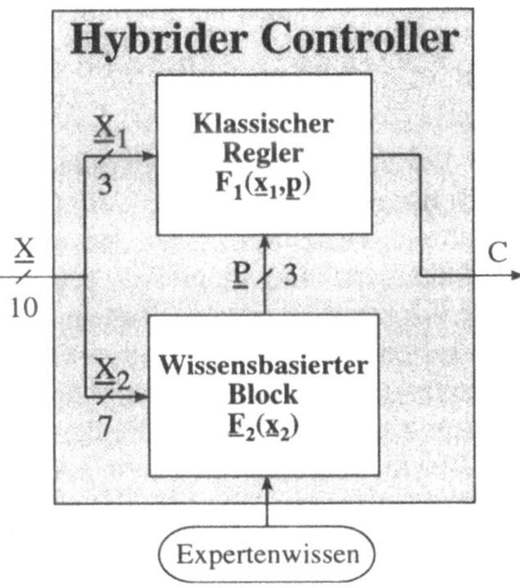

Abb. 8.11: Hybrider Controller

Der wissensbasierte Block enthält eine Verknüpfungsvorschrift $\underline{p}=\underline{F}_2(\underline{x}_2)$, die durch linguistische bzw. relationale Regeln definiert ist und die einen Parametervektor $\underline{p}$ abhängig von einem Teilvektor $\underline{x}_2$ des Eingangswertevektors $\underline{x}$ bestimmt. Der parametrisierbare Block enthält eine parametrisierbare mathematische Funktion $F_1(\underline{x}_1,\underline{p})$, die ausgehend von einem Teilvektor $\underline{x}_1$ des Eingangswertevektors $\underline{x}$ und einem Parametervektor $\underline{p}$ den Controller-Ausgangswert c ermittelt. Die Gleichungen eines Controllers mit hybrider Struktur nach Abb. 8.11 sind in Gl. 8.16 angegeben.

$$
\begin{aligned}
&c = F_1(\underline{x}_1, \underline{p}); \qquad \underline{p} = \underline{F}_2(\underline{x}_2); \\
&\qquad\qquad bzw. \\
&c = F_1(\underline{x}_1, \underline{F}_2(\underline{x}_2)); \\
&\text{mit} \quad \underline{x}=(\underline{x}_1,\underline{x}_2)\in\underline{X}; \quad c\in C
\end{aligned}
\tag{8.16}
$$

In Gl. 8.16 und in Abb. 8.11 ist der Unterschied zwischen dem wissensbasierten und dem klassisch parametrisierbaren Controller zu beachten. Klassisch parametrisierbare Controller bieten den Vorteil, daß sie meist durch wenige Parameter einer mathematischen Funktion $F_l(\underline{x}_l,\underline{p})$ einstellbar sind und daß in der automatisierungstechnischen Praxis sehr viel Erfahrung bei der Einstellung solcher Controller vorhanden ist. Als populärster Vertreter der klassisch parametrisierbaren Controller gilt der *PID*-Regler, der bei entsprechender Input- und Output-Filter-Einstellung durch eine mathematisch lineare Funktion

$$c = F_1(\underline{x}_1, \underline{p}) = Kp \cdot x_p + Kd \cdot x_d + Ki \cdot x_i \; ; \qquad (8.17)$$
$$\text{mit} \quad (x_p, x_d, x_i) = \underline{x}_1 \in \underline{X}_1; \quad (Kp, Kd, Ki) = \underline{p} \in \underline{P}$$

beschrieben werden kann. Die Parameter *Kp*, *Kd* und *Ki* repräsentieren den Proportional-, Differential- und Integral-Parameter des *PID*-Reglers. Die Einstellung dieser Parameter erfolgt über das Expertenwissen des wissensbasierten Blockes in Abb. 8.11. Bei der Formulierung des Expertenwissen kann auf die Erfahrungen mit klassischen Controllern zurückgegriffen werden. Zudem ist es möglich, das Potential an klassischen Reglereinstellverfahren mit in den Entwurf des hybriden Controllers einfließen zu lassen. Aufgrund der Trennung des klassischen Reglers und des wissensbasierten Blockes kann der klassische Regler ohne den wissensbasierten Block betrieben werden. Der klassische Regler kann somit in einem rudimentären Betrieb mit festen Parametern arbeiten. Diese Fähigkeit des hybriden Controllers ist in der Praxis überaus nützlich.

8.4.2.2 Controller mit hybrider Regelstruktur

Controller mit hybrider Regelstruktur wurden bereits in Kap. 6.2 vorgestellt und gestatten die Kombination linguistischer und funktionaler Regeln. Sie ermöglichen somit die Kombination von wissensbasierten mit klassisch parametrisierbaren Controllern innerhalb eines Blockes nach Abb. 8.9. Hierbei wird keine Reduktion der Dimension des Controllers durch die Einführung von Teilsystemen wie zuvor erreicht. Jedoch ist eine kombinierte Regelbasis wesentlich geringer in ihrer Komplexität als eine rein linguistische Regelbasis und somit wird der Entwurfsvorgang für den Anwender wesentlich transparenter. Die Vorteile eines solchen Entwurfvorganges werden in Kap. 10.5 aufgezeigt. Da bei Controllern mit hybrider Regelstruktur die Dimension der Verknüpfungsvorschrift nicht reduziert wird, ist in diesem Fall eine automatische explizite Vervollständigung unumgänglich. Controller mit hybrider Regelstruktur sind mittels *RIP* Control einfach realisierbar.

Die hybriden Controller und die Controller mit hybrider Regelbasis zeigen bei geeigneten Einstellungen ähnliches oder gleiches Regelverhalten. Der Vorteil von Controllern mit hybriden Regelstrukturen liegt darin, daß innerhalb einer einzigen Regelbasis das gesamte Verhalten des Controllers auf übersichtliche Weise dargestellt und eingestellt werden kann. Dagegen muß bei hybriden Controllern ständig zwischen zwei unterschiedlichen Blöcken hin- und hergesprungen werden. Dies ist in der Praxis zeitraubend und fehleranfällig. Da jedoch die derzeitigen kommerziellen Fuzzy Controller-Entwicklungssysteme keine expliziten Vervollständigungsmethoden in Kombination mit hybriden Regelstrukturen anbieten, ist ein Entwurf von Controllern mit hybriden Regelbasen in Fuzzy Control bisher nicht ohne weiteres möglich und bleibt vorerst auf *RIP* Control beschränkt.

8.5 Stabilität

Wohl die wichtigste Anforderung an einen Regelkreis in Theorie und Praxis ist die Stabilität. Bei linearen Regelkreisen ist die Stabilität relativ einfach mit mathematischen Methoden überprüfbar und erzielbar [Föllinger 90]. Jedoch benötigen bereits einfache nicht-lineare Regelkreise komplexe mathematische Methoden [Föllinger 80], [Böcker 86]. Es können Grenzzyklen bzw. Dauerschwingungen auftreten und das Stabilitätsverhalten des Regelkreises hängt stark von der Anregung ab. Regelkreise mit *RIP*- oder Fuzzy Controllern sind meist nicht-lineare Regelkreise und können nur mit nicht-linearen Stabilitätsanalysen untersucht werden. Prinzipiell können für *RIP*- und Fuzzy Control die gleichen Stabilitätsanalyse-Verfahren angewendet werden. Es sind grundsätzlich zwei Arten von nicht-linearen Stabilitätsanalysen zu unterscheiden.

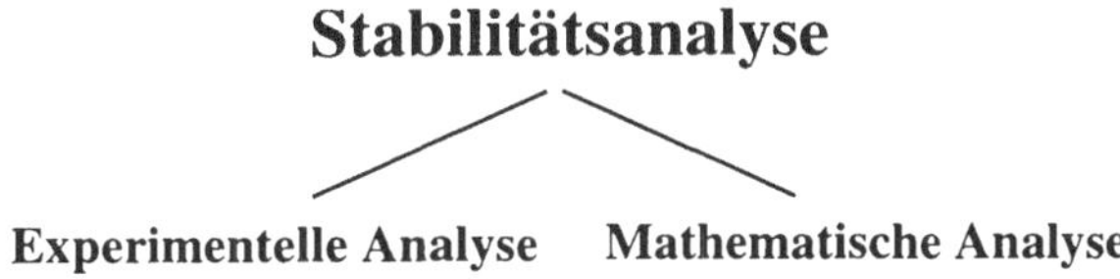

Die experimentelle Stabilitätsanalyse führt ohne explizites Streckenmodell eine qualitative Stabilitätsuntersuchung anhand unterschiedlicher Anregungen des Regelkreises durch. Sie wird vielfach bei *RIP*- und Fuzzy Controllern angewendet. Die mathematische Stabilitätsanalyse wird aufgrund ihres mathematischen Aufwandes, oder häufig fehlender bzw. unzureichender Streckenmodelle nur selten in der Praxis angewendet. Mathematische Stabilitätsanalyse-Verfahren sind jedoch geeignet, um tiefere Einblicke in das Systemverhalten zu erlangen. Im Zusammenhang mit mathematischen Stabilitätsanalysen sind folgende Gemeinsamkeiten festzustellen.

- Der Ausgangspunkt für mathematische Stabilitätsanalysen ist die Verknüpfungsvorschrift/Funktion $F(\underline{x})$ bzw. das Kennfeld des *RIP*- und Fuzzy-Blockes. Es existieren zur Zeit keine Stabilitätsanalysen, welche die Stabilität eines Regelkreises unmittelbar ausgehend von den linguistischen Werten und Regeln untersuchen. Inwieweit dies mit einer gewissen Allgemeingültigkeit für Fuzzy Control überhaupt möglich und sinnvoll ist, kann aufgrund der Vielzahl der Algorithmus-Freiheitsgrade von Fuzzy Control nicht ohne weiteres beurteilt werden. Das zentrale Problem bei Fuzzy Control liegt in der vielfältigen Interpretation einer Regelbasis, die stark von den Algorithmus-Freiheitsgraden bestimmt wird. In *RIP* Control ist dies weniger problematisch, weil der Grad an Algorithmus-Freiheitsgraden erheblich geringer ist. Dieses Problem wird jedoch auch nicht in *RIP* Control prinzipiell gelöst.

- Die mathematischen Stabilitätsanalysen basieren auf direkten Anwendungen oder Weiterentwicklungen der klassischen Stabilitätsanalyse-Verfahren der nicht-linearen Regelungstheorie wie die Harmonische Balance, die Untersuchungen der Zustandsebene, die Ljapunov-Theorie, das Popov- und das Kreiskriterium.

- Die Stabilitätsanalyse-Verfahren müssen aufgrund der Anzahl der Eingangsgrößen eines *RIP*- bzw. Fuzzy-Blockes für mehrdimensionale nichtlineare Funktionen $F(\underline{x})$ anwendbar sein. Deshalb sind viele anschauliche klassische Stabilitätsanalyse-Verfahren nicht mehr direkt anwendbar. Sie verlieren dabei ihren großen Vorteil, der einfachen graphischen Anschaulichkeit wie z.B. die Phasenebene und die Harmonische Balance.

- Eine approximative und numerische Analyse unter Verwendung von Computern ist bei fast allen Stabilitätsanalyse-Verfahren aufgrund der Anzahl der Eingangsgrößen des *RIP*- bzw. des Fuzzy-Blockes unabdingbar.

Es wird hier keine umfassende Gesamtdarstellung der Stabilitätsanalyse-Verfahren gegeben. Doch werden einige vielversprechende Ansätze kurz beleuchtet, um die Problematik und die Möglichkeiten der Stabilitätsanalyse-Verfahren in *RIP*- und Fuzzy Control zu erläutern. Eine Übersicht der Stabilitätsanalyse-Verfahren ist beispielsweise in [Bretthauer 94] und [Kahlert 95] gegeben.

Einer der ersten Stabilitätsnachweise für einen Fuzzy Controller wurde von Kickert und Mamdani durchgeführt [Kickert 78]. Dieser Stabilitätsnachweis basiert auf der Methode der Harmonischen Balance und ist nur für *RIP*- und Fuzzy Controller mit einer Eingangsgröße anwendbar. Das graphisch-orientierte Zwei-Ortskurven-Verfahren [Föllinger 80] der Harmonischen Balance ist in seiner einfachen und anschaulichen Weise bei mehreren Eingangsgrößen nicht mehr anwendbar. Abhilfe bei *RIP*- und Fuzzy Controllern mit mehreren Eingangsgrößen (*MISO*-Controller) bietet das im folgenden beschriebene Vektorfeld-Verfahren [Kiendl 2/92], [Rüger 94].

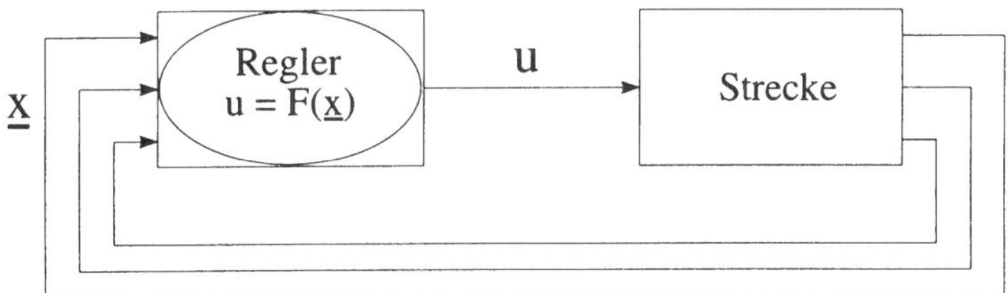

Abb. 8.12: Mehrschleifiger Regelkreis mit *MISO*-Controller

Das Vektorfeld-Verfahren benötigt die gleichen Voraussetzungen wie die harmonische Balance, das bedeutet, daß die Symmetrie der Regler-Funktion $F(-\underline{x})=-F(\underline{x})$ und der Tiefpaßcharakter der linearen Regelstrecke vorausgesetzt werden. Bei Auftrennung des Regelkreises in Abb. 8.12 und bei einer Anregung mit einer harmonischen Eingangsgröße

$$u(t) = a \cdot \mathrm{e}^{j\omega t} \tag{8.18}$$

ergibt sich unter Vernachlässigung aller höherfrequenten Signalanteile die Ausgangsgröße

$$u^*(t) \approx a^* \cdot \mathrm{e}^{j\omega t + \theta} \; . \tag{8.19}$$

Das Verhalten des offenen Regelkreises wird dann durch die komplexwertige Funktion

$$V(\omega,a) = \frac{a^*}{a} \cdot \mathrm{e}^{j\theta} \tag{8.20}$$

bestimmt. Die Dauerschwingungen mit der Frequenz ω und der Amplitude a ergeben sich durch Auswertung der folgenden Gleichung.

$$V(\omega,a) = 1 \tag{8.21}$$

Die Auswertung der Gl. 8.21 wird meist simulatorisch oder experimentell durchgeführt, da häufig keine analytische Lösung existiert. Hierzu werden Stützstellen, d.h. Wertepaare (ω_i, a_i), der Lösung ermittelt und dazwischen interpoliert. Aufgrund der Vernachlässigung der höherfrequenten Signalanteile und der Interpolation zur Ermittlung der Lösung der Gl. 8.21 ist die Stabilitätsanalyse nicht "hart" abgesichert, aber sie liefert wertvolle Hinweise für das Stabilitätsverhalten [Kiendl 2/92].

Mathematisch aufwendiger sind Stabilitätsanalysen basierend auf der Stabilitätsdefinition von Ljapunov [Föllinger 80], [Böcker 86]. Die Stabilitätsanalyse nach Ljapunov setzt eine Zustandsdarstellung, d.h. ein mathematisches Modell

$$\dot{x}_i(t) = f_i(x_1(t),\dots,x_n(t)) \qquad \text{mit} \quad i \in \{1,\dots,n\}$$

$$\text{bzw.} \tag{8.22}$$

$$\dot{\underline{x}} = \underline{f}(\underline{x})$$

des Regelkreises (Strecke, Regler) voraus. In Gl. 8.22 repräsentieren x_i die Zustände und n die Anzahl der Zustände. Die Methode nach Ljapunov ermöglicht Stabilitätsaussagen über den Regelkreis ohne dabei die Zustandsgleichungen zu lösen. Die Grundidee von Ljapunov ist die Angabe einer Funktion $V(x_1(t),\dots,x_n(t))=V(\underline{x})$ (Ljapunov-Funktion) der Zustandsgrößen, die positiv definit und deren zeitliche Ableitung $dV(x_1(t),\dots,x_n(t))/dt$ negativ definit ist. Kann eine solche Ljapunov-Funktion angegeben werden, dann erfüllt das nicht-lineare System die Stabilität nach Ljapunov, ansonsten ist keine Aussage möglich. Bei einem Regelkreis nach Abb. 8.12 mit einer linearen Strecke der Form

$$\dot{\underline{x}} = \underline{A}\cdot\underline{x} + \underline{b}\cdot u \tag{8.23}$$

und einem Fuzzy Controller mit der Funktion $F(\underline{x})$ ergibt sich die folgende Zustandsdarstellung.

$$\dot{\underline{x}} = \underline{A}\cdot\underline{x} + \underline{b}\cdot F(\underline{x}) \tag{8.24}$$

Die Stabilitätsanalyse mit Hilfe von Facettenfunktionen zur Untersuchung von Regelkreisen mit Fuzzy Controllern baut auf der Stabilitätsanalyse nach Ljapunov auf. Im folgenden wird dieses Verfahren nach Kiendl und Rüger erläutert [Kiendl 1/92], [Rüger 94]. Für die Strecke wird vorausgesetzt, daß sie aus endlich vielen linearen Teilsystemen und endlich vielen stückweisen affinen Kennlinienfeldern besteht. Die Stabilitätsanalyse mit Hilfe von Facettenfunktionen kann grob in folgende Schritte unterteilt werden.

- Die Verknüpfungsvorschrift bzw. Funktion $F(\underline{x})$ des Fuzzy Controllers wird durch eine stückweise affine Facettenfunktion $F^*(\underline{x})$ approximiert[2].

$$F^*(\underline{x}) = \sum_{i=1}^{z} R_i(\underline{x}) \qquad \text{mit} \quad R_i(\underline{x}) = \pm(d_i + \underline{k}_i^T\underline{x})\cdot H(d_i + \underline{k}_i^T\underline{x}) \tag{8.25}$$

[2] H ist die Heaviside-Funktion, die für positive Argumente den Funktionswert 1 und sonst den Funktionswert 0 annimmt.

Die Teilfunktionen $R_i(\underline{x})$ repräsentieren mehrdimensionale Rampenfunktionen im Zustandsraum, deren Funktionswert jeweils in einem Halbraum verschwindet. Im anderen Halbraum steigt bzw. fällt der Funktionswert proportional zum Abstand von der die Halbräume trennenden Hyperebene. Die in Gl. 8.25 enthaltenen freien Parameter werden durch eine numerische Optimierung berechnet. Im Falle stückweiser affiner Facettenfunktionen nach Gl. 8.25 ergeben sich beliebige konvexe Polyeder. Es können auch stückweise multilineare Facettenfunktionen verwenden werden, dann ergeben sich achsenparallele Boxen wie bei Cartesischen Gittern in *RIP* Control.

- Für die Ljapunov-Funktion $V(\underline{x})$ werden ebenfalls stückweise affine Facettenfunktionen angesetzt und somit ergibt sich eine zweite Zerlegung des Zustandsraumes in eine weitere Menge konvexer Polyeder.

- Die sich aus dem Durchschnitt der beiden Polyeder-Zerlegungen ergebenden Eckpunkte dienen als ausgewählte Punkte, um auf die Stabilitätseigenschaften eines geforderten Einzugsbereiches einer Ruhelage zu schließen. Der Kernpunkt dieses Verfahrens ist, daß durch die Untersuchung der endlichen Anzahl von Eckpunkten eine Aussage über den gesamten Einzugsbereich möglich ist.

Die Stabilitätsanalyse mit Hilfe von Facettenfunktionen benötigt wegen der numerischen Optimierung einen großen Rechenaufwand, deshalb zielen derzeitige Forschungsarbeiten vor allem auf eine Reduzierung des Rechenaufwandes ab [Rüger 94].

Die Stabilitätsanalyse mit Hilfe von Facettenfunktionen wurde ursprünglich für Fuzzy Control entwickelt, kann aber auch direkt auf *RIP* Control übertragen werden. *RIP* Control bietet hier gegenüber Fuzzy Control eindeutige Vorteile, da die Stabilitätsanalyse mit Hilfe von Facettenfunktionen stückweise affine bzw. multilineare Funktionen $F(\underline{x})$ voraussetzt. Da *RIP* Control mit multilinearer Interpolation eine stückweise multilineare Funktion $F(\underline{x})$ garantiert, kann die Stabilitätsanalyse mit Facettenfunktionen direkt angewendet werden, ohne daß eine *Vorab*-Approximation des Kennfeldes durchgeführt wird. Für Fuzzy Control gilt diese Voraussetzung nicht immer. In diesem Fall muß das Kennfeld des Fuzzy-Blockes zuvor approximiert werden.

RIP Control bietet somit bei den mathematischen Stabilitätsanalyse-Verfahren Vorteile, weil bestimmte Voraussetzungen an das Kennfeld unabhängig von der Regelbasis durch die Interpolation garantiert werden können.

8.6 Informationsgehalt von Regelbasen

In den vorherigen Kapiteln wurde bereits dargelegt, inwieweit die Darstellung von Expertenwissen in Form von linguistischen, funktionalen und hybriden Regelbasen von Vorteil oder Nachteil sein kann. Hierbei ist es wichtig festzuhalten, daß die Anzahl der Regeln keine Rückschlüsse auf den Informationsgehalt oder Umfang an Expertenwissen einer Regelbasis bzw. eines wissensbasierten Systems zuläßt. Bei der Formulierung eines linearen Regelgesetzes über eine linguistische Regelbasis ergeben sich keine regelungstechnischen Vorteile gegenüber der Formulierung mit einer funktionalen Regelbasis. Dabei ist eher nachteilig, daß eine schlechtere Parametrisierbarkeit der Verknüpfungsvorschrift der rein linguistischen Regelbasis über einen größeren Bereich des Eingangsraumes $X_1 \times ... \times X_m$ entsteht. Diesen Vorteil bieten aber die funktionale oder hybride Regelbasen.

Die Formulierung von hybriden Regelbasen in *RIP* Control ermöglicht aufgrund der reduzierten Anzahl von Regeln und Freiheitsgraden eine transparente Umsetzung von Regelstrategien basierend auf bereichsweise gültigen Gesetzmäßigkeiten und rein linguistischem Expertenwissen. Somit eröffnen hybride Regelbasen die Möglichkeit einer transparenten Modifikation und Optimierung des Regelverhaltens. Bei der rein linguistischen Formulierung von Expertenwissen ist dies nicht immer möglich.

Die Verwendung des Expertenwissens in Form von hybriden Regelbasen ist aufgrund der Vor- und Nachteile immer abzuwägen. Der Entwickler eines Experten Controllers sollte diese Form möglichst anstreben, wenn grobe bereichsweise Zusammenhänge oder Gesetzmäßigkeiten bekannt sind, die über eine mathematische Funktion näherungsweise nachgebildet werden können. Inwieweit eine mehr linguistische oder funktionale Regelbasis angewendet werden sollte, kann nur im Zusammenhang mit der aktuellen Aufgabenstellung entschieden werden.

Die Kombination klassischer und linguistischer Entwurfsmethoden durch die Verwendung hybrider Regelbasen sollte verstärkt Beachtung in der automatisierungstechnischen Praxis finden, da hierdurch klassische und linguistische Entwurfsmethoden leicht vereint werden können. In *RIP* Control sind solche Kombinationen direkt möglich. In Fuzzy Control bietet der Ansatz von Takagi/Sugeno ähnliche Möglichkeiten. Bei dem Ansatz von Takagi/Sugeno in Fuzzy Control bleiben jedoch die folgenden Punkte im Gegensatz zu *RIP* Control offen.

- Bei Fuzzy Control können unvollständige Regelbasen zu unvollständigen Verknüpfungsvorschriften nach Kapitel 7 führen.

- Bei Fuzzy Control sind keine Nullregeln nach Kapitel 5.6, d.h. Regeln mit einem Gewichtungsfaktor G_i=0, möglich. Aus diesem Grund findet immer eine mehr oder minder starke Mittelung der in Konflikt stehenden Regeln statt. In *RIP* Control kann dies durch die Verwendung von Nullregeln vermieden werden.

- Die Gewährleistung bestimmter Kennfeldeigenschaften (z.B. Multilinearität) ist mit Fuzzy Control nicht so einfach möglich.

Kapitel 9

Invertiertes Pendel

In diesem Kapitel wird ein Vergleich von *RIP* Control und Fuzzy Control an dem populären Benchmark-Problem des invertierten Pendels beschrieben. Es werden die im Kapitel 7 vorgestellten Vervollständigungsmethoden für Fuzzy Control verglichen und bewertet. Hierfür wird eine unvollständige Regelbasis zur Regelung des invertierten Pendels eingesetzt. Ähnliche Regelbasen werden auch in anderer Fuzzy-Literatur zur Regelung des invertierten Pendels verwendet [Kahlert 93], [Kruse 93], [Kosko 92].

9.1 Struktur des Regelkreises mit invertiertem Pendel

Die Struktur des Regelkreises besteht aus einem *RIP*- bzw. Fuzzy Controller und dem invertierten Pendel als regelungstechnische Strecke (Abb. 9.1). Das invertierte Pendel besteht aus einer Kugel mit einer Masse m an einem Ende eines Stabes (Abb. 9.2). Der Stab ist an dem anderen Ende an einem horizontal beweglichen Schlitten mit der Masse M radialbeweglich aufgehängt. Ein Controller kann über einen Motor auf den Schlitten eine horizontale Stellkraft $F(t)$ ausüben. Die Regelgrößen des Controllers sind die Lage $\alpha(t)$ und die Winkelgeschwindigkeit $\omega(t)$ des invertierten Pendels. Ziel ist es, das invertierte Pendel durch den Controller aufrechtstehend in der instabilen oberen Ruhelage $(\alpha,\omega)=(0,0)$ zu halten. Zur Untersuchung des dynamischen Regelverhaltens kann die Stellkraft $F(t)$ mit einer äußeren Störkraft $F_{stör}(t)$ überlagert werden. Es ist zu beachten, daß der *RIP*- und der Fuzzy Controller keine dynamischen Blöcke vor den Ein- und nach den Ausgangsgrößen des *RIP*- bzw. des Fuzzy-Blockes besitzen.

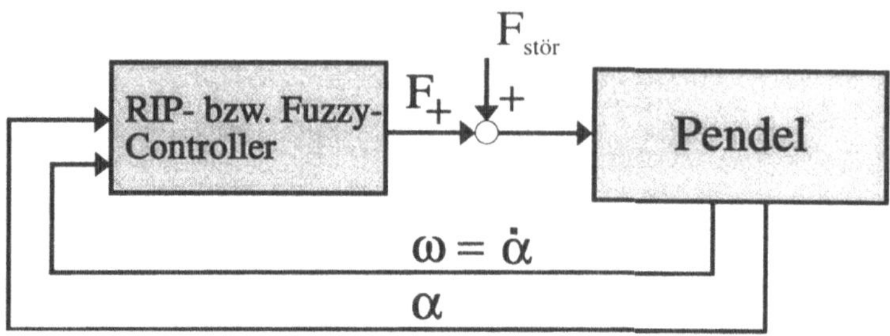

Abb. 9.1: Strukturbild des Regelkreises

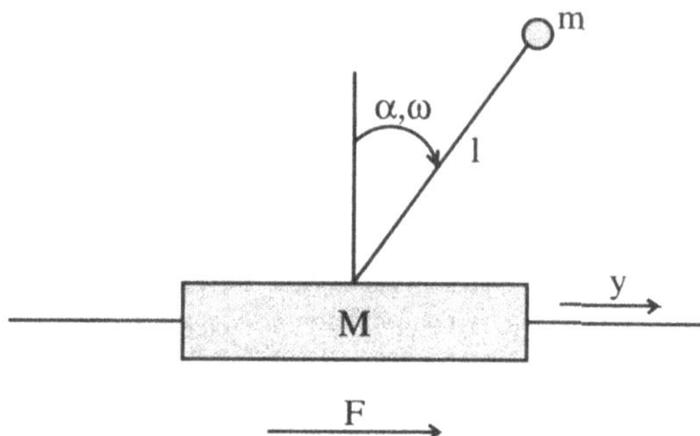

Abb. 9.2: Invertiertes Pendel

Unter der Annahme, daß der Stab massefrei ist und keine Reibung vorliegt, kann das dynamische Verhalten des invertierten Pendels durch die beiden folgenden Differentialgleichungen beschrieben werden [Schwarz 91], [Friedland 87].

$$(M+m)\cdot\ddot{y} - m\cdot l\cdot\ddot{\alpha}\cdot\cos(\alpha) + m\cdot l\cdot\dot{\alpha}^2\cdot\sin(\alpha) = F \tag{9.1}$$

$$-m\cdot l\cdot\ddot{y}\cdot\cos(\alpha) + m\cdot l^2\cdot\ddot{\alpha} - m\cdot g\cdot l\cdot\sin(\alpha) = 0 \tag{9.2}$$

Zur Anregung des invertierten Pendels werden in der instabilen Ruhelage $(\alpha,\omega)=(0,0)$ zwei unterschiedliche Störkräfte $F^1_{stör}(t)$ und $F^2_{stör}(t)$ verwendet (Gl. 9.3 und Gl. 9.4)[1]. Die Störkräfte simulieren kurze Kraftimpulse auf die Masse m und lenken den Stab aus der instabilen Ruhelage aus. In Kapitel 9.2 wird das Verhalten mit Fuzzy Control und in Kapitel 9.3 das Verhalten mit *RIP* Control untersucht.

[1] Die Funktion $\sigma(t)$ ist die Einheitssprungfunktion, die für die Zeiten $t\geq 0$ den Wert 1 und sonst den Wert 0 annimmt.

$$F^1_{stör}(t) = 150N \cdot (\ \sigma(t) - \sigma(t-0.1s)\ -\ (\sigma(t-1s) - \sigma(t-1.1s))\ ) \tag{9.3}$$

$$F^2_{stör}(t) = 300N \cdot (\ \sigma(t) - \sigma(t-0.1s)\ -\ (\sigma(t-1s) - \sigma(t-1.1s))\ ) \tag{9.4}$$

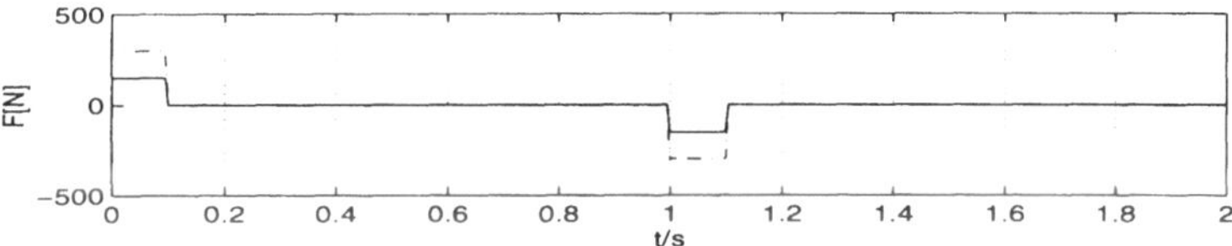

Abb. 9.3: Zeitlicher Verlauf der Störgröße $F^1_{stör}(t)$ (——) und $F^2_{stör}(t)$ (– – –)

9.2 Fuzzy Controller

9.2.1 Parametrisierung eines Fuzzy Controllers

Die Regelbasis und die Fuzzy-Mengen eines Fuzzy Controllers sind in Abb. 9.4 dargestellt.

		α						
		NB	NM	NS	Z	PS	PM	PB
ω	PB				NB			NB
	PM							
	PS				NS			
	Z	PB		PS	Z	NS		NB
	NS				PS			
	NM							
	NB	PM			PB			

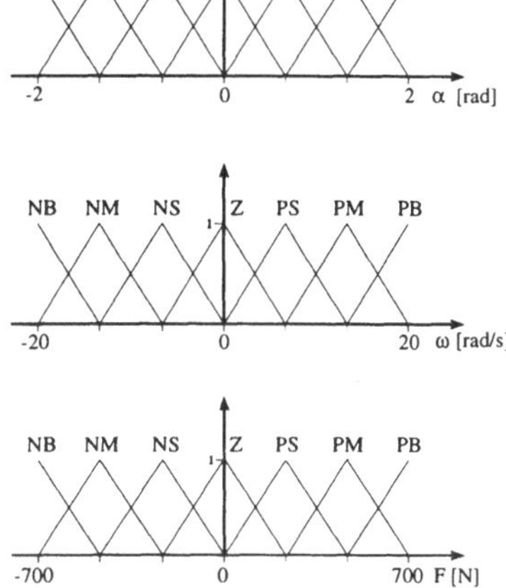

Abb. 9.4: Parametrisierung des Fuzzy Controllers

Die Algorithmus-Freiheitsgrade des Fuzzy Controllers sind wie folgt eingestellt.

Fuzzy-Algorithmus-Freiheitsgrade			
Aggregation	Implikation	Akkumulation	Defuzzification
Minimum (*und*)	Minimum	Maximum	*COA*

Die Datenbasen der Eingangs-Fuzzy-Mengen über den Basismengen der Lage α und der Winkelgeschwindigkeit ω sind vollständig definiert. Die Regelbasis und die Verknüpfungsvorschrift des Fuzzy-Blockes sind in weiten Bereichen unvollständig. In Abb. 9.5 sind die Unvollständigkeitsbereiche der Verknüpfungsvorschrift grau unterlegt und durch Fragezeichen "?" markiert. Wie sich dies auf das Regelverhalten auswirkt, wird in Kapitel 9.2.2 untersucht.

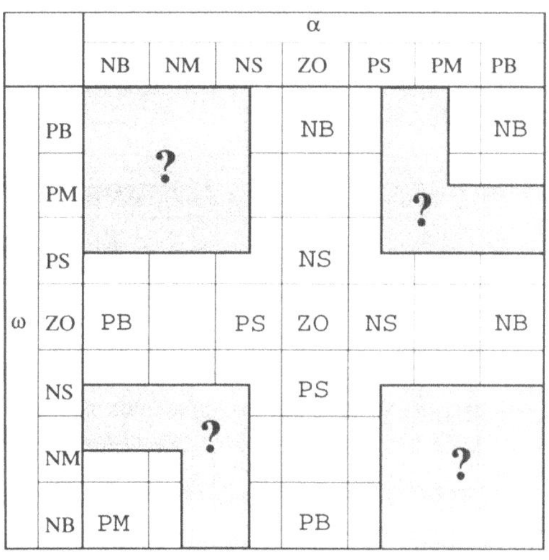

Abb. 9.5: Unvollständigkeitsbereiche der Verknüpfungsvorschrift

9.2.2 Unvollständiger Fuzzy Controller

Der Fuzzy Controller aus Kapitel 9.2.1 besitzt eine mathematisch unvollständige Verknüpfungsvorschrift. Für die technische Realisierung wird der Fuzzy Controller statisch implizit vervollständigt und ein Defaultwert *nil*=0 wird in den Unvollständigkeitsbereichen angenommen. Das Kennfeld und die Konturlinien des Fuzzy-Blockes sind in Abb. 9.6 und Abb. 9.7 abgebildet. Die zeitlichen Verläufe der

Prozeßgrößen bei einer Anregung $F^l_{stör}(t)$ sind in Abb. 9.8 dargestellt. Zusätzlich ist in Abb. 9.7 der Trajektorienverlauf $\omega(\alpha(t))$ über den Konturlinien eingezeichnet. Bei einer Störanregung $F^l_{stör}(t)$ zeigt sich, daß die Trajektorien nur innerhalb des definierten Bereiches der Verknüpfungsvorschrift des Fuzzy-Blockes liegen. Der Regelkreis mit invertiertem Pendel ist stabil und genügend schnell (Abb. 9.8).

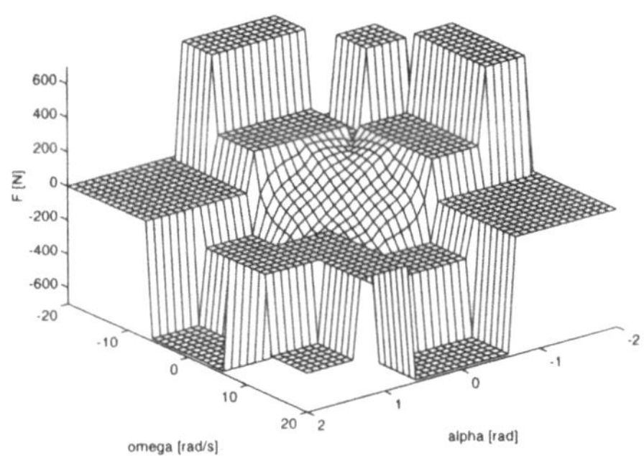

Abb. 9.6: Kennfeld des unvollständigen Fuzzy-Blockes

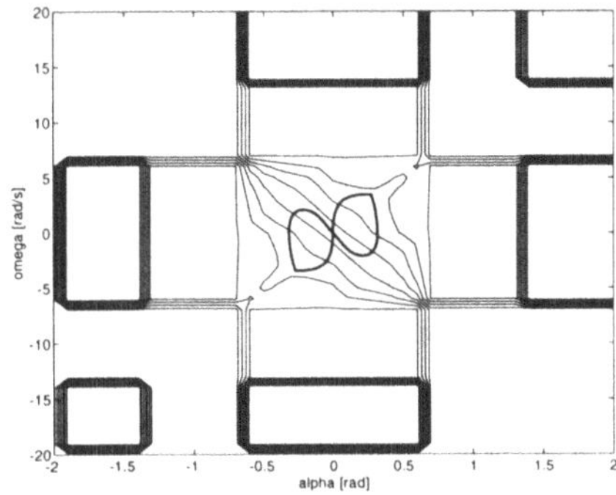

Abb. 9.7: Konturlinien und Trajektorien bei $F^l_{stör}(t)$

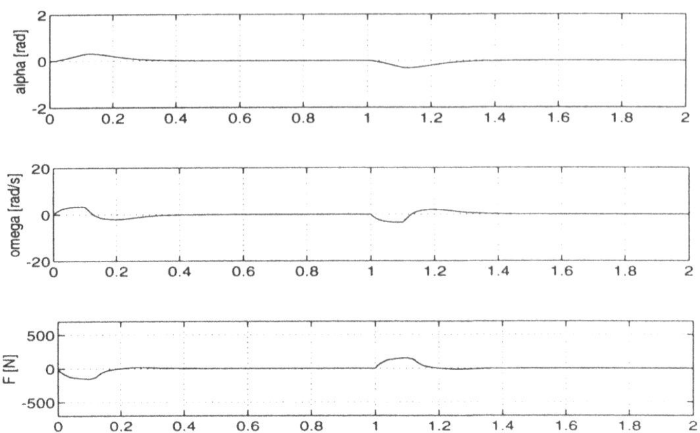

Abb. 9.8: Zeitlicher Verlauf der Prozeßgrößen bei $F^{1}_{stör}(t)$

Bei der größeren Störanregung $F^{2}_{stör}(t)$ zeigt sich, daß die Trajektorien (Abb. 9.9) in die Unvollständigkeitsbereiche der Verknüpfungsvorschrift des Fuzzy-Blockes laufen. Aufgrund des Defaultwertes *nil*=0 wird der Regelkreis instabil. In der Abb. 9.10 sind die zeitlichen Verläufe der Prozeßgrößen angegeben. Der Regelkreis ist auch für andere Defaultwerte *nil* bei der Störanregung $F^{2}_{stör}(t)$ nicht stabilisierbar oder geht in die Begrenzung.

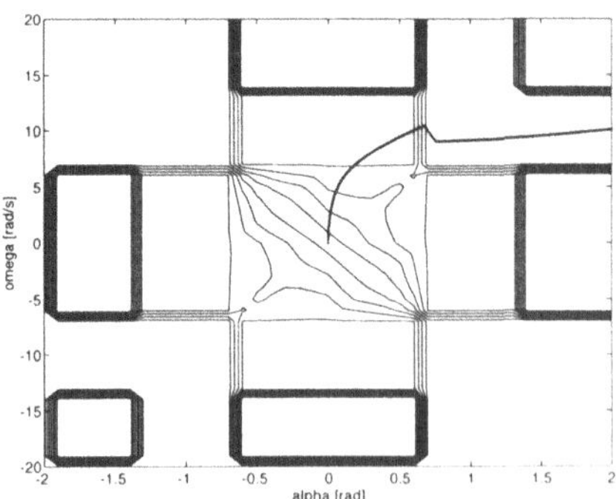

Abb. 9.9: Konturlinien und Trajektorien bei $F^{2}_{stör}(t)$

Aus diesen Untersuchungen eines unvollständigen Fuzzy Controllers am invertierten Pendel ist deutlich zu erkennen, daß die Eigenschaften des Fuzzy Controllers signifikant von der Anregung des Regelkreises abhängen. Dies ist ein altbe-

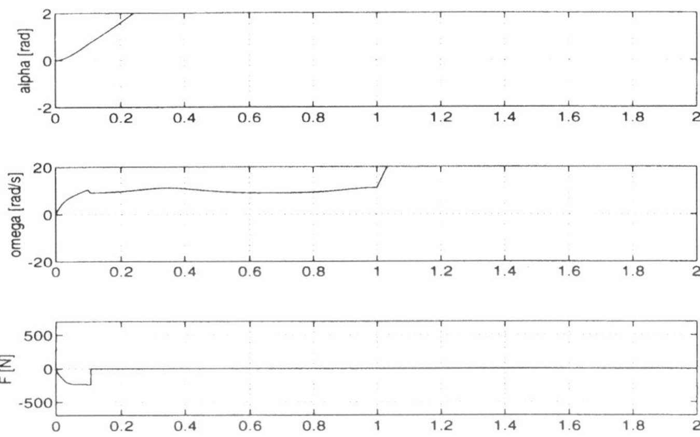

Abb. 9.10: Zeitlicher Verlauf der Prozeßgrößen bei $F^2_{stör}(t)$

kanntes Problem bei nicht-linearen Regelkreisen [Föllinger 80], [Böcker 86]. Es zeigt sich, daß ein Fuzzy Controller mit unvollständiger Verknüpfungsvorschrift bzw. unvollständiger Regelbasis keine prinzipielle Lösung, oder Verbesserung gegenüber anderen wissensbasierten Regleransätzen erzielt. Im folgenden werden die unterschiedlichen Vervollständigungs-Methoden aus Kapitel 7 auf das invertierte Pendel angewendet. Hierbei wird nur das Verhalten des Regelkreises für die kritische Störanregung $F^2_{stör}(t)$ näher untersucht, da das Regelverhalten bei der Störanregeung $F^1_{stör}(t)$ bereits zufriedenstellend ist.

9.2.3 Dynamisch vervollständigter Fuzzy Controller

Die Ergebnisse nach einer dynamischen Vervollständigung des Fuzzy Controllers sind in den Abb. 9.11 bis Abb. 9.13 dargestellt. Das Kennfeld des Fuzzy-Blockes in Abb. 9.11 ist identisch zu Abb. 9.6. Im Gegensatz zu Abb. 9.9 und Abb. 9.10 zeigen die Trajektorien und die zeitlichen Verläufe der Prozeßgrößen, daß der Regelkreis mit dynamisch vervollständigtem Fuzzy Controller stabil und stationär genau ist. Gegenüber diesen wesentlichen Verbesserungen des dynamischen Verhaltens bleibt das Initialisierungsproblem weiterhin beim Beginn der Regelung in einem Unvollständigkeitsbereich bestehen.

Kennfeld
wie in Abb. 9.6

Abb. 9.11: Kennfeld des dynamisch vervollständigten Fuzzy Controllers

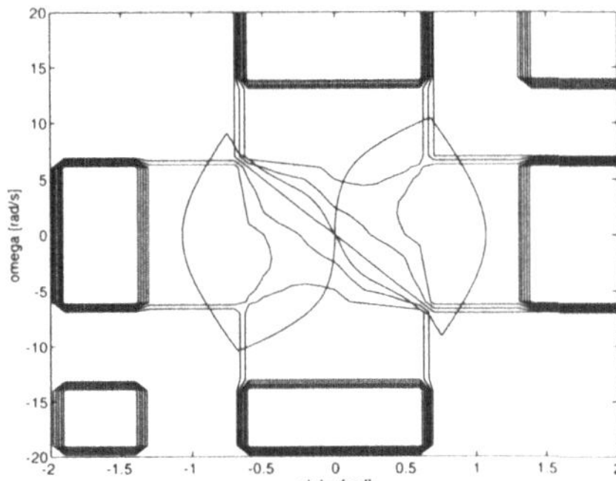

Abb. 9.12: Konturlinien und Trajektorien bei $F^2_{stör}(t)$

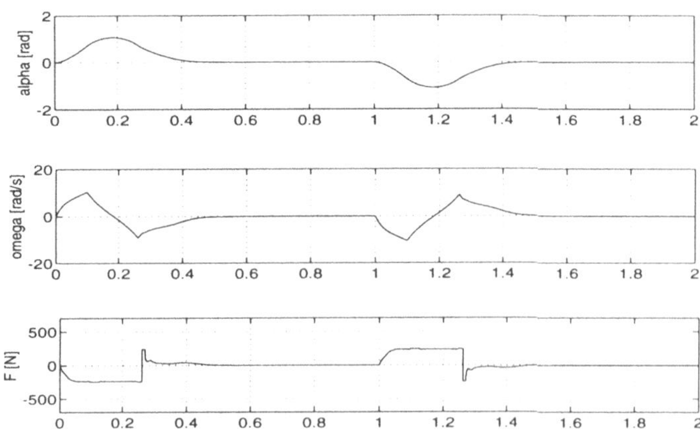

Abb. 9.13: Zeitlicher Verlauf der Prozeßgrößen bei $F^2_{stör}(t)$

9.2.4 Explizit vervollständigter Fuzzy Controller

Die Ergebnisse eines explizit vervollständigten Fuzzy Controllers sind in den Abb. 9.14 bis Abb. 9.16 abgebildet.

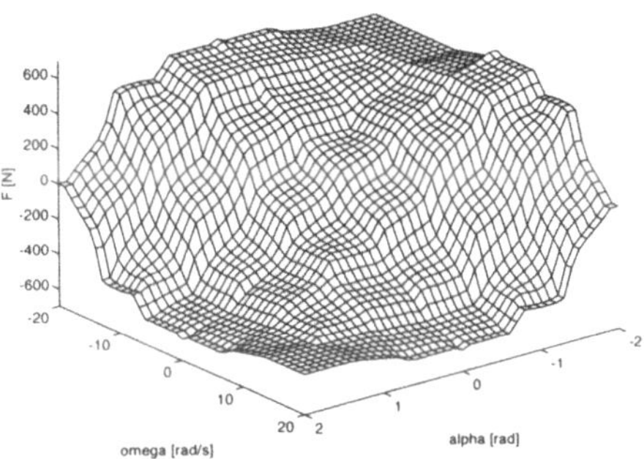

Abb. 9.14: Kennfeld des explizit vervollständigten Fuzzy Controllers

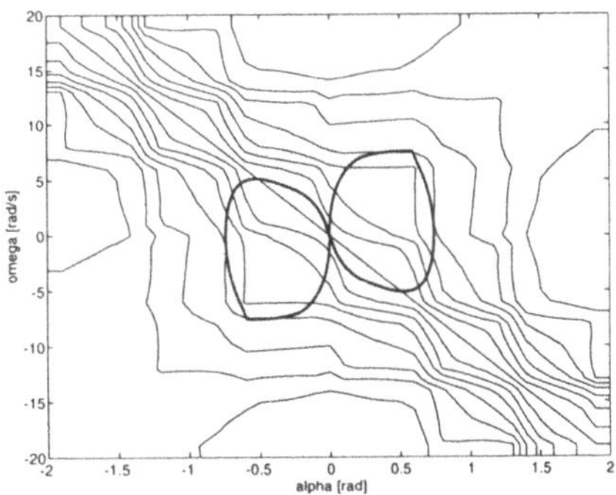

Abb. 9.15: Konturlinien und Trajektorien bei $F^2_{stör}(t)$

Zur Vervollständigung der Regelbasis wird die Shepard-Interpolation mit dem Bewertungsfaktor μ=10 eingesetzt. Das in Abb. 9.14 abgebildete vervollständigte Kennfeld des Fuzzy-Blockes ist wesentlich glatter als das unvollständige Kennfeld in Abb. 9.6. Die beiden Kennfelder sind im mittleren Bereich fast identisch, dagegen sind in den äußeren Bereichen, wo die Regelbasis aus Abb. 9.4 bzw. Abb. 9.5 unvollständig ist, signifikante Unterschiede zu erkennen. Die Trajektorien und die zeitlichen Verläufe der Prozeßgrößen in Abb. 9.15 und Abb. 9.16 zeigen ein stabiles und stationär genaues Regelverhalten. Das Regelverhalten des explizit vervollständigten Fuzzy Controllers ist zudem besser als bei dynamischer Vervollständigung in Abb. 9.15 und Abb. 9.16.

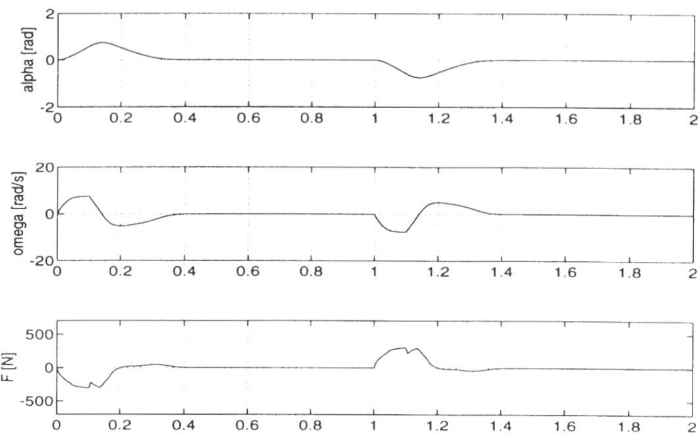

Abb. 9.16: Zeitlicher Verlauf der Prozeßgrößen bei $F^2_{stör}(t)$

9.2.5 Fuzzy Controller mit maximalem Einzugsbereich

Unvollständige Regelbasen mit Fuzzy-Mengen, deren Einzugsbereiche nach Kapitel 7.3.3 maximal sind, besitzen vollständige Verknüpfungsvorschriften. Im Gegensatz zu Abb. 9.4 werden jetzt für die Eingangs-Fuzzy-Mengen (Lage α und Winkelgeschwindigkeit ω) Gauß'sche Zugehörigkeitsfunktionen nach Tabelle 3.2 verwendet. Die Gauß'schen Zugehörigkeitsfunktionen (Gl. 9.5) für die Lage α und die Winkelgeschwindigkeit ω sind in Abb. 9.17 abgebildet.

$$\mu_A(x) = e^{-a \cdot (x-m)^2} \qquad a>0 \tag{9.5}$$

Die Ergebnisse eines Fuzzy Controllers mit Gauß'schen Zugehörigkeitsfunktionen sind in den Abb. 9.18 bis Abb. 9.20 gezeigt. Das in Abb. 9.18 dargestellte Kennfeld des Fuzzy-Blockes ist glatter als das unvollständige Kennfeld in Abb. 9.6. Die Trajektorien und die zeitlichen Verläufe der Prozeßgrößen in Abb 9.19 und Abb. 9.20 zeigen wiederum ein stabiles und stationär genaues Regelverhalten. Das Regelverhalten ist jedoch insgesamt schlechter als das Verhalten bei dynamischer oder expliziter Vervollständigung. Der Regelkreis wird sogar instabil, wenn die Parameter a_α und a_ω kleiner gewählt werden, da durch die größeren Überlappungen der Eingangs-Fuzzy-Mengen das Kennfeld immer flacher wird und einem mittleren Ausgabewert zustrebt. Aufgrund der symmetrischen Regelbasis und den symmetrischen Zugehörigkeitsfunktionen strebt in diesem Fall der Ausgangswert einem mittleren Wert F=0N zu. Erheblich größere Parameter a_α und a_ω benötigen eine hohe Rechengenauigkeit, da sehr geringe Erfülltheitsgrade der Regeln aufgrund der Exponentialfunktionen in den Zugehörigkeitsfunktionen auftreten können. Aufgrund von Hardwarerestriktionen können deshalb große Parameter a_α und a_ω in der automatisierungstechnischen Praxis meist nicht angewendet werden.

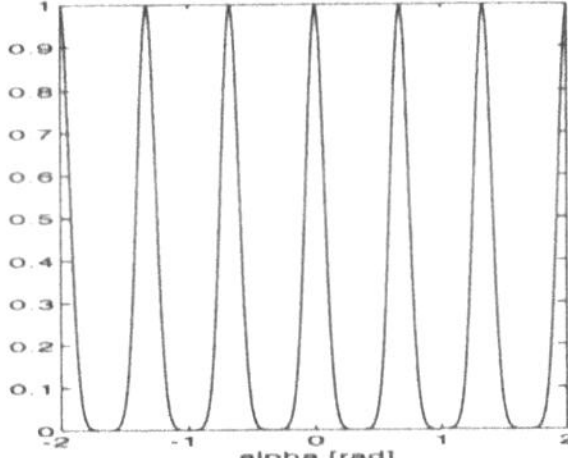

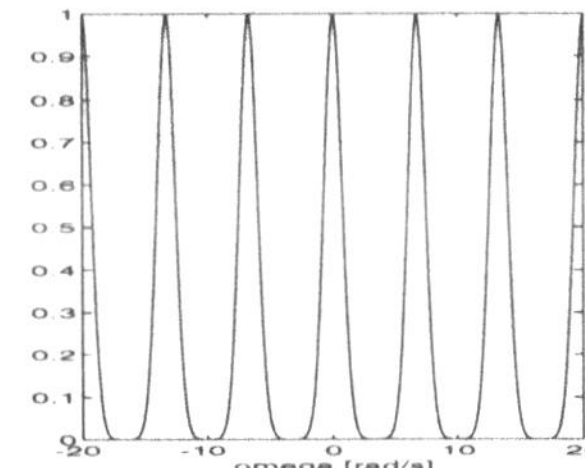

Abb. 9.17: Gauß'sche Zugehörigkeitsfunktionen (a_α=20 und a_ω=0.2)

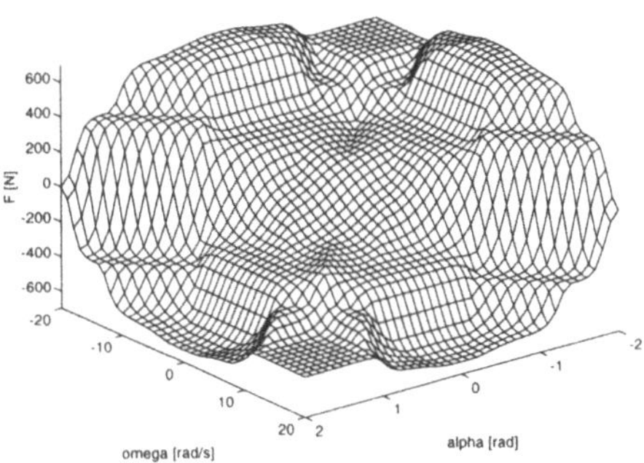

Abb. 9.18: Kennfeld mit Gauß'schen Zugehörigkeitsfunktionen (a_α=20 und a_ω=0.2)

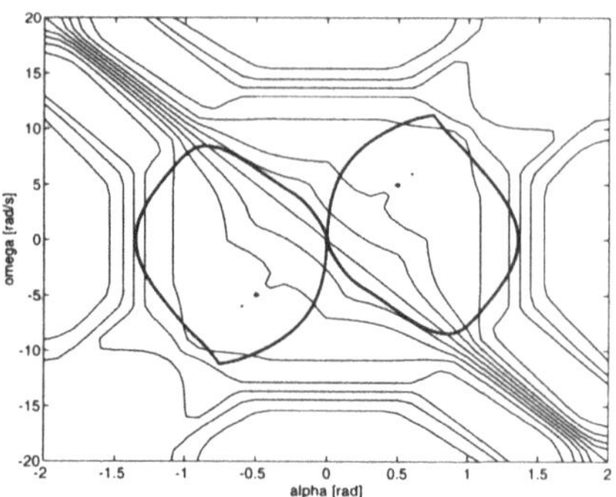

Abb. 9.19: Konturlinien und Trajektorien bei $F^2_{stör}(t)$

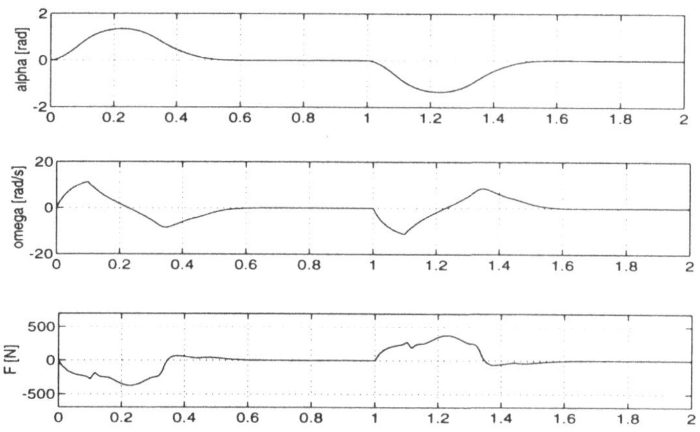

Abb. 9.20: Zeitlicher Verlauf der Prozeßgrößen bei $F^2_{stör}(t)$

9.3 *RIP* Controller

In dem Kapitel 9.2 wurde das Verhalten unterschiedlicher Fuzzy Controller am invertierten Pendel untersucht. Zum Vergleich wird nun ein *RIP* Controller als Regler eingesetzt.

9.3.1 Parametrisierung eines *RIP* Controllers

Die Regelbasis des *RIP* Controllers ist mit der des Fuzzy Controllers identisch. Anstelle der Zugehörigkeitsfunktionen in Abb. 9.4 werden die linguistischen Werte durch vergleichbare Subintervalle beschrieben. Um qualitativ gleiche Verknüpfungsvorschriften der beiden Controller-Typen zu gewährleisten, werden die Subintervalle in Abb. 9.21 so gewählt, daß ihre Mittelwerte mit den maximalen Werten der Zugehörigkeitsfunktionen des Fuzzy Controllers übereinstimmen. Da kein bereichsweise konstantes Übertragungsverhalten[2] des *RIP* Controllers erwünscht ist, könnten die Subintervalle in Abb. 9.21 auch direkt durch ihre Mittelwerte ersetzt werden. Dies würde zu den gleichen Ergebnissen führen.

		α						
		NB	NM	NS	Z	PS	PM	PB
ω	PB				NB			NB
	PM							
	PS				NS			
	Z	PB		PS	Z	NS		NB
	NS				PS			
	NM							
	NB	PM			PB			

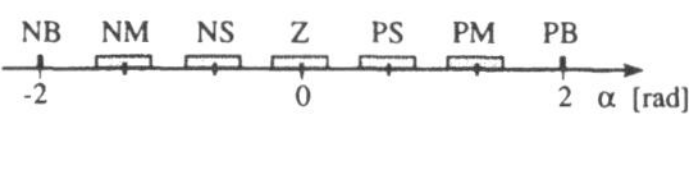

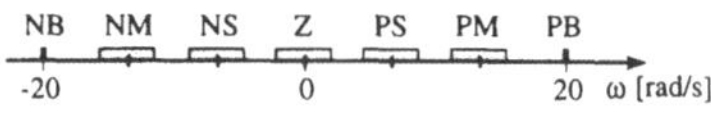

NB NM NS Z PS PM PB
-700 0 700 F [N]

Abb. 9.21: Parametrisierung des *RIP* Controllers

9.3.2 Regelverhalten eines *RIP* Controllers

Die Ergebnisse eines *RIP* Controllers sind in den Abb. 9.22 bis Abb. 9.24 gezeigt. Das in Abb. 9.22 dargestellte Kennfeld des *RIP*-Blockes ähnelt dem Kennfeld des explizit vervollständigten Fuzzy Controllers in Abb. 9.14. Das *RIP*-Kennfeld ist sehr glatt und aufgrund der multilinearen Interpolation stückweise multilinear. Die

[2] Die Regelbasis in Abb. 9.21 hat keine geklammerten linguistischen Werte in den Prämissen.

Trajektorien und die zeitlichen Verläufe der Prozeßgrößen in Abb. 9.23 und Abb. 9.24 zeigen stabiles, schnelles und stationär genaues Regelverhalten.

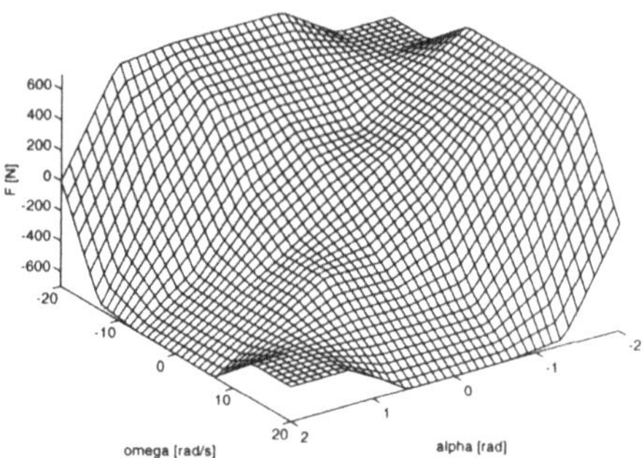

Abb. 9.22: Kennfeld des *RIP* Controllers

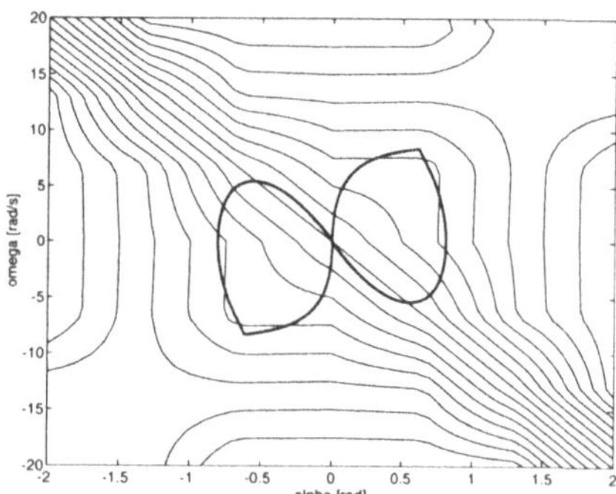

Abb. 9.23: Konturlinien und Trajektorien bei $F^2_{stör}(t)$ des *RIP* Controllers

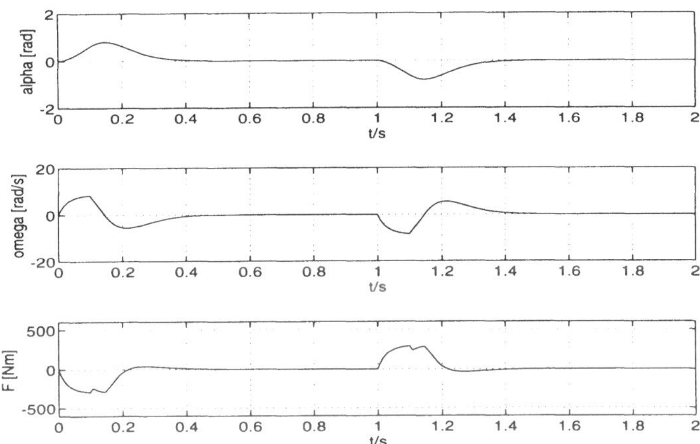

Abb. 9.24: Zeitlicher Verlauf der Prozeßgrößen bei $F^2_{stör}(t)$ des *RIP* Controllers

9.4 Bewertung der Ergebnisse am invertierten Pendel

Die Ergebnisse des unvollständigen Fuzzy Controllers bestätigen, daß Fuzzy Control keine prinzipielle Lösung des Problems von unvollständigem Expertenwissen bietet. Durch geeignete Wahl der Eingangs-Fuzzy-Mengen können die Unvollständigkeitsbereiche der Verknüpfungsvorschrift zum Teil verringert oder vermieden werden. Jedoch ist eine geeignete Parametrisierung der Zugehörigkeitsfunktionen notwendig, was für den Anwender der Fuzzy-Methode nicht immer leicht ist, wie die Wahl der Parameter a_α und a_ω der Gauß'schen Zugehörigkeitsfunktionen in Kapitel 9.2.5 gezeigt hat. Die in Kapitel 7 vorgestellte dynamische und explizite Vervollständigung verbessern das Regelverhalten bei Fuzzy Controllern mit unvollständiger Verknüpfungsvorschrift deutlich. Die explizite Vervollständigung ist aufwendiger als die dynamische Vervollständigung. Sie bringt aber den Vorteil, daß kein Initialisierungsproblem besteht und daß das Verhalten des Fuzzy Controllers keine Hysterese-Effekte aufweist.

RIP Control bietet im Vergleich zu Fuzzy Control ein sehr gutes Regelverhalten und löst durch seine integrierte Vervollständigung das Problem des unvollständigen Expertenwissens. Das durch *RIP* Control generierte Kennfeld ist stückweise multilinear und glatter als die Kennfelder der hier verwendeten Fuzzy Controller. Da sich in der Welligkeit der Kennfelder der Fuzzy Controller kein Gewinn bzw. Zuwachs an qualitativem Expertenwissen verbirgt, ist der *RIP* Controller mit seinem glatteren Kennfeld besser für die Regelung geeignet als die Fuzzy Controller. Dies bestätigt sich auch in den zeitlichen Verläufen der Prozeßgrößen des invertierten Pendels.

Ein explizit vervollständigter Fuzzy Controller und ein *RIP* Controller gleichen sich in ihrem Regelverhalten, weil beide Controller mit der Shepard-Interpolation vervollständigt werden. Die Untersuchungen am invertierten Pendel untermauern deshalb die Aussage in Kapitel 7 und 5, daß die Vervollständigung über globale scattered Data-Interpolationen das Regelverhalten bei unvollständigem Expertenwissen erheblich verbessern kann.

Kapitel 10

Verfahrenstechnische Anlage

In diesem Kapitel werden die Entwurfsverfahren und die Potentiale von *RIP* Control und Fuzzy Control exemplarisch an einer verfahrenstechnischen Durchflußstrecke miteinander verglichen. In den Kapiteln 10.2-10.4 erfolgt eine direkte Gegenüberstellung von *RIP*- und Fuzzy Control. In Kapitel 10.5 wird der Reglerentwurf mit hybrider Regelstruktur für einen *RIP* Controller vorgestellt. Es wird dargelegt, wie mit wenigen Regeln ein weitgehend optimaler *RIP* Controller erstellt werden kann. Um einen möglichst objektiven und reproduzierbaren Vergleich zwischen *RIP*- und Fuzzy Control zu gewährleisten, werden die Messungen zuerst an einem nicht-linearen Simulationsmodell einer Durchflußstrecke durchgeführt. Dann werden die Ergebnisse der Simulation auf eine reale Durchflußstrecke übertragen. In Kapitel 10.6 werden hybride *RIP*- und Fuzzy Controller vorgestellt, deren Regelverhalten den *RIP* Controllern mit hybrider Regelstruktur in Kapitel 10.5 gleicht.

10.1 Durchflußregelung

In Abb. 10.1 ist ein Flüssigkeitskreislauf mit einer Durchflußregelung dargestellt. Der Flüssigkeitskreislauf besteht aus einem Rohrsystem, einer Umwälzpumpe, einem Stellventil und zwei Flüssigkeitsbehältern. Das Stellventil wird über einen Durchflußregler so eingestellt, daß der gemessene Durchfluß möglichst mit einem vorgegebenen Sollwert übereinstimmt. Durchflußregelungen nach Abb. 10.1 werden in der Industrie vielfach eingesetzt. An diesem Aufbau werden nun klassische Regler, *RIP*- und Fuzzy Controller einander gegenübergestellt.

In Abb. 10.2 ist das regelungstechnische Strukturbild des Durchflußregelkreises aus Abb. 10.1 abgebildet. Hierbei wird der gemessene Durchfluß Y mit einem vorgegebenen Sollwert W verglichen. Der Regler berechnet über die aktuelle Reglerabweichung Xd die Stellgröße U, die den Öffnungsgrad des Stellventils festlegt. Die Pumpe des Flüssigkeitskreislaufes arbeitet stets mit konstanter Leistung. Um

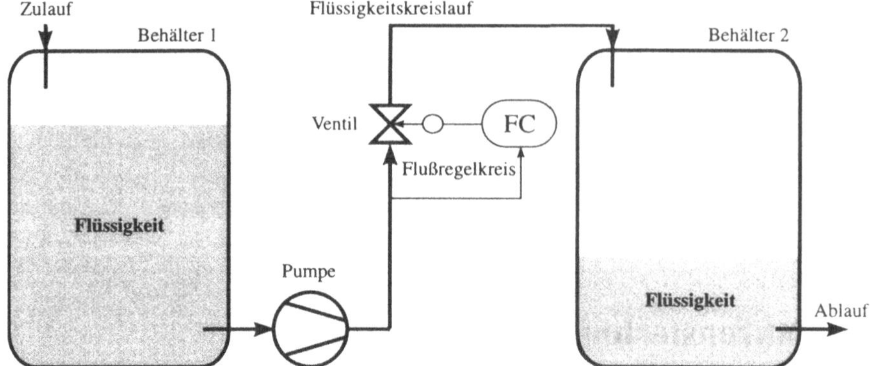

Abb. 10.1: Aufbau eines Flüssigkeitskreislaufes mit Durchflußregelung (FC)

ein reproduzierbares und gleichartiges Prozessverhalten für alle Regler zu gewährleisten, wird zu Anfang dieses Kapitels ein Simulationsmodell verwendet. Als Simulationsmodell der nicht-linearen Durchflußstrecke wird ein Wiener-Modell angesetzt [Schwarz 91]. Das Wiener-Modell besteht aus einem Verzögerungsglied zweiter Ordnung mit Totzeit (*VZ2*-Totzeit-Glied) und einer statischen nicht-linearen Kennlinie am Streckenausgang. Diese statische nicht-lineare Kennlinie ergibt sich bei Verwendung eines gleichprozentigen Stellventils, wenn vor und nach dem Stellventil eine relativ große Druckdifferenz besteht. Stellventile mit gleichprozentiger Kennlinie werden in der verfahrenstechnischen Industrie in großer Zahl eingesetzt [Früh 57], [Meffle 87], [Siemers 91].

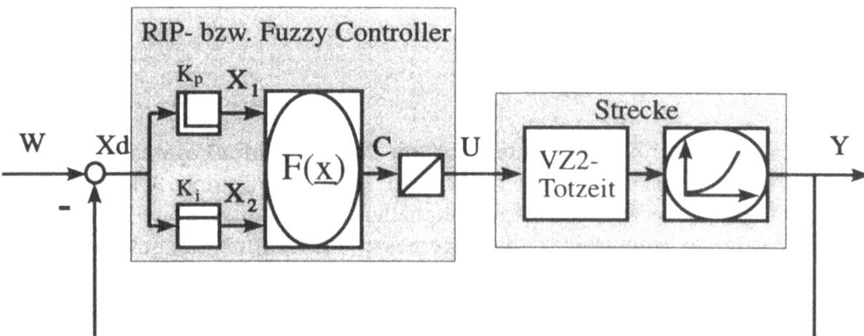

Abb. 10.2: Regelungstechnisches Strukturbild des Durchflußregelkreises (FC) aus Abb. 10.1

Die Ein- und Ausgangs-Filter des Reglers in Abb. 10.2 realisieren eine Struktur, die einem klassischen *PI*-Regler ähnelt. Aufgrund des Integrierers im Ausgangs-Filter wirkt die Eingangsgröße X_1 des Reglers als *P*-Anteil und die Eingangsgröße X_2 als *I*-Anteil des Reglers. Für den Sonderfall einer linearen Verknüpfungsvorschrift $F(\underline{x})=x_1+x_2$ entsprechen die Verstärkungsfaktoren *Kp*, *Ki* in den Eingangs-Filtern den Parametern eines klassischen *PI*-Reglers nach Kap. 6.5.2. Es sollte beachtet werden, daß ein Integrierer im Reglerausgang nur Änderungen des aktuellen Reglerausganges durch die Regelbasis ermöglicht. Das bedeutet, daß die Ausgangsgröße *C* der Regelbasis nur in- bzw. dekrementellen Einfluß auf die Reglerausgangsgröße *U* hat. Umgangsprachlich ist dies mit Formulierungen wie "*Verändere den Reglerausgang U viel*" bzw. "ΔU=*viel*" gleichbedeutend.

Die folgenden Untersuchungen sind alle unter Echtzeitbedingungen auf einem Personal Computer mit einer Abtastzeit von T_A=40ms durchgeführt worden.

10.2 Lineare bzw. näherungsweise lineare Regelgesetze

Werden festeingestellte klassische *PI*-Regler mit linearer Verknüpfungsvorschrift $F(\underline{x})$ nach Kapitel 6.5.2 eingesetzt, dann ergeben sich die in Abb. 10.3 abgebildeten Regelverläufe. Aufgrund der Nichtlinearität der Strecke zeigen klassische *PI*-Regler asymmetrisches Regelverhalten, abhängig von der Sprungrichtung. Bei einem Aufwärtssprung von 2*V* auf 6*V* neigt die Strecke mehr zum Überschwingen und zur Instabilität, als bei Abwärtssprüngen. Wie die Verläufe (Abb. 10.3) zeigen, können unterschiedliche Parametereinstellungen das asymmetrische Verhalten nicht eliminieren.

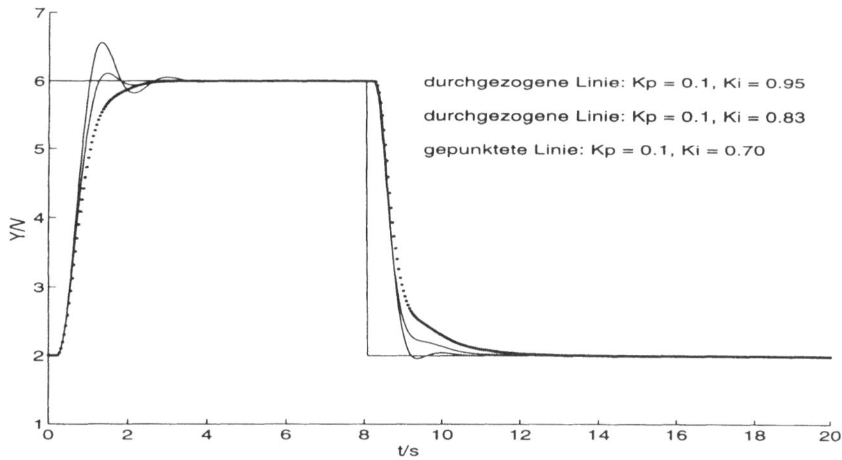

Abb. 10.3: Regelverläufe festeingestellter *PI*-Regler

Als Ausgangspunkt für die weiteren Untersuchungen wird nun das Regelverhalten des *PI*-Reglers mit den Parametern *Kp*=0.1 und *Ki*=0.95 als Referenzverlauf verwendet. In Kapitel 6.5.2 wurde bereits gezeigt wie die Ein- und Ausgangs-Filter für eine *PI*-Struktur einzustellen sind. In Abb. 10.4 sind die Trajektorien $X_2(X_1(t))$ des linearen Reglers dargestellt. Es ist hierbei zu beachten, daß die Trajektorien nicht die Bahnkurven der Ableitung des Streckenausganges $dY(t)/dt$ über dem Streckenausgang $Y(t)$ darstellen, wie es in der Literatur über Regelungstheorie üblich ist [Föllinger 80]. Hier werden die Bahnkurven der Eingangsgröße X_2 über der Eingangsgröße X_1 des inneren Blockes des Controllers in Abb. 10.2 aufgetragen. Das asymmetrische Verhalten tritt in diesen Trajektorien noch stärker in Erscheinung als im Regelverlauf in Abb. 10.3. Der einseitige Überschwinger bei einem Aufwärtssprung ist deutlich in den Trajektorien zu erkennnen. Die Ecken der Trajektorien entstehen durch die Echtzeitsimulation mit endlicher Abtastzeit (T_A=40ms) und der Tustin-Näherung.

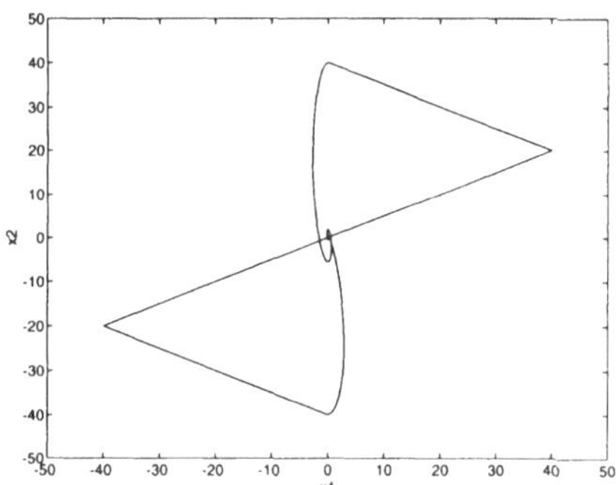

Abb. 10.4: Trajektorien eines festeingestellten *PI*-Reglers

Bevor das asymmetrische Regelverhalten durch einen *RIP*- und Fuzzy Controller kompensiert wird, soll das obige Regelverhalten durch einen *RIP*- und Fuzzy Controller nachgebildet werden, um es dann zu optimieren. Aus Übersichtlichkeitsgründen werden die Reglerparameter *Kp* und *Ki* in den Eingangs-Filtern realisiert. Somit ergibt sich eine einfach strukturierte Regelbasis nach Tabelle 10.1. Die Einstellungen der linguistischen Werte mit Zugehörigkeitsfunktionen bzw. mit Subintervallen sind in den Abb. 10.5 bzw. Abb 10.6 angegeben. Die Algorithmus-Freiheitsgrade von Fuzzy Control sind, wie folgt, gewählt.

Fuzzy-Algorithmus-Freiheitsgrade			
Aggregation	Implikation	Akkumulation	Defuzzification
Minimum (*und*)	Minimum	Maximum	*COA*

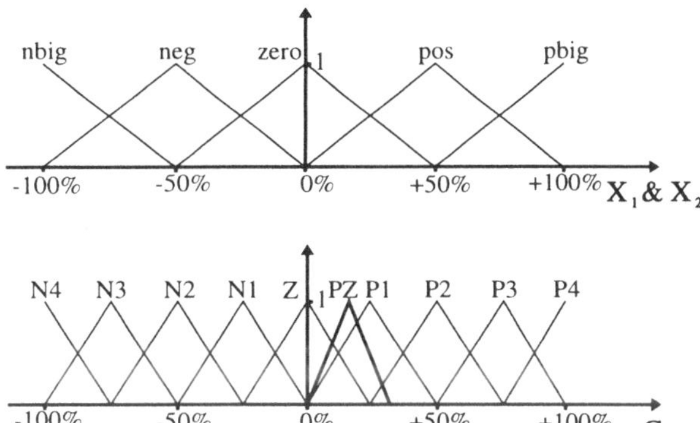

Abb. 10.5: Zugehörigkeitsfunktionen des Fuzzy Controllers

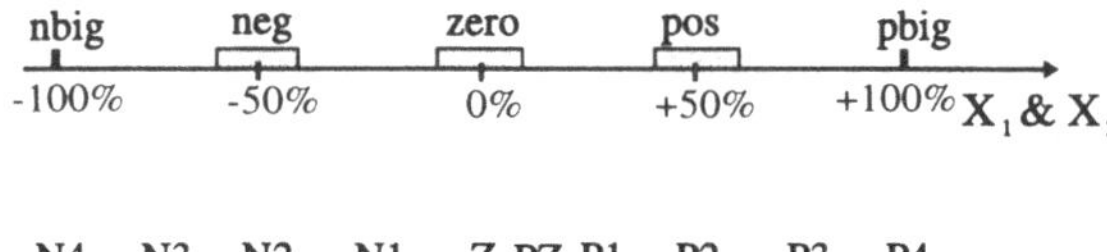

Abb. 10.6: Subintervalle des *RIP* Controllers

Tabelle 10.1: Regelbasis des *RIP*- und Fuzzy Controllers

		X_1				
		nbig	neg	zero	pos	pbig
X_2	pbig	Z	P1	P2	P3	P4
	pos	N1	Z	P1	P2	P3
	zero	N2	N1	Z	P1	P2
	neg	N3	N2	N1	Z	P1
	nbig	N4	N3	N2	N1	Z

In Abb. 10.7 sind jeweils die Regelverläufe und die Konturlinien der Regelbasis nach Tabelle 10.1 angegeben. Das Regelverhalten ist bei beiden Reglertypen annähernd gleich und entspricht qualitativ dem Regelverlauf eines klassischen *PI*-Reglers. Die Konturlinien des *RIP* Controllers zeichnen sich durch ihren linearen Verlauf aus. Der Fuzzy Controller zeigt leichte Wellen bzw. Nichtlinearitäten in den Konturlinien. In der Welligkeit der Konturlinien des Fuzzy Controllers steckt jedoch kein zusätzlicher Informationsgehalt. Die Welligkeit ergibt sich bei den meisten Fuzzy Controllern aufgrund nicht geeigneter Wahl der Fuzzy-Freiheitsgrade. Wie bereits gezeigt wurde, kann dies durch eine günstige Wahl der Fuzzy-Freiheitsgrade verhindert werden. Da der Reglerentwurf bei Verwendung von linguistischem Expertenwissen mehr auf qualitativer als auf quantitativer Grundlage beruht, erzielen der *RIP* Controller und der Fuzzy Controller im gegenseitigen Vergleich kein prinzipiell besseres oder schlechteres Regelverhalten. Qualitativ betrachtet ist das Regelverhalten von beiden Controllern in Abb. 10.7 gleich zu bewerten.

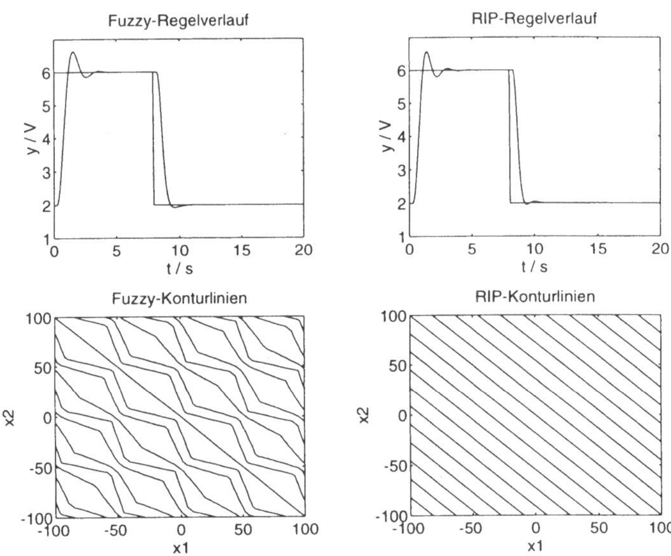

Abb. 10.7: Regelverläufe und Konturlinien nach Tabelle 10.1

Bevor eine Optimierung des Regelverhaltens durchgeführt wird, soll das Regelverhalten von *RIP*- und Fuzzy Control beim Fehlen einzelner Regeln betrachtet werden. Hierzu werden einige Regeln der Regelbasis aus Tabelle 10.1 ausgelassen. In Tabelle 10.2 ist eine direkte Gegenüberstellung des Regelverhaltens der *RIP*- und Fuzzy Controller gegeben. Die ausgelassenen Regeln sind in den Regelbasen in Tabelle 10.2 durch schwarz markierte Felder (■) gekennzeichnet.

Tabelle 10.2: Regelverhalten beim Auslassen (■) von Regeln

Regelbasis	Fuzzy Control	*RIP* Control

Wie bereits am Beispiel des invertierten Pendels gezeigt wurde, bestätigt sich auch hier die Erkenntnis, daß *RIP* Controller im Vergleich zu Fuzzy Controller ein wesentlich robusteres Regelverhalten beim Auslassen von Regeln bzw. bei unvollständigen Regelbasen besitzen. Natürlich hängt das Regelverhalten entscheidend davon ab, welche Regeln fehlen und welche Anregung des Regelkreises vorliegt. Die Regeln, deren Einzugsbereich von den Trajektorien des entsprechenden Controllers nur kurz oder gar nicht berührt werden, bestimmen das Regelverhalten nur unwesentlich bzw. gar nicht. Eine Vervollständigung der Fuzzy Controller mit den unvollständigen Regelbasen in Tabelle 10.2 erscheint auch hier zwingend notwendig. Es soll hier nochmals darauf hingewiesen werden, daß eine Vervollständigung in *RIP*- und Fuzzy Control nur bis zu einem gewissen Grad fehlende Regeln ersetzen kann.

10.3 Optimierung durch Modifikation einer Regel

Im folgenden wird gezeigt, wie in *RIP*- und Fuzzy Control das asymmetrische Regelverhalten durch die Modifikation einer Regel in der Tabelle 10.1 optimiert werden kann. Das Ziel besteht nun darin, den Überschwinger im Aufwärtssprung zu kompensieren, ohne dabei das schnelle Regelverhalten im Abwärtssprung zu verändern. Aus dem Verlauf der Trajektorien in Abb. 10.4 ist ersichtlich, daß in der Tabelle 10.1 die Regel im grau-unterlegten Bereich $\{X_1{=}zero \wedge X_2{=}pos\}$ ersetzt werden muß. Die neue Regel R_{neu} benötigt einen insgesamt kleineren linguistischen Wert *PZ* in der Konklusion. Der linguistische Wert *PZ* liegt zwischen den linguistischen Werten *Z* und *P1* (Abb. 10.5 bzw. Abb. 10.6).

$$R_{neu}\text{: if } \{\ X_1{=}zero \ \wedge\ X_2{=}pos\ \} \text{ then } \{\ C{=}PZ\ \} \quad \mid 1 \qquad (10.1)$$

In Abb. 10.8 sind die Änderungen, bedingt durch die neue Regel R_{neu}, zwischen der ursprünglichen Verknüpfungsvorschrift und der neuen Verknüpfungsvorschrift jeweils für *RIP*- und Fuzzy Control abgebildet. Abb. 10.9 zeigt die Regelverläufe und die Konturlinien nach dieser Regeländerung. Die Auswirkungen der Regeländerung sind in *RIP*- und Fuzzy Control qualitativ gleich. Wie gefordert, unterdrücken beide Controller das Überschwingen im Aufwärtssprung.

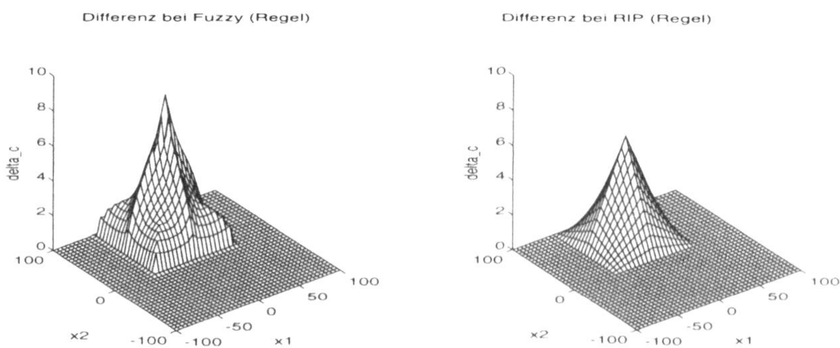

Abb. 10.8: Änderung der Kennfläche durch die Regel R_{neu}

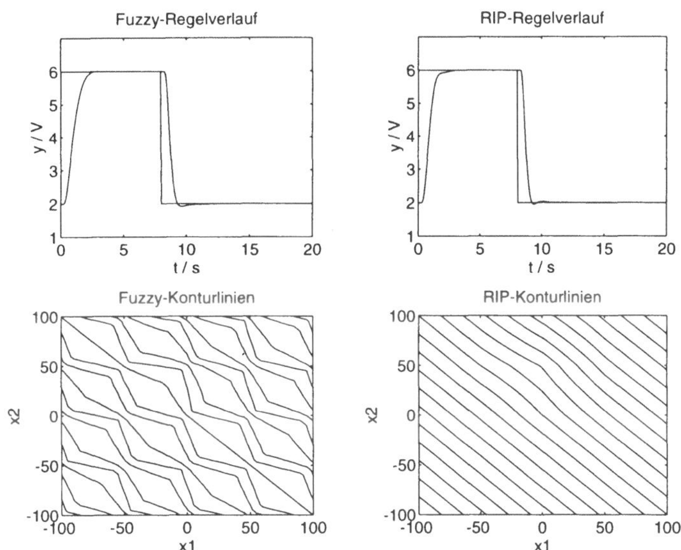

Abb. 10.9: Regelverläufe und Konturlinien nach der Regeländerung

Aufgrund des weitgehend linearen Verhaltens kann in *RIP*-Control dieses Regelverhalten auch durch die folgende hybride Regelbasis in einer komprimierten Form erreicht werden.

$$\begin{array}{llll} R_1: & \text{if } \{ \qquad \} & \text{then } \{ C = X_1 + X_2 \} & \mid 0 \\ R_2: & \text{if } \{ X_1 = zero \wedge X_2 = pos \} & \text{then } \{ C = PZ \} & \mid 1 \end{array} \tag{10.2}$$

10.4 Optimierung durch Modifikation linguistischer Werte

Um zu demonstrieren, daß eine Optimierung eines *RIP* Controllers ähnlich wie bei Fuzzy Control auch über die Modifikation von linguistischen Werten vorgenommen werden kann, wird der linguistische Wert *P1* der Ausgangsgröße *C* verändert. Die Regelbasis nach Tabelle 10.1 bleibt dabei unverändert. Das Subintervall bzw. die Zugehörigkeitsfunktion des linguistischen Wertes *P1* werden dabei auf der Basismenge *C* insgesamt nach links verschoben, was einer "Verkleinerung" des linguistischen Wertes entspricht. Der linguistische Ausgangswert *P1* entspricht dann dem linguistischen Ausgangswert *PZ* in den Abb. 10.5 bzw. Abb. 10.6. Die

Kennfläche ändert sich, obwohl die Regelbasis nach Tabelle 10.1 völlig unverändert bleibt. In Abb. 10.10 und Abb. 10.11 sind die Änderungen der Kennfläche, die Konturlinien und die Regelverläufe abgebildet.

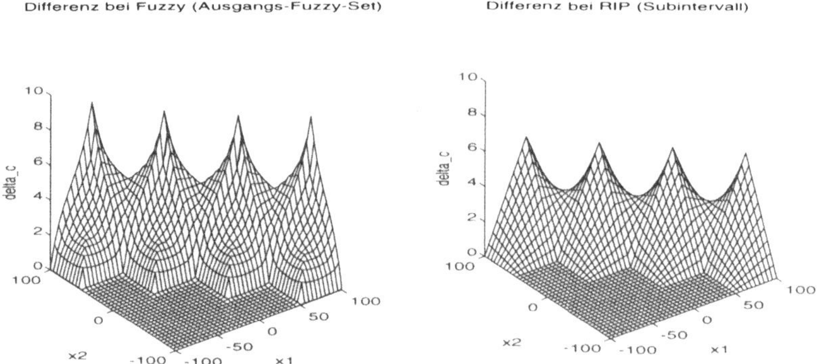

Abb. 10.10: Änderung der Kennfläche durch die Modifikation des linguistischen Wertes *P1*

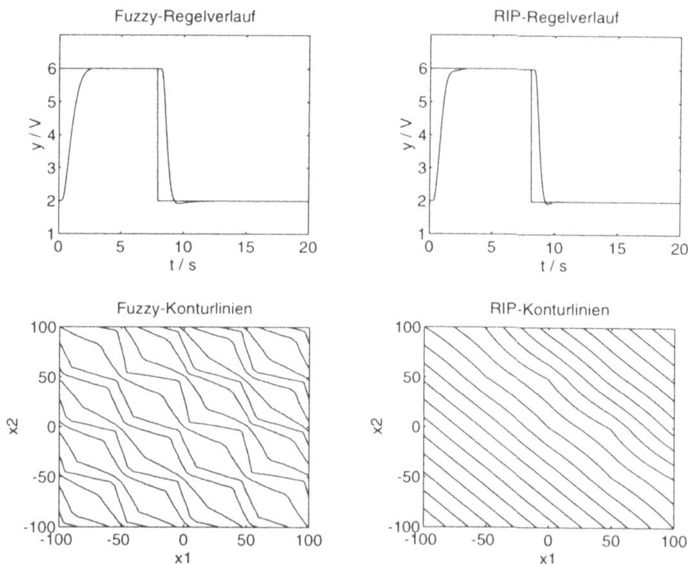

Abb. 10.11: Regelverläufe und Konturlinien nach Modifikation des linguistischen Wertes *P1*

Obgleich die Kennfläche über einen größeren Bereich verändert wurde, ist das erzielte Regelverhalten ähnlich wie bei der Änderung über die Regel R_{neu}. Dies war zu erwarten, da die Trajektorie in Abb. 10.4 nur kurz bzw. gar nicht in die zusätzlich modifizierten Bereiche läuft. Bei einer anderen Sollwertvorgabe könnte dies signifikante Veränderungen im Regelverlauf verursachen.

10.5 *RIP* Controller mit hybrider Regelstruktur

In Kapitel 6.5.3 über *RIP* Control wurde bereits ein Entwurfsverfahren basierend auf hybriden Regelstrukturen vorgestellt. Zur Erläuterung der Möglichkeiten dieses Entwurfsverfahrens wird im folgenden ein exemplarischer Entwurf an der verfahrenstechnischen Anlage durchgeführt.

Bevor der eigentliche Entwurfsvorgang durchgeführt wird, soll das Regelverhalten eines fest eingestellten klassischen *PI*-Reglers nach Abb. 10.2 bei kleinen Sollwertsprüngen über den gesamten Regelbereich der Strecke betrachtet werden. Dieses Regelverhalten kann durch die folgende Regel R_1 in *RIP* Control erzielt werden. Hierbei sind die Reglerparameter *Kp*=0.1 und *Ki*=1.0 innerhalb der Regel und nicht in den Eingangs-Filtern wie in Abb. 10.2 realisiert.

$$R_1\text{: if } \{ \qquad \} \text{ then } \{ \; C = 0.1 \cdot X_1 + 1.0 \cdot X_2 \; \} \quad | \; 1 \qquad (10.3)$$

In Abb. 10.12 und Abb. 10.13 sind die Regelverläufe und die Trajektorien abgebildet. Da der *PI*-Regler nur für den Bereich *klein*≙[1,2] der Regelgröße *Y* über eine Sprungantwort-Identifikation entworfen wurde, ergibt sich in den oberen Bereichen *groß*≙[8,9] der Regelgröße ein Regelverhalten mit deutlichen Überschwingern. In den Trajektorien in Abb. 10.13 ist das asymmetrische Verhalten anhand der Auffächerung der Trajektorien deutlich zu erkennen. Andere Einstellungen der Reglerparameter eines linearen *PI*-Reglers lösen dieses Problem, wie bereits in Kapitel 10.2 gezeigt, nicht. Im folgenden wird durch linguistische und funktionale Regeln ein nicht-lineares Regelgesetz definiert, welches das asymmetrische Regelverhalten stark reduziert. Der Entwurf des nicht-linearen Regelgesetzes wird dabei in zwei Schritten durchgeführt. Zuerst wird ein *RIP* Controller mit 3-Eingangsgrößen und später ein *RIP* Controller mit 4 Eingangsgrößen eingesetzt.

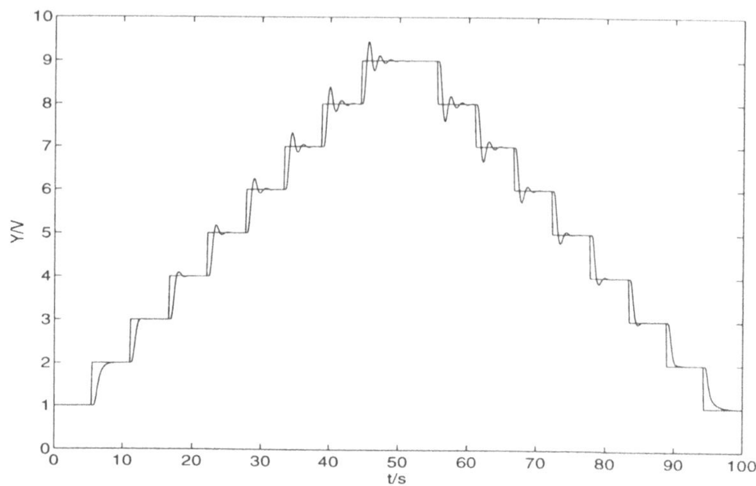

Abb. 10.12: Regelverlauf eines *PI*-Reglers nach Gl. 10.3

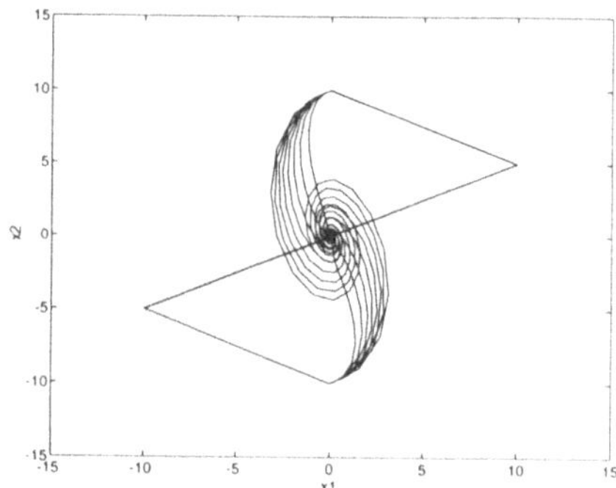

Abb. 10.13: Trajektorien eines *PI*-Reglers nach Gl. 10.3

10.5.1 *RIP* Controller mit 3 Eingangsgrößen

Um die Asymmetrie des Regelverhaltens aus Abb. 10.13 zu kompensieren, wird in die Regelbasis die Information über die Regelgröße $X_3 \triangleq Y$ aufgenommen. Hierdurch ergibt sich die Struktur des Regelkreises nach Abb. 10.14.

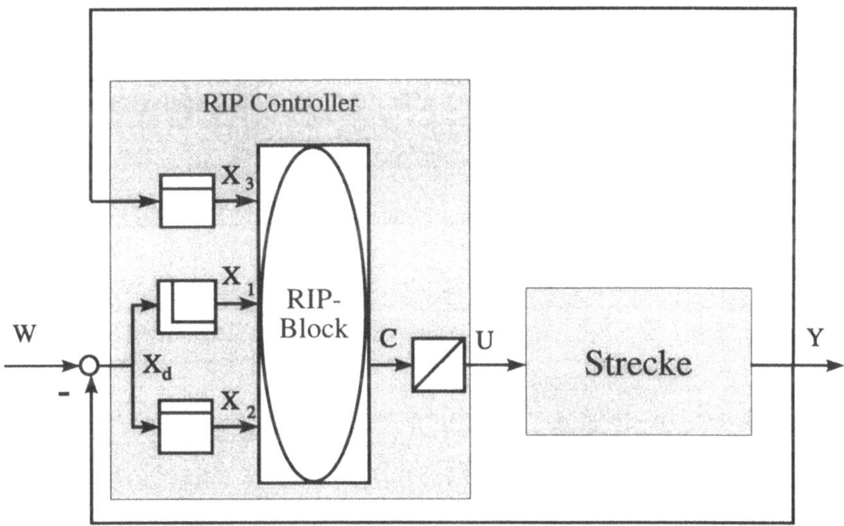

Abb. 10.14: *RIP* Controller mit 3 Eingängen

In der Regelbasis des *RIP* Controllers werden nun abhängig von der Regelgröße $X_3 \triangleq Y$ drei Regeln für die Bereiche (*klein*, *mittel*, *groß*) definiert. Die Subintervalle der linguistischen Werte *klein*, *mittel*, *groß* sind in Abb. 10.15 abgebildet. Die Wahl der Subintervalle ergibt sich aus einer Dreiteilung des Regelbereiches in Abb. 10.12, wobei der genauen Festlegung der Subintervallgrenzen keine große Bedeutung zukommt.

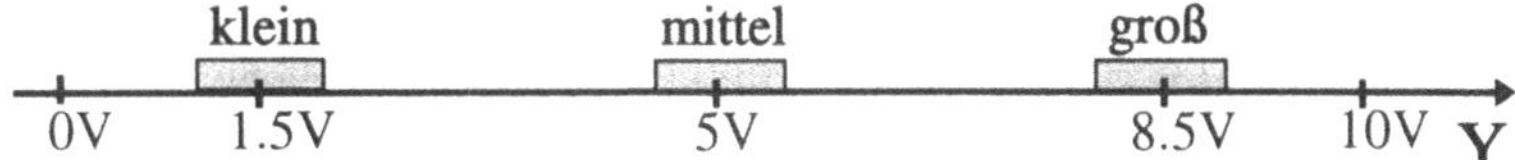

Abb. 10.15: Subintervalle der Regelgröße *Y*

In der Prämisse der Regeln wird die Regelgröße *Y* zur Entscheidung, welche Regeln $R_1,\ldots,R_3$ aktiv sind, benötigt. Die Regelbasis lautet wie folgt.

$$
\begin{array}{llll}
R_1: & \text{if } \{\ Y=\mathit{klein}\ \} \text{ then } \{\ C = 0.1 \cdot X_1 + 1.0 \cdot X_2\ \} & \mid 1 & \\
R_2: & \text{if } \{\ Y=\mathit{mittel}\ \} \text{ then } \{\ C = 0.1 \cdot X_1 + 0.7 \cdot X_2\ \} & \mid 1 & (10.4) \\
R_3: & \text{if } \{\ Y=\mathit{gro\beta}\ \} \text{ then } \{\ C = 0.1 \cdot X_1 + 0.6 \cdot X_2\ \} & \mid 1 &
\end{array}
$$

Die Parameter innerhalb der Konklusion der Regeln entsprechen den klassischen Reglerparametern (*Kp*, *Ki*) eines *PI*-Reglers für die entsprechenden Arbeitspunkte (*klein*, *mittel*, *groß*). In Abb. 10.16 und Abb. 10.17 sind die Regelverläufe und die Trajektorien des *RIP* Controllers mit 3 Eingängen dargestellt.

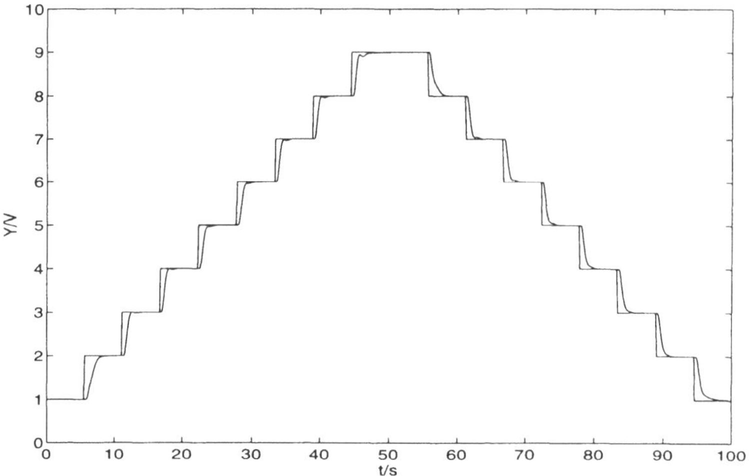

Abb. 10.16: Regelverlauf des *RIP* Controllers mit 3 Eingängen für kleine Sollwertsprünge

Der Regelverlauf und die Trajektorien bestätigen, daß die Asymmetrie durch diesen *RIP* Controller, wie gefordert, für kleine Sollwertsprünge beinahe ganz kompensiert wird. Die Auffächerung der Trajektorien in Abb. 10.17 ist wesentlich geringer als in Abb. 10.13. Jedoch ergibt sich für große Sollwertsprünge noch immer ein asymmetrisches Regelverhalten nach Abb. 10.18, d.h. Überschwinger bei Aufwärtssprüngen und keine Überschwinger bei Abwärtssprüngen. In Kapitel 10.5.2 wird deshalb noch eine zusätzliche Eingangsgröße verwendet, um das Regelverhalten für große Sollwertsprünge weiter zu verbessern. Das Hauptziel der zusätzlichen Eingangsgröße ist es, den Überschwinger bei großen Aufwärtssprüngen in Abb. 10.18 zu unterdrücken.

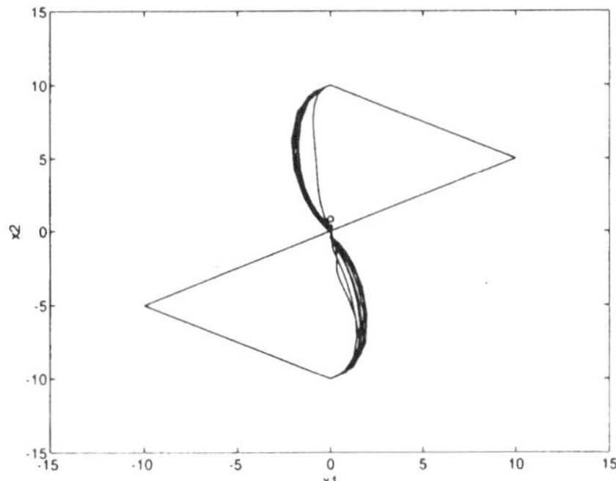

Abb. 10.17: Trajektorien des *RIP* Controllers mit 3 Eingängen für kleine Sollwertsprünge

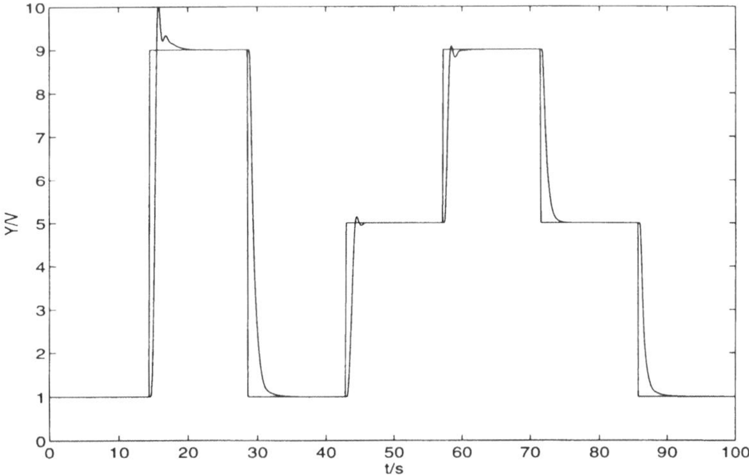

Abb. 10.18: Regelverlauf des *RIP* Controllers mit 3 Eingängen für große Sollwertsprünge

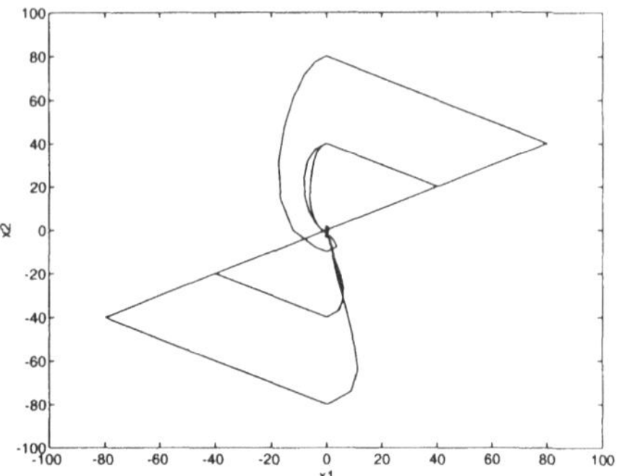

Abb. 10.19: Trajektorien des *RIP* Controllers mit 3 Eingängen für große Sollwertsprünge

10.5.2 *RIP* Controller mit 4 Eingangsgrößen

Zur Kompensierung der Asymmetrie bei großen Sollwertsprüngen, wird die Information über die Höhe der Sollwertsprünge $X_4 \triangleq \Delta W$ mit in die Regelbasis nach Gl. 10.4 aufgenommen. Die Struktur des Regelkreises mit vier Eingangsgrößen ist in Abb. 10.20 dargestellt. Die Sollwertsprunghöhe ΔW ergibt sich aus der Differenz des neuen und des alten Sollwertes. Die Sollwertsprunghöhe ΔW wird solange beibehalten, bis der Betrag der Regeldifferenz $|X_d|$ erstmals wieder in den Toleranzstreifen von 2% des maximalen Regelbereiches Y_{max} um Null eintaucht.

Es zeigt sich in Abb. 10.18, daß sowohl die Richtung (positiv bzw. negativ) als auch die Höhe (klein bzw. groß) der Sollwertsprünge unterschieden werden muß, um die Asymmetrie zu kompensieren. Somit ist es zweckmäßig die linguistischen Werte *n_groß*, *klein* und *p_groß* nach Abb. 10.21 einzuführen. Eine Dreiteilung der Sollwertsprunghöhe nach Abb. 10.21 ist auch hier ausreichend.

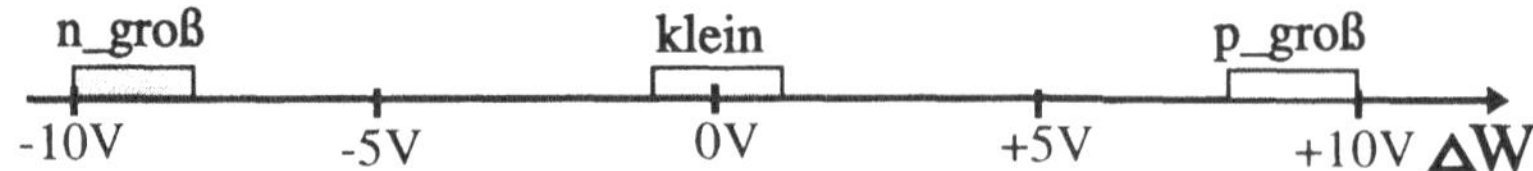

Abb. 10.21: Subintervalle der Sollwertsprunghöhe ΔW

Die Regelbasis nach Gl. 10.4 wird nun um zwei weitere Regeln R_4 und R_5 erweitert, um für die Bereiche *n_groß* und *p_groß* der Sollwertsprunghöhe ΔW eine günstigere Reglereinstellung zu ermöglichen. Zur Festlegung einer eingeschränkten

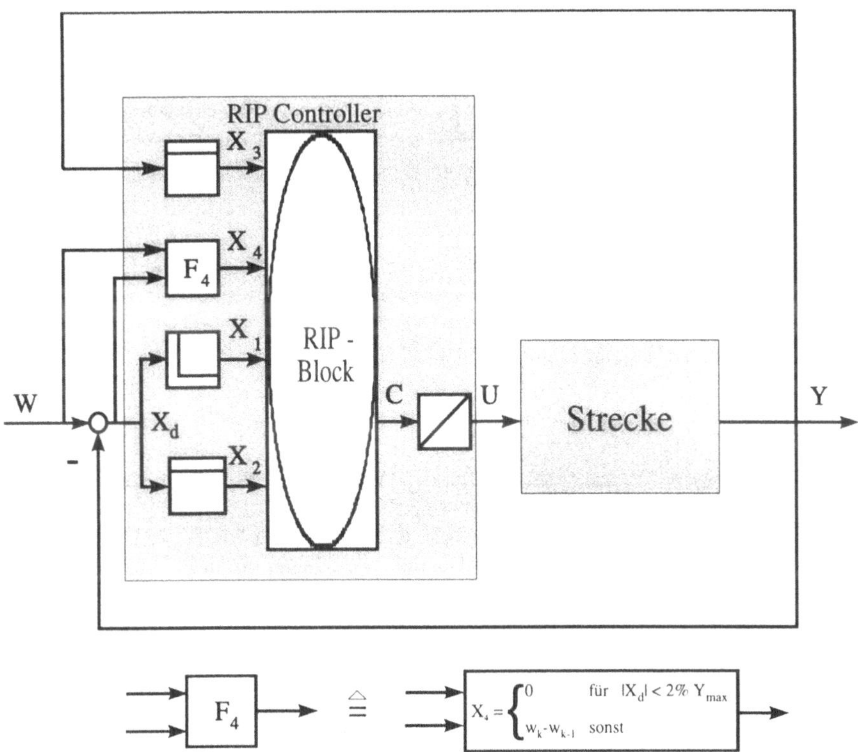

Abb. 10.20: *RIP* Controller mit 4 Eingängen

Gültigkeit auf kleine Sollwertsprünge werden die Regeln $R_1,...,R_3$ aus Gl. 10.4 in ihrer Prämisse mit ΔW=*klein* ergänzt. Es ergibt sich somit die Regelbasis in Gl. 10.5.

$$
\begin{array}{lllll}
R_1: & \text{if } \{\ Y=klein \ \wedge\ \Delta W=klein\ \} & \text{then } \{\ C=0.1\cdot X_1+1.0\cdot X_2\ \} & \mid 1 & \\
R_2: & \text{if } \{\ Y=mittel \ \wedge\ \Delta W=klein\ \} & \text{then } \{\ C=0.1\cdot X_1+0.7\cdot X_2\ \} & \mid 1 & \\
R_3: & \text{if } \{\ Y=gro\beta \ \wedge\ \Delta W=klein\ \} & \text{then } \{\ C=0.1\cdot X_1+0.6\cdot X_2\ \} & \mid 1 & (10.5)\\
R_4: & \text{if } \{\ \Delta W=n\_gro\beta\ \} & \text{then } \{\ C=0.1\cdot X_1+0.8\cdot X_2\ \} & \mid 1 & \\
R_5: & \text{if } \{\ \Delta W=p\_gro\beta\ \} & \text{then } \{\ C=0.1\cdot X_1+0.5\cdot X_2\ \} & \mid 1 &
\end{array}
$$

In Abb. 10.22 und Abb. 10.23 sind der Regelverlauf, die Trajektorien von $X_2(X_1(t))$ und $X_4(X_3(t))$ des *RIP* Controllers mit 4 Eingängen für kleine Sollwertsprünge dargestellt.

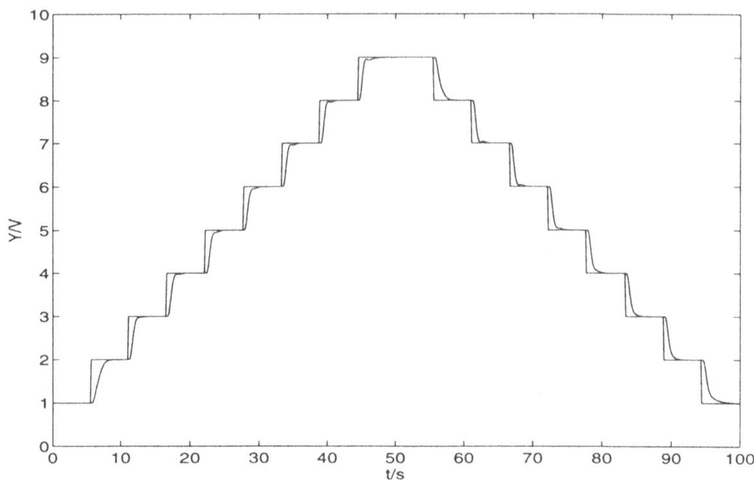

Abb. 10.22: Regelverlauf des *RIP* Controllers mit 4 Eingängen für kleine Sollwertsprünge

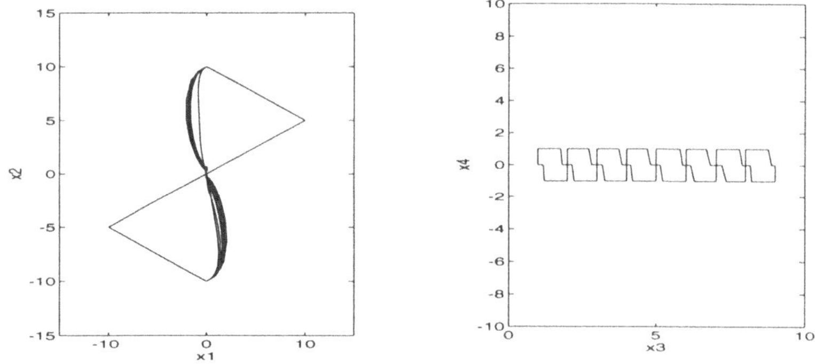

Abb. 10.23: Trajektorien des *RIP* Controllers mit 4 Eingängen für kleine Sollwertsprünge

Für kleine Sollwertsprünge sind der Regelverlauf und die Trajektorien $X_2(X_1(t))$ des *RIP* Controllers mit 4 Eingängen, wie zu erwarten, identisch mit dem Regelverhalten bei nur 3 Eingängen. Die Trajektorien $X_4(X_3(t))$ in Abb. 10.23 lassen deutlich die unterschiedlichen Arbeitsbereiche des *RIP* Controllers und die kleinen Sollwertsprünge ΔW=1V erkennen. Wie beabsichtigt, sind jetzt das Regelverhalten und die

Trajektorien $X_2(X_1(t))$ für große Sollwertsprünge im Gegensatz zu einem *RIP* Controller mit 3 Eingängen nahezu symmetrisch. Es bestehen keine einseitigen Überschwinger mehr (Abb. 10.24 und Abb. 10.25).

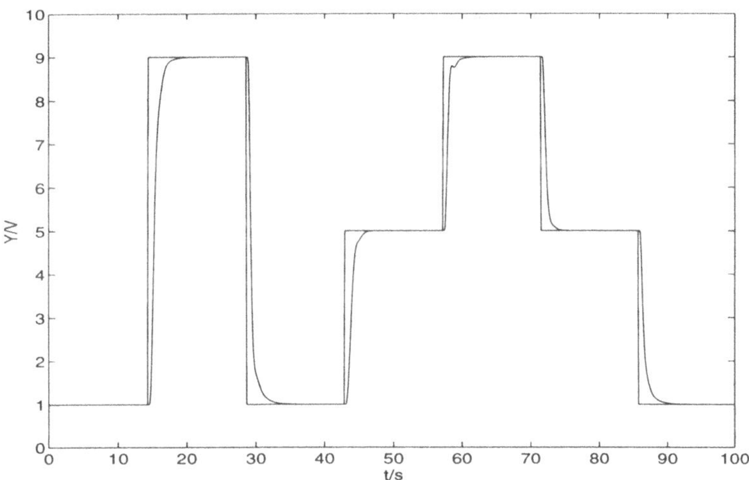

Abb. 10.24: Regelverlauf des *RIP* Controllers mit 4 Eingängen für große Sollwertsprünge

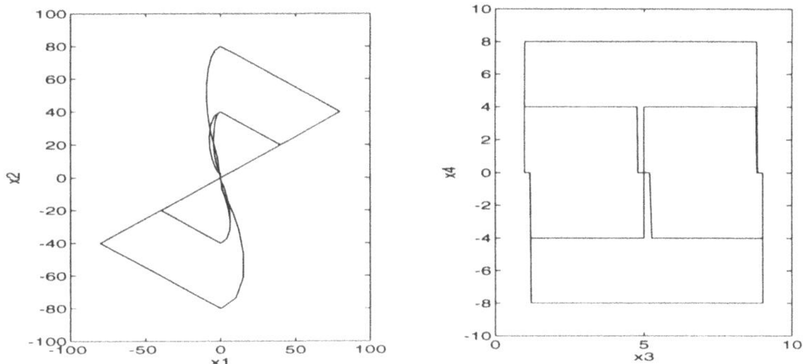

Abb. 10.25: Trajektorien des *RIP* Controllers mit 4 Eingängen für große Sollwertsprünge

Fazit:

Es wurde in diesem Kapitel gezeigt, wie mit einem einfachen und sukzessiven Entwurfsverfahren und wenigen Regeln (5 Regeln) ein sehr effizienter *RIP* Controller basierend auf 4 Eingängen entworfen werden kann. Die durch den Stützpunkt-Generator erzeugte Stützpunktmenge besteht im Falle von Gl. 10.5 aufgrund der Anzahl der linguistischen Eingangswerte aus $5 \cdot 5 \cdot 3 \cdot 3 = 225$ Stützpunkten. An diesem Beispiel wird noch einmal deutlich, welche Vorteile für den Anwender von *RIP* Control bestehen. Er muß nicht mit Stützpunkten und mehrdimensionalen Kennfeldern arbeiten, sondern er kann sein Expertenwissen in Form von linguistischen Werten und Regeln direkt in eine Reglereinstellung umsetzen. Durch die Verwendung von funktionalen Regeln kann eine hochgradig transparente Darstellung der Regelstrategie erreicht werden, die jederzeit leicht modifizierbar ist und anderen Anlagenbetreibern leicht zugänglich ist.

10.5.3 Ergebnisse an einer realen Anlage

Das zuvor an dem Simulationsmodell einer Durchflußstrecke vorgestellte Entwurfsverfahren für *RIP* Control wird nun an einer realen Durchflußstrecke eingesetzt. In den Abb. 10.26 und Abb. 10.27 sind der Regelverlauf und die Trajektorien für kleine Sollwertsprünge eines klassischen *PI*-Regler mit den Parametern $Kp=0.2$ und $Ki=1.1$ abgebildet. Aus Gründen der Übersichtlichkeit werden bei der Darstellung der kleinen Sollwertsprünge nur Aufwärtssprünge dargestellt. Die reale Durchflußstrecke besitzt ein ähnlich arbeitspunktabhängiges Verhalten wie das Simulationsmodell. Um den Arbeitsbereich *klein*$\hat{=}[1,2]$ zeigt der klassische *PI*-Regler ein gutes Regelverhalten, da der *PI*-Regler für diesen Bereich entworfen wurde. Im oberen Arbeitsbereich *groß*$\hat{=}[8,9]$ neigt der Regelkreis aber zu instabilem Regelverhalten. Aufgrund der nicht-linearen Kennlinie und der Streckenbegrenzung bei 10V ergibt sich hier eine stabile Dauerschwingung. In Abb. 10.27 ist das asymmetrische Regelverhalten anhand der Auffächerung der Trajektorien $X_2(X_1(t))$ und die Dauerschwingung zu erkennen. Wegen der beschränkten Abtastzeit von $T_A=40$ms sind innerhalb der Trajektorien leichte Knicke erkennbar, die sich jedoch im Regelverlauf weniger signifikant ausdrücken. Im Gegensatz zur Simulation zeigen sich im Regelverlauf und in den Trajektorien der realen Durchflußstrecke leichte Störungen und Rauschen. Für den Betrieb einer realen Anlage ist dies typisch.

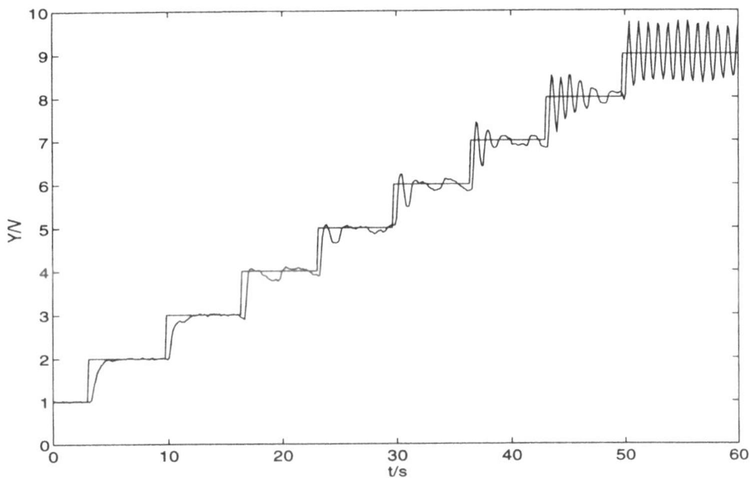

Abb. 10.26: Regelverlauf für kleine Sollwertsprünge mit klassischem *PI*-Regler

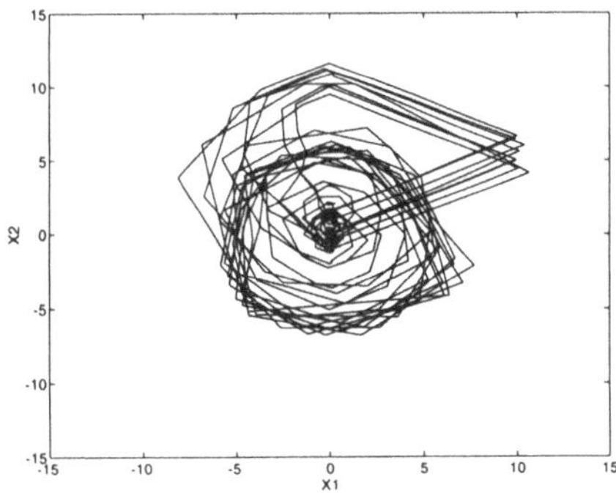

Abb. 10.27: Trajektorien für kleine Sollwertsprünge mit klassischem *PI*-Regler

Zur Verbesserung des Regelverhaltens wird nun ein *RIP* Controller mit 4 Eingängen nach Abb. 10.20 eingesetzt. Die Regelbasis und die Parametrisierung des *RIP* Controllers sind in Gl. 10.6 angegeben. Die Vorgehensweise und die Überlegungen zur Erstellung der Regelbasis in Gl. 10.6 sind bereits in den letzten Kapiteln erläutert worden. Die Struktur der Regelbasis und die linguistischen Werte sind identisch. Der einzige Unterschied zwischen der realen Strecke und der Simulation liegt in der Parametrisierung der Regelkonklusionen.

$$
\begin{aligned}
&R_1\text{: if } \{\ Y{=}klein \wedge \Delta W{=}klein\ \} \text{ then } \{\ C = 0.2{\cdot}X_1{+}1.1{\cdot}X_2\ \} \mid 1\\
&R_2\text{: if } \{\ Y{=}mittel \wedge \Delta W{=}klein\ \} \text{ then } \{\ C = 0.2{\cdot}X_1{+}0.8{\cdot}X_2\ \} \mid 1\\
&R_3\text{: if } \{\ Y{=}groß \wedge \Delta W{=}klein\ \} \text{ then } \{\ C = 0.1{\cdot}X_1{+}0.6{\cdot}X_2\ \} \mid 1\\
&R_4\text{: if } \{\ \Delta W{=}n\_groß\ \} \text{ then } \{\ C = 0.06{\cdot}X_1{+}0.33{\cdot}X_2\ \} \mid 1\\
&R_5\text{: if } \{\ \Delta W{=}p\_groß\ \} \text{ then } \{\ C = 0.07{\cdot}X_1{+}0.42{\cdot}X_2\ \} \mid 1
\end{aligned}
\tag{10.6}
$$

Der Regelverlauf und die Trajektorien $X_2(X_1(t))$ eines *RIP* Controllers mit 4 Eingängen zeigen stabiles und nahezu symmetrisches Verhalten unter Beibehaltung der Schnelligkeit für kleine Sollwertsprünge (Abb. 10.28 und Abb. 10.29). Dies ist vor allem in den Trajektorien $X_2(X_1(t))$ in Abb. 10.29 ersichtlich, die sich jetzt nur durch leichte Störungen und das geringe Rauschen der Durchflußstrecke unterscheiden. Die Dauerschwingung im Arbeitsbereich *groß* ist vollständig eliminiert. Die Trajektorien $X_4(X_3(t))$ in Abb. 10.29 zeigen wiederum die unterschiedlichen Arbeitsbereiche des *RIP* Controllers.

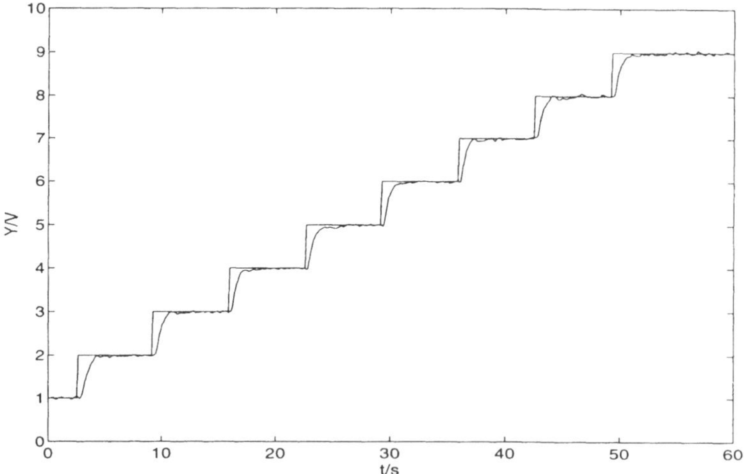

Abb. 10.28: Regelverlauf für kleine Sollwertsprünge mit *RIP* Controller mit 4 Eingängen

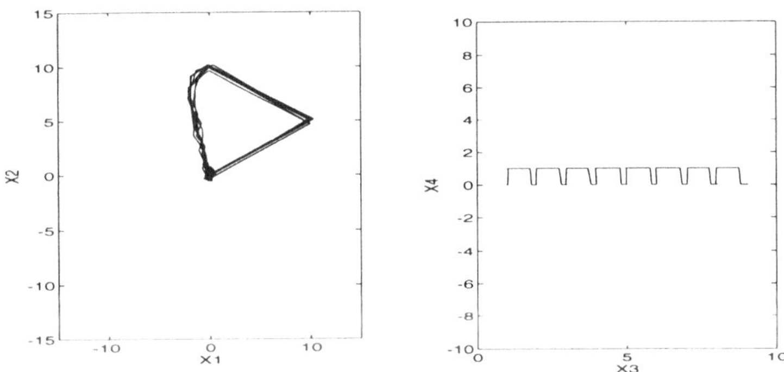

Abb. 10.29: Trajektorien für kleine Sollwertsprünge mit *RIP* Controller mit 4 Eingängen

Die Abb. 10.30 und Abb. 10.31 zeigen den Regelverlauf und die Trajektorien $X_2(X_1(t))$ bzw. $X_4(X_3(t))$ für große Sollwertsprünge.

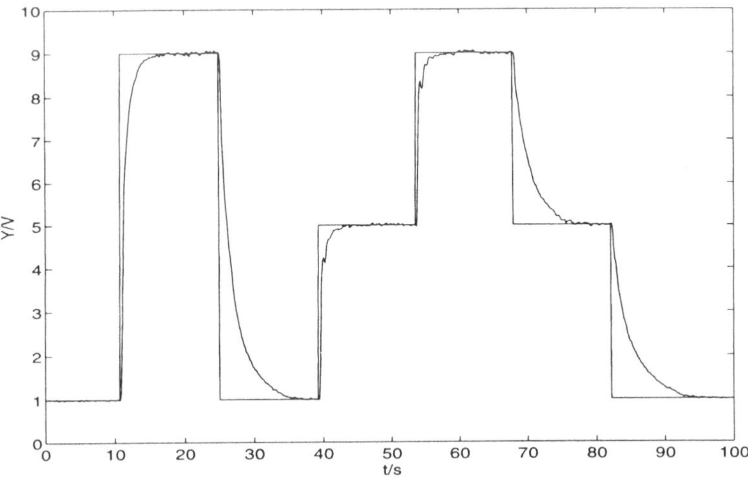

Abb. 10.30: Regelverlauf für große Sollwertsprünge mit *RIP* Controller mit 4 Eingängen

Es ist zu erkennen, daß entsprechend der Forderung für alle Sollwertsprünge keine Überschwinger auftreten. Dieses Regelverhalten ist mit einem klassischen *PI*-Regler ohne Eingriff in den Prozeß nicht möglich. Im Gegensatz zur Simulation wurde bei der realen Strecke für große Abwärtssprünge eine langsamere Reglereinstellung verwendet, um Unterschwinger zu vermeiden. Durch eine Erweiterung der

Regelbasis in Gl. 10.6 mit linguistischen Regeln kann das Regelverhalten auch für große Abwärtssprünge noch erheblich verbessert werden. Die so entwickelte hybride Regelbasis formuliert auf sehr transparente Art und Weise ein komplexes nicht-lineares Regelgesetz, das einfach dokumentiert ist und jederzeit leicht modifiziert werden kann.

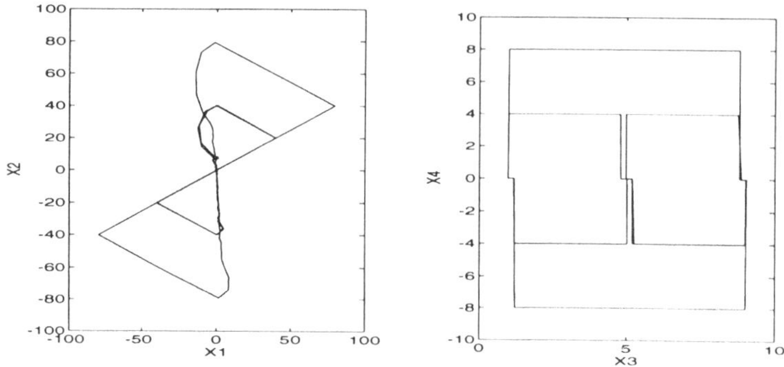

Abb. 10.31: Trajektorien für große Sollwertsprünge mit *RIP* Controller mit 4 Eingängen

10.6 Hybride *RIP*- und Fuzzy Controller

Das Regelverhalten des *RIP* Controllers mit hybrider Regelstruktur aus Kapitel 10.5.2 kann auch mit einem hybriden Controller erzielt werden (Abb. 10.32).

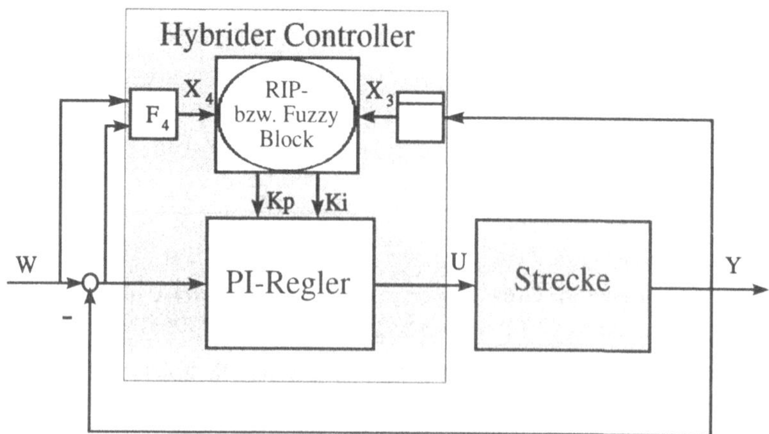

Abb. 10.32: Hybrider *RIP*- bzw. Fuzzy Controller

Der hybride Controller besteht aus einem klassischen *PI*-Regler und einem *RIP*- oder Fuzzy Controller, der die Reglerparameter *Kp* und *Ki* abhängig von der aktuellen Regelgröße $X_3 \triangleq Y$ und dem aktuellen Sollwertsprung $X_4 \triangleq \Delta W$ einstellt. Das Übertragungsverhalten des Blockes F_4 in Abb. 10.32 ist wie in Kapitel 10.5.2 definiert. Die Regelbasis des hybriden *RIP*- oder Fuzzy-Blockes kann direkt aus der Regelbasis in Kapitel 10.5.2 abgeleitet werden. Die Subintervalle bzw. die Zugehörigkeitsfunktionen der Eingangsgrößen bleiben weiterhin gleich. Da die Parametereinstellungen *Kp*, *Ki* für die verschiedenen Arbeitsbereiche genau bekannt sind (Gl. 10.5), können die linguistischen Werte der Ausgangsgrößen *Kp*, *Ki* bei *RIP* Control durch reelle Werte bzw. bei Fuzzy Control durch Singletons dargestellt werden (Abb. 10.33).

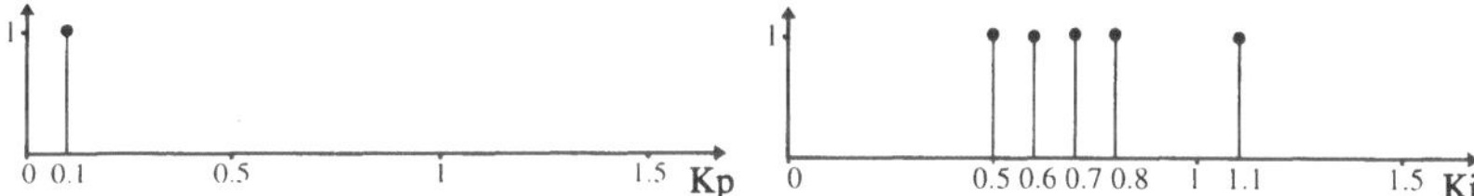

Abb. 10.33: Linguistische Werte des hybriden *RIP*- bzw. Fuzzy-Controllers (crisp Werte)

Die Regelbasis des hybriden Controllers besteht aus 10 Regeln, je 5 für den Parameter *Kp* und 5 für den Parameter *Ki*. In *RIP* Control kann die Regelbasis mit Hilfe einer allgemeingültigen Regel auf 6 Regeln reduziert werden (Gl. 10.7), da der Parameter *Kp* unabhängig vom Arbeitsbereich ist.

$$\begin{array}{lllll}
R_{Kp,1}: & \text{if } \{ & & \} \text{ then } \{ Kp = 0.1 \} & \mid 1 \\
 & & & & \\
R_{Ki,1}: & \text{if } \{ & Y{=}klein \wedge \Delta W{=}klein & \} \text{ then } \{ Ki = 1.0 \} & \mid 1 \\
R_{Ki,2}: & \text{if } \{ & Y{=}mittel \wedge \Delta W{=}klein & \} \text{ then } \{ Ki = 0.7 \} & \mid 1 \\
R_{Ki,3}: & \text{if } \{ & Y{=}gro\beta \wedge \Delta W{=}klein & \} \text{ then } \{ Ki = 0.6 \} & \mid 1 \\
R_{Ki,4}: & \text{if } \{ & \Delta W{=}n_gro\beta & \} \text{ then } \{ Ki = 0.8 \} & \mid 1 \\
R_{Ki,5}: & \text{if } \{ & \Delta W{=}p_gro\beta & \} \text{ then } \{ Ki = 0.5 \} & \mid 1
\end{array} \qquad (10.7)$$

Eine Alternative wäre den Parameter *Kp* fest vorzugeben. Der Parameter *Kp* kann dann aber nicht durch die Regelbasis nachträglich verändert werden, wenn sich beispielsweise das Streckenverhalten ändern würde. In Tabelle 10.3 ist die Regelbasis nochmals in tabellarischer Form dargestellt.

Tabelle 10.3: Regelbasis für Parameter *Kp* und *Ki* in tabellarischer Form

			ΔW	
		n_groß	klein	p_groß
Y	groß	Kp=0.1	Kp=0.1	Kp=0.1
		Ki=0.8	Ki=0.6	Ki=0.5
	mittel	Kp=0.1	Kp=0.1	Kp=0.1
		Ki=0.8	Ki=0.7	Ki=0.5
	klein	Kp=0.1	Kp=0.1	Kp=0.1
		Ki=0.8	Ki=1.0	Ki=0.5

Das Übertragungsverhalten des *RIP*- oder des Fuzzy-Blockes, welches durch die Tabelle 10.3 beschrieben wird, besteht aus zwei Verknüpfungsvorschriften, je eine für den Parameter *Kp* und eine für den Parameter *Ki*. Die Kennfläche des Parameters *Kp* ist eine Ebene mit *Kp*=0.1, unabhängig davon, ob ein *RIP*- oder ein Fuzzy Controller verwendet wird (Abb. 10.34).

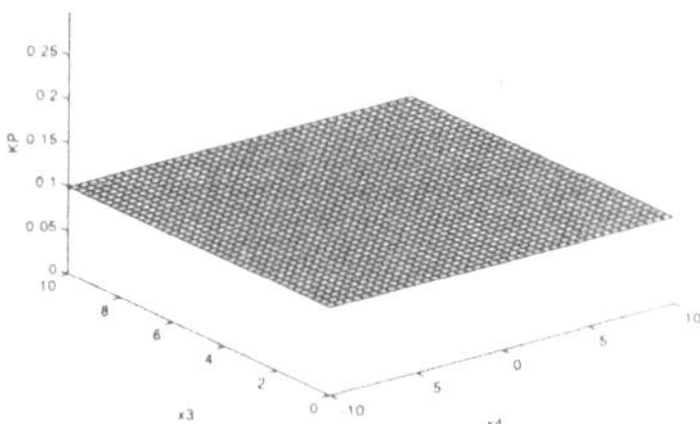

Abb. 10.34: *RIP*-Kennfläche für *Kp*

Die Kennfläche des Parameters *Ki* ist aufgrund der unterschiedlichen Einstellungen der Regeln $R_{Ki,1}$ bis $R_{Ki,5}$ nicht konstant. Zudem wird diese Kennfläche von den Freiheitsgraden und der Realisierung als *RIP*- oder Fuzzy Controller bestimmt. In Abb. 10.35 ist die Kennfläche des Parameters *Ki* eines *RIP* Controllers mit multilinearer Interpolation dargestellt. Die Kennfläche eines Fuzzy Controllers ist in Abb. 10.36 zum Vergleich gegenübergestellt.

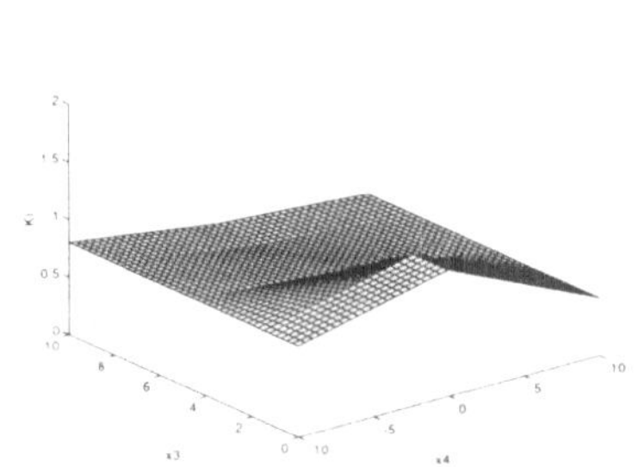

Abb. 10.35: *RIP*-Kennfläche für *Ki*

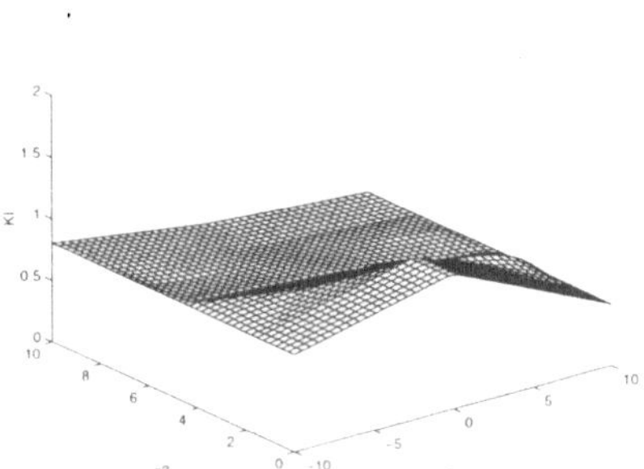

Abb. 10.36: Fuzzy-Kennfläche für *Ki*

Die Algorithmus-Freiheitsgrade des Fuzzy Controllers in Abb. 10.36 sind wie folgt eingestellt.

Fuzzy-Algorithmus-Freiheitsgrade			
Aggregation	Implikation	Akkumulation	Defuzzification
Minimum (*und*)	Minimum	Maximum	*COS*

Die beiden Kennflächen des *RIP*- und Fuzzy Controllers unterscheiden sich nur unwesentlich, so daß das Regelverhalten der beiden hybriden Controller nahezu identisch ist. Im Regelverhalten gleichen die beiden hybriden Controller (*RIP*- bzw. Fuzzy) dem *RIP* Controller mit hybrider Regelstruktur aus Kapitel 10.5.2. Der wesentliche Unterschied des hybriden *RIP* Controllers und des *RIP* Controllers mit hybrider Regelstruktur liegt in der Dimension *D* der Verknüpfungsvorschrift und damit in der Anzahl der Stützpunkte. Der hybride *RIP* Controller benötigt zweimal eine dreidimensionale Kennfläche und somit nur 2·3·3=18 Stützpunkte. Im Gegensatz dazu sind bei einem Controller mit hybrider Regelstruktur 225 Stützpunkte notwendig. Der Unterschied in der Anzahl der Stützpunkte wird dem Anwender von *RIP* Control nicht bewußt, da der Stützpunktgenerator die Stützpunktverwaltung vollständig übernimmt. Der Anwender kann sich deshalb vornehmlich auf den Reglerentwurf konzentrieren. Er wird nicht durch die Umsetzung seines Expertenwissens in Stützpunkte und in eine Verknüpfungsvorschrift belastet.

Literaturverzeichnis

[Adamy 94] Adamy J.; "Adaption der Flächengewichts-Querprofilregelung bei Papiermaschinen mittels einer Fuzzy-Entscheidungslogik"; 4. Workshop Fuzzy Control des G.M.A.-UA 1.4.2, Dortmund; S. 108-130; 03.-04. November 1994

[Akima 70] Akima H.; "A New Method of Interpolation and Smooth Curve Fitting Based on Local Procedures"; Journal of the Association for Computing Maschinery, Vol. 17, Nr. 4, S. 589-602, Oktober 1970

[Alsina 85] Alsina, C.; "On a family of connectives for fuzzy sets"; Fuzzy Sets and Systems, Nr. 16, S. 231-235, 1985

[Altrock 91] von Altrock C.; "Über den Daumen gepeilt"; c't, Heft 3/1991, S. 188-200; 1991

[Ambrosch 90] Ambrosch W.; "Der Compiler-Macher"; c't, Heft 12/1990

[Angstenberger 94] Angstenberger J., Walesch B.; "Software-Hilfsmittel zur Entwicklung von Fuzzy-Anwendungen"; VDI/VDE Aussprachetag Fuzzy Control, Langen; S. 205-218; 22-23 März 1994

[Arzen 89] Arzen K. E.; "An Architecture for Expert System Based Feedback Control"; Automatica; Vol. 25, Nr. 6, S. 813-827, 1989

[Arzen 93] Arzen K. E., Åström K. J.; "Expert Systems in Control Engineering: State of the Art"; EUFIT' 1993 - First European Congress on Fuzzy and Intelligent Technologies, Aachen; S. 308-317; 7. - 10. September, 1993

[Åström 83] Åström K. J.; "Theorie and Applications of Adaptive Control"; Automatica; Vol. 19, S. 471-486, 1983

[Åström 84] Åström K. J., Anton J. J.; "Expert Control"; IFAC 9th World Congress, Budapest, Ungarn; 1990

[Åström 86] Åström K. J., Anton J. J., Arzen K. E.; "Expert Control"; Automatica; Vol. 22, Nr. 3, S. 277-286, 1986

[Åström 88] Åström K. J., Wittenmark B.; "Adaptive Control"; Verlag Addison Wesley; 1989

[Åström 89] Åström K. J., Hägglund T.; "Automatic Tuning of *PID*-Controllers"; Verlag Instrumentation Society of America, U.S.A; 1988

[Azizi 88] Azizi S. A.; "Entwurf und Realisierung digitaler Filter"; Oldenbourg Verlag; München; 1988

[Azzo 88] D'Azzo J. J.; "Linear Control System Analysis and Design"; Verlag McGraw-Hill; 1988

[Baldwin 79] Baldwin J.F.; "A new approach to approximate reasoning using a fuzzy logic"; Fuzzy Sets and Systems; Nr. 2; S. 309-325; 1979

[Bandemer 92] Bandemer H., Gottwald S.; "Einführung in Fuzzy Methoden"; Verlag Akademie; 1992

[Bartsch 77] Bartsch H. J.; "Mathematischen Formeln"; Buch und Zeit-Verlagsgesellschaft; Köln; 1977

[Black 37] Black M.; "Vaguness"; Philosophy of Science, Vol. 4; S. 427-455, 1937

[Böcker 86] Böcker J., Hartmann I., Zwanzig Ch.; "Nichlineare und adaptive Regelungssysteme"; Springer-Verlag; 1986

[Boll 94] Boll M., Höttecke M., Dörrscheidt F.; "Kombination von konventionellen Reglern und Fuzzy-Komponenten"; VDI/VDE Aussprachetag Fuzzy Control, Langen; S. 409-417; 22.-23. März 1994

[Boll 93] Boll M., Höttecke M., Dörrscheidt F.; "Analyse von Fuzzy-Reglern in der Zustandsebene"; at-Automatisierungstechnik 41, Heft 5, S. 145-151; 1993

[Bonissone 86] Bonissone P. P., Decker K. S.; "Selecting uncertainty calculi and granularity: An experiment in trading-off precison and complexity." In Kanal and Lemmer; S. 217-247; 1986

[Braae 78] Braae M., Rutherford D. A.; "Fuzzy Relations in Control Setting"; Kybernetes, S. 185-188; 1978

[Braae 1/79] Braae M., Rutherford D. A.; "Selection of Parameters for a Fuzzy Logic Controller"; Fuzzy Sets and Systems; Nr. 2; S. 185-200; 1979

[Braae 2/79] Braae M., Rutherford D. A.; "Theoretical and Linguistic Aspects of the Fuzzy Logic Controller"; Automatica, Vol. 15, S. 553-577; 1979

[Bretthauer 94] Bretthauer G., Mikut R., Opitz H.P.; "Stabilität von Fuzzy-Regelungen - Eine Übersicht"; VDI/VDE Aussprachetag Fuzzy Control, Langen; S. 287-297; 22.-23. März 1994

[Brunn 94] Brunn St., Valentin Th., Weller W.; "Manueller und automatischer Entwurf fuzzy-ähnlicher Regler"; VDI/VDE Aussprachetag Fuzzy Control, Langen; S. 449-460; 22.-23. März 1994

[Bühler 94] Bühler H.; "Stabilitätsuntersuchung von Fuzzy-Regelungen"; VDI/VDE Aussprachetag Fuzzy Control, Langen; S. 309-328; 22.-23. März 1994

[Cao 89] Cao Z., Kandel A.; "Applicability of Some Fuzzy Implication Operators"; Fuzzy Sets and Systems; Nr. 31; S. 151-186; 1989

[Chaouli 90] Chaouli M., et. al.; "Entfesselte Querdenker", HighTech, S. 40-51, 1990

[Czogala 89] Czogala E., Rawlik T.; " Modelling of a Fuzzy Controller with Application to the Control of Biological Processes"; Fuzzy Sets and Systems; Nr. 31; S. 13-22; 1989

[Drechsel 91] Drechsel D.; "An adaptive Control System modelled as a Finite State Machine"; ACE'90 Conference, IEEE-Bangalore, Indien, S. 124-128; 1991

[Drechsel 1/93] Drechsel D., Seelert B., Pandit M.; "Selftuning Fuzzy Controller for Flow, Pressure and Temperature Control"; EUFIT'1993 - First European Congress on Fuzzy and Intelligent Technologies, Aachen; S. 762-767; 7 -10 September, 1993

[Drechsel 2/93] Drechsel D.; "*RIP*-Entwicklungsumgebung basierend auf dem Regelbasierten-Interpolations-Verfahren"; Deutsches Patentamt; P4338141.3; 11. November 1993

[Drechsel 1/94] Drechsel D., Stauch W., Pandit M.; "*RIP* Control im Vergleich zu Fuzzy Control"; VDI/VDE Aussprachetag Fuzzy Control, Langen; S. 41-55; 22.-23. März 1994

[Drechsel 2/94] Drechsel D., Pandit M.; "*RIP* Control in Knowledge-Based Systems"; 2nd IFAC Workshop on Computer Software Structures Integrating AI/KBS Systems in Process Control; Lund/Schweden; S. 129-134; 10.-12. August 1994

[Drechsel 96] Drechsel D., Pandit M.; "*RIP* Control: Alternative Entwurfsmethode regelbasierter Controller"; at-Automatisierungstechnik 44, Zur Veröffentlichung angenommen; 1996

[Dreszer 75] Dreszer J. (Herausgeber); "Mathematik-Handbuch für Technik und Naturwissenschaft"; Verlag Harri Deutsch, Zürich, Frankfurt/Main, Thun; 1975

[Dubois 80] Dubois D., Prade H.; "Fuzzy Sets and Systems: Theory and Applications"; Verlag Academic Press, New York, London, Toronto; 1980

[Dubois 85] Dubois D., Prade H.; "A review of fuzzy set aggregation connectives"; Information Science 36: 85 Aktuell: "Fuzzy Logic", Hrsg. Reusch, Verlag Springer; S. 66-82; 1985

[Dubois 92] Dubois D., Prade H.; "Fuzzy Sets and Possibility Theory: Some Applications to Inference and Decision Processes"; In Informatik Aktuell: "Fuzzy Logic Theorie und Praxis", In Informatik Aktuell: "Fuzzy Logic", Hrsg. Reusch, Verlag Springer; S. 66-82; 1992

[Encarnação 88] Encarnação J., Straßer W.; "Computer Graphics - Gerätetechnik, Programmierung und Anwendung graphischer Systeme"; Oldenbourg Verlag; München; 1988

[Engeln 88] Engeln-Müllges G., Reutter R.; "Formelsammlung zur numerischen Mathematik mit Modula 2 - Programmen"; B.I.Wissenschaftsverlag; 1988

[Fairley 85] Fairley M.; "Software Engineering Concepts"; Verlag McGraw-Hill; 1985

[Farin 92] Farin G.; "Curves and Surfaces for Computer Aided Geometric Design - A Practical Guide"; Verlag Academic Press; 1992

[Franke 82] Franke R.; "Scattered Data Interpolation: Test of Some Methods"; Mathematics of Computations, Vol. 38, Nr. 157: S. 181-200; 1982

[Friedland 87] Friedland B.; "Control System Design"; Verlag McGraw-Hill; 1987

[Fritsch 92] Fritsch M.; "Realisierung einer Fuzzy Inferenz mit gebietsweiser affiner Übertragungscharakteristik durch Interpolationskegel"; 2. Workshop Fuzzy Control des G.M.A.-UA 1.4.2, Dortmund; S. 36-46; 19.-20. November 1992

[Föllinger 74] Föllinger O.; "Lineare Abtastsysteme"; Oldenbourg Verlag; München; 1974

[Föllinger 80] Föllinger O.; "Nichtlineare Regelungstechnik I & II"; Oldenbourg Verlag; München; 1980

[Föllinger 90] Föllinger O.; "Regelungstechnik"; Verlag Hüthig; Heidelberg; 1990

[Früh 57] Früh K.F.; "Berechnung des Durchflusses in Regelventilen mit Hilfe des k_v-Koeffizienten"; Regelungstechnik 5, Heft 9, S. 307-310; 1957

[Gaines 84] Gaines B. R.; "Fundamental of Decision: Probabilistic, Possibilistic and Other Forms of Uncertainty in Decision Analysis"; TIMS/Studies in the Managment Sciences 20, Verlag Elsevier Science Publisher B.V.; S. 47-65; 1984

[Gaines 85] Gaines B. R., Shaw M. L. G.; "From Fuzzy Logic to Expert Systems"; Information Sciences Nr. 36, S. 5-16, 1985

[Gaines 93] Gaines B. R., Shaw M. L. G.; "Eliciting Knowledge and Transferring It Effectively to a Knowledge-Based System"; IEEE Transactions on Knowledge and Data Engineering; Vol. 5, Nr. 1, S. 4-14, Februar 1993

[Galichet 93] Galichet S., Foulloy L.; "Fuzzy Equivalenz of Classical Controllers"; EUFIT'1993 - First European Congress on Fuzzy and Intelligent Technologies, Aachen; S. 1567-1573, 7.- 10. September, 1993

[Gariglio 91] Gariglio D; "Fuzzy in der Praxis"; Elektronik Nr. 20; S. 63-75; 1991

[Graham 86] Graham B. P., Newell R. B.; "Fuzzy Identification and Control of a Liquid Level Rig"; Fuzzy Sets and Systems; Nr. 26, S. 255-273, 1986

[Graham 89] Graham B. P., Newell R. B.; "Fuzzy Adaptive Control of a First-Order Process"; Fuzzy Sets and Systems; Nr. 31, S. 47-65, 1989

[Grauel 95] Grauel A.; "Fuzzy-Logik: Einführung in die Grundlagen mit Anwendungen", B.I. Wissenschafts-Verlag; 1995

[Gordon 78] Gordon W. J.; Wixom J. A.; "Shepard's Method of 'Metric Interpolation' to Bivariate and Multivariate Interpolation"; Mathematics of Computation; Vol. 32, Nr. 141, S. 253-264, Jan. 1978

[Haak 79] Haak S.; "Do we need 'Fuzzy Logic'"; Int. J. Man-Machine Studies, Nr. 11; S. 437-445; 1979

[Hamacher 78] Hamacher H., "Über logische Verknüpfungen unscharfer Aussagen und deren zugehörige Bewertungsfunktionen"; In Hrsg.: R. Trappl und G. J. Klir; Progress in Cybernetics and Systems Research; Vol. 3, S. 276-288; 1978

[Heiss 94] Heiss M., Heiss D., Kampl S.; "Lernen linear interpolierter Kennlinien"; at-Automatisierungstechnik 42, Heft 11, S. 497-506; 1994

[Hilberg 89] Hilberg D.; "Akima-Interpolation"; c't Heft 6, S. 206-214; 1989

[Homblad 82] Homblad L.P., Østergraad J.J.; "Control of a Cement Kiln by Fuzzy Logic", In Hrsg.: Gupta M.M. und Sanchez E.; Fuzzy Information and Decision Processes, S. 389-400; 1982

[Hoschek 89] Hoschek, J., Lasser, D.; "Grundlagen der geometrischen Datenverarbeitung"; Verlag B.G. Teubner Stuttgart; 1989

[Houpis 85] Houpis C. H., Lamont G. B.; "Digital Control Systems"; Verlag McGraw-Hill; 1985

[Inform 91] Software-Dokumentation; "Fuzzy TECH 2.0"; Inform Gmbh, ; 1991

[Isermann 87] Isermann R.; "Digitale Regelsysteme I & II"; Springer-Verlag; 1987

[Johansson 1/94] Johansson M.; "The Nonlinear Nature of Fuzzy Control"; 4. Dortmunder Fuzzy-Tage, Dortmund; S. 314-321 (vorläufiger Tagungsband); 6.-8. Juni 1994

[Johansson 2/94] Johansson M.; "Rule Based Interpolating Control - Fuzzy And Its Alternatives"; 2nd IFAC Workshop on Computer Software Structures Integrating AI/KBS Systems in Process Control; Lund/Schweden; S. 205-210; 10.-12. August 1994

[Jüngst 92] Jüngst E.-W., Meyer-Gramann K. D.; "Fuzzy Control-Schnell und kostengünstig implementiert mit Standard-Hardware"; Bericht des 2.Workshop "Fuzzy Control" des GMA-UA 1.4.2; S. 10-23; 1992

[Kacprzyk 93] Kacprzyk J.; "Interpolation Reasoning in Optimal Fuzzy Control"; FUZZ-IEEE'93, San Fransisco; S. 1259-1263; 1993

[Kahlert 93] Kahlert, J., Frank, H.; "Fuzzy-Logik und Fuzzy Control"; Verlag Vieweg, Wiesbaden; 1993.

[Kahlert 95] Kahlert, J.; "Fuzzy Control für Ingenieure"; Verlag Vieweg, Wiesbaden; 1995.

[Kandel 89] Kandel A., Schneider M.; "Fuzzy Sets and Their Applications to Artificial Intelligence"; Advances in Computers, Vol. 28, S.69-105. 1989

[Kaufmann 75] Kaufmann A.; "Theory of Fuzzy Subsets"; Verlag Academic Press; 1975

[Kernighan 83] Kernighan B. W., Ritchie D. M.; "Programmieren in C"; Hanser-Verlag; 1983

[Kickert 76] Kickert W. J. M., van Nauta Lemke H. R.; "Application of a Fuzzy Controller in a Warm Water Plant"; Automatica, Vol. 12; S. 301-308; 1976

[Kickert 78] Kickert W. J. M., Mamdani E. H.; "Analysis of a Fuzzy Logic Controller"; Fuzzy Sets and Systems; Nr. 1; S. 29-44; 1978

[Kiendl 1/92] Kiendl H., Rüger J.-J.; "Verfahren zum Entwurf und Stabilitätsnachweis mit Fuzzy-Reglern"; Bericht des 2.Workshop "Fuzzy Control" des GMA-UA 1.4.2; S. 1-9; 1992

[Kiendl 2/92] Kiendl H.; "Stabilitätsanalyse von mehrschleifigen Fuzzy-Regelungssystemen mit Hilfe der Methode der Harmonischen Balance"; Bericht des 2.Workshop "Fuzzy Control" des GMA-UA 1.4.2; S. 315-321; 1992

[Kiendl 93] Kiendl H., et. al.; "Fuzzy Control"; at-Automatisierungstechnik 41, Fortsetzungsartikel ab Heft 1; 1993

[Kiendl 1/93] Kiendl H., Rüger J.-J.; "Verfahren zum Entwurf und Stabilitätsnachweis von Regelungssystemen mit Fuzzy-Reglern"; at-Automatisierungstechnik 41, Heft 5, S. 138-144; 1993

[Kiendl 2/93] Kiendl H., Rüger J. J.; "Fast Real-time Controller Realisation and Computer-aided Proof of Stability"; Proc. Eufit'93; Aachen, S. 124 - 129, 7.-12.9.1993.

[Kiendl 3/93] Kiendl H.; "Hyperinferenz, Hyperdefuzzifizierung und erste Anwendungen"; 3. Workshop Fuzzy Control des G.M.A.-UA 1.4.2, Dortmund; S. 82-93; 11.-12. November 1993

[Kiendl 1/94] Kiendl H.; "Erweiterter Anwendungsbereich von Fuzzy Control durch Hyperinferenz und Hyperdefuzzifizierung"; VDI/VDE Aussprachetag Fuzzy Control, Langen; S. 319-328; 22.-23. März 1994

[Kiendl 2/94] Kiendl H., Scheel T.; "Regelungstechnische Anwendung zweisträngiger Fuzzy-Regler"; 4. Dortmunder Fuzzy-Tage, Dortmund; S. 386-395 (vorläufiger Tagungsband); 6.-8. Juni 1994

[Kiszka 1/85] Kiszka J. B., Kochanska M. E., Sliwinska D. S.; "The Influence of Some Fuzzy Impilication Operators on the Accuracy of a Fuzzy Model - Part I and II"; Fuzzy Sets and Systems; Nr. 15; S. 111-128 and S. 223-240 1985

[Kiszka 2/85] Kiszka J. B., Gupta M. M., Nikiforuk P. N.; "Energetistic Stability of Fuzzy Dynamic Systems"; IEEE Transactions on Systems, Man and

Cybernetics, Vol. SMC-15, Nr. 6, S. 783-792, 1985

[Klein 90] Klein M., Drechsel D.; "Entwurf adaptiver Regelungen unter Verwendung von Begriffen und Methoden der Informationstechnik"; VDI-Kongress, GMA, Baden-Baden, 1990

[Klein 91] Klein M., Marczinkowsky T, Drechsel D., Pandit M.; "Entwurf adaptiver Regelungen unter Verwendung von Begriffen und Methoden der Informationstechnik"; VDI/VDE-Aussprachetag Wissensverarbeitung in der Automatisierungstechnik, VDI-Berichtsband 897, Langen, S. 185-194, 1990

[Klein 92] Klein M., Walter H., Pandit M.; "Digitaler PI-Regler: Neue Einstellregeln mit Hilfe der Streckensprungantwort"; at-Automatisierungstechnik 40, Heft 5, S. 291-299; 1992

[Klir 88] Klir G. J, Folger T. A.; "Fuzzy Sets, and Uncertainty and Information"; Verlag Prentice Hall; 1988

[Knappe 1/92] Knappe H.; "Regeln mit 'Fuzzy-Expertensystemen' "; In Informatik Aktuell: "Fuzzy Logic", Hrsg. Reusch, Verlag Springer; S. 131-142; 1992

[Knappe 2/92] Knappe H.; "Das Fuzzy-Expertensystemen"; Mini Mirco Magazin; S. 44-48; 1992

[Kóczy 1/91] Kóczy L. T., Hirota K., Juhász A.; "Interpolation of 2 and 2k Rules in Fuzzy Reasoning"; Fuzzy Engineering towards Human Friendly Systems (IFES'91); S. 206-217; 1991

[Kóczy 2/91] Kóczy L. T.; "Computational Complexity of Various Fuzzy Inference Algorithms"; Annales Univ. Sci. Budapest., Sect. Comp. 12; S. 151-158; 1991

[Kóczy 3/91] Kóczy L. T.; "On the Computational Complexity of Rule Based Fuzzy Inference"; Fuzzy Information Processing Society Conference, S. 87-91; 1991

[Kóczy 1/92] Kóczy L. T., Hirota K.; "Reasoning by Analogy with Fuzzy Rules"; IEEE International Conference on Fuzzy Systems, San Diego; S. 263-270; 1992

[Kóczy 2/92] Kóczy L. T.; "Approximate Reasoning and Control with Sparse And / Or Inconsistent Fuzzy Rule Bases"; In Informatik Aktuell: "Fuzzy Logic", Hrsg. Reusch, Verlag Springer; S. 42-63; 1992

[Kóczy 1/93] Kóczy L. T., Hirota K.; "Modular Rule Bases in Fuzzy Control"; EUFIT'1993 - First European Congress on Fuzzy and Intelligent Technologies, Aachen; 7 - 10 September; S. 606-610; 1993

[Kóczy 2/93] Kóczy L. T., Hirota K.; "Interpolation in Structured Fuzzy Rule Bases"; FUZZ-IEEE'93, San Fransisco; S. 402-405; 1993

[Kóczy 94] Kóczy L. T., Kovács S.; "Shape of the fuzzy conclusion generated by linear interpolation in trapezoidal fuzzy rule bases"; EUFIT'1994 - Second European Congress on Fuzzy and Intelligent Technologies, Aachen; 7 - 10 September ; S. 1666-1670; 1994

[König 94] König H., Litz L.; "Entdeckung von Inkonsistenzen in der Wissensbasis durch eine neue Inferenzmethode"; VDI/VDE Aussprachetag Fuzzy Control, Langen; S. 329-348; 22.-23. März 1994

[Kosko 92] Kosko B.; "Neural Networks and Fuzzy Systems"; Verlag Prentice Hall; 1992

[Kosko 93] Kosko B.; "Fuzzy Thinking"; Verlag Flamingo, London; 1993

[Kovalerchuk 94] Kovalerchuk B, Yusupov H., Kovalerchuk N.; "Comparison of Interpolations in Fuzzy Control"; 2nd IFAC Workshop on Computer Software Structures Integrating AI/KBS Systems in Process Control; Lund/Schweden; S. 76-81; 10.-12. August 1994

[Kruse 93] Kruse R., Gebhardt J., Klawonn F.; "Fuzzy Systeme"; Verlag B.G. Teubner, Stuttgart; 1993

[Kruse 94] Kruse R., et. al.; "Fuzzy Systems in Computer Science"; Verlag Vieweg, Wiesbaden; 1994

[Kuhn 95] Kuhn, U; "Eine praxisnahe Einstellregel für PID-Regler: Die T-Summen-Regel "; atp-Automatisierungstechnische Praxis 37, Heft 5, S. 10-16; 1995

[Lang 92] Lang S, H., Handelman D. A., Gelfand J. J; "Theory and Development of Higher-Order CMAC Neural Networks"; IEEE Control Systems, Vol. 12, Nr. 2, S. 23-30, April, 1992

[Lauber 89] Lauber R.; "Prozeßautomatisierung"; Springer-Verlag; 1989

[Lee 90] Lee Ch. Ch.; "Fuzzy Logic in Control Systems: Fuzzy Logic Controller-Part I, II"; IEEE Transactions on Systems, Man and Cybernetics, Vol. 20, Nr. 2, S. 404-435, März/April, 1990

[Lewis 78] Lewis T. G., Smith M. Z.; "Datenstrukturen und ihre Anwendung"; Oldenbourg Verlag; 1978

[Lipp 93] Lipp H. P.; "Einsatz von Fuzzy-Konzepten für das operative Produktionsmanagment"; atp-Automatisierungstechnische Praxis 34, S. 668-675; 1993

[Litz 93] Litz L.;"Fuzzy Control - Einführung und Übersicht"; Fuzzy Control in der Prozeßleittechnik; VDE-Verlag; 1993.

[Liu 86] Liu C. L.; "Elements of Discrete Mathematics"; Verlag McGraw-Hill; 1986

[Magin 87] Magin R., Wüchner W.: "Digitale Prozeßleittechnik"; Verlag Vogel, Würzburg

[Mamdani 73] Mamdani E. H.; Assilian S.; "An Experiment in Linguistic Synthesis with Fuzzy Logic Controller"; In "Fuzzy Reasoning and Its Applications"; Hrsg. B.R. Gaines; Verlag Academic Press; 1981

[Mamdani 74] Mamdani E. H.; "Application of Fuzzy Algorithms for Control of Simple Dynamic Plant"; Proc. IEE, Vol. 121, Nr. 12; 1974

[Mamdani 77] Mamdani E. H.; "Application of Fuzzy Logic to Approximate Reasoning Using Linguistic Synthesis"; IEEE Transactions on Computers, Vol. C-26, Nr.12, S.1182-1191; 1977

[Mamdani 81] Mamdani E. H., Gaines B. R.; "Fuzzy Reasoning and its Applications"; Verlag Academic Press; 1981

[Mamdani 84] Mamdani E. H., Østergaard J. J.; Lembessis E..; "Use of Fuzzy Logic for Implementing Rule-Based Control of Industrial Processes"; Verlag Elsevier Science Publisher B. V.; S. 429-445; 1988

[Matlab 91] Matlab-Software Dokumentation; The MathWorks, Inc.; 1991

[Matrix$_x$ 91] Matrix$_x$-Software Dokumentation; Integrated Systems, Inc.; 1991

[Mayer 93] Mayer A., Mechler B., Schlindwein A, Wolke R; "Fuzzy Logic: Einführung und Leitfaden zur praktischen Anwendung mit Fuzzy Shell in C++"; Verlag Addison Wesley; 1993

[Meffle 87] Meffle K.; "Grundlagen zur optimalen Auslegung von Stellventilen"; atp-Automatisierungstechnische Praxis 29, Heft 6, S. 248-252; 1987

[Minsky 75] Minsky M.; "A Framework for Representing Knoweldge"; Editor: P.

Winston; The Pyschology of Computer Vision; McGraw-Hill, New York, 1975

[Moody 89] Moody, J., Darken, C;: "Fast learning in networks of locally-tuned processing units"; Neural Computation; Vol. 1, Nr. 2, S. 281-294, 1989

[Nauck 94] Nauck D, Klawonn F., Kruse R.; "Neuronale Netze und Fuzzy-Systeme"; Verlag Vieweg, Wiesbaden; 1994

[Nebendahl 87] Nebendahl D.; et. al.; "Expertensysteme - Einführung in Technik und Anwendung"; Hrsg. Nebendahl; Siemens AG, München, 1987

[Ono 89] Ono H.; Ohnishi T.; Terada Y.; "Combustion Control of Refuse Incineration Plant by Fuzzy Logic"; Fuzzy Sets and Systems; Nr. 32; S. 193-206; 1989

[Østergraad 77] Østergraad J. J.; "Fuzzy Logic Control of a Heater Exchanger Process"; In Gupta, *et. al.*, S. 285-320; 1977

[Palm 89] Palm R.; "Fuzzy Controller for a Sensor Guided Robot Manipulator"; Fuzzy Sets and Systems; Nr. 31; S. 133-149

[Pc-Dora 93] PC-Dora-Software Dokumentation; Kiendl H.; *et. al.*; "DORA-PC/FUZZY 5.0"; Universität Dortmund; 1993

[Pedrycz 89] Pedrycz W.; "Fuzzy Control and Fuzzy Systems"; Verlag Research Studies Press; 1989

[Pedrycz 92] Pedrycz W.; "Modelling with Fuzzy Sets in Fuzzy Control"; In Informatik Aktuell: "Fuzzy Logic", Hrsg. Reusch, Verlag Springer; S. 3-33; 1992

[Pennington 70] Pennington R .H.; "Introductory Computer Methods and Nummerical Analysis"; Verlag Macmillian Company; 1970

[Pfeiffer 94] Pfeiffer B. M.; "Selbsteinstellende klassische Regler mit Fuzzy-Logik"; at-Automatisierungstechnik 42, Heft 2, S. 69-73, 1994

[Press 90] Press W. H., Flannery B. P., Teukolsky S. A., Vetterling W. T.; "Numerical Recipes, The Art of Scientific Computing"; Cambridge University Press; 1990

[Preuß 1/92] Preuß H. P.; "Fuzzy Control - heuristische Regelung mittels unscharfer Logik"; atp-Automatisierungstechnische Praxis 34, Heft 4, S. 176-184 und Heft 5, S. 239-246; 1992

[Preuß 2/92] Preuß H. P., Linzenkirchner E., Alender S.; "Fuzzy Control - werkzeugunterstützte Funktionsbaustein-Realisierung für Automatisierungsgeräte und Prozeßleitsysteme"; atp-Automatisierungstechnische Praxis 34, Heft 8, S. 451-460; 1992

[Preuß 1/94] Preuß H. P., Tresp V.; "Neuro-Fuzzy"; atp-Automatisierungstechnische Praxis 36, Heft 5, S. 10-24; 1994

[Preuß 2/94] Preuß H. P.; "Methoden der nichtlinearen Modellierung - vom Interpolationspolynom zum Neuronalen Netz."; atp-Automatisierungstechnische Praxis 36, Heft 10, S. 449-457; 1994

[Rajaraman 91] Rajaraman V.; "Decision Tables"; Encylopedia of Computer Science and Technology; Editors: A. Kent, J. G. Williams; Vol. 24, Sup. 9; S. 85-106. 1992.

[Rajaraman 92] Rajaraman V., Garud N. R.; "Nondeterministic Decision Tables in Process Control"; Technical Report Dept. of SERC, Indian Institute of Science, Bangalore, Indien; S.1-15; 1992.

[Ritter 90] Richter H., Martinetz T., Schulten K.; "Neuronale Netze"; Verlag Addison Wesley; 1994

[Reisig 82] Reisig W.; "Petrinetze"; Verlag Springer; 1982

[Retti 86] Retti J., et. al.; "Artifical Intelligence - Eine Einführung"; B. G. Teubner, Stuttgart; 1986

[Rich 83] Rich E.; "Artifical Intelligence"; Verlag McGraw-Hill; 1983

[Rohde 91] Rohde U.; "Crashkurs Compilerbau"; mc, Heft 4; 1991

[Rolston 88] Rolston D. W.; "Artifical Intelligence and Expert Systems Development"; Verlag McGraw-Hill; 1988

[Rommelfanger 94] Rommelfanger H.; "Fuzzy Decision Support-Systeme", Springer-Verlag; 1994

[Rosenstengel 83] Rosenstengel B., Winand U.; "Petri-Netze"; Verlag Vieweg; 1983

[Rüger 94] Rüger J. J, Kiendl H.; "Stabilitätsanalyse für Fuzzy-Regelungssysteme mit Hilfe von Facettenfunktionen sowie mit dem Vektorfeldverfahren"; VDI/VDE Aussprachetag Fuzzy Control, Langen; S. 299-308; 22.-23. März 1994

[Rumelhart 86] Rumelhart D. E., Hinton G. E., Williams R. J.; "Learing Internal

Representations by Error Propagation"; In Parallel Distributed Processing: Explorations in the Microstructures of Cognition. Foundations, Band 1, MIT Press, Cambridge; S. 318-362; 1986

[Rutherford 76] Rutherford D. A., Bloore G. C.; "The Implementation of Fuzzy Algorithmus for Control"; Proceedings of the IEEE, S.572-573; April 1976

[Sauer 68] Sauer R., Szabo I.; "Mathematische Hilfsmittel des Ingenieurs, Teil III"; Springer-Verlag; 1968

[Schildt 88] Schildt H.; "Professionelles Turbo C"; McGraw-Hill; 1988

[Schmidt 94] Schmidt F., Pandit M, Christmann R.; "Wissensbasierte Automatisierung eines Verdampfers für die Herstellung von Fruchtsaftkonzentrat"; 4. Dortmunder Fuzzy-Tage, Dortmund; S. 108-115 (vorläufiger Tagungsband); 6.-8. Juni 1994

[Schuler 92] Schuler H.; "Was behindert den praktischen Einsatz moderner regelungstechnischer Methoden in der Prozeßindustrie?"; atp-Automatisierungstechnische Praxis 32, Heft 3, S. 116-123; 1992

[Schuler 93] Schuler H., Gilles E. D.; "Systemtechnische Methoden in der Prozeß- und Betriebsführung"; atp-Automatisierungstechnische Praxis 35, Heft 5, S. 274-282; 1993

[Schulte 93] Schulte U.; "Einführung in Fuzzy-Logik" ; Franzis-Verlag, München, 1993

[Schwarz 91] Schwarz H.; "Nichtlineare Regelungssysteme"; Verlag Oldenbourg, München, 1991

[Selder 73] Selder H.; "Einführung in die Numerische Mathematik für Ingenieure"; Carl Hanser Verlag München; 1973

[Shepard 68] Shepard, D.; "A two-dimensional interpolation function for irregularly-spaced data"; ACM National Conference, S. 517-524; 1968

[Siemers 91] Siemers H.; "Wahl der zweckmäßigen Durchflußkennlinie"; Sonderdruck aus 3R international, Heft 3,4,5; 1991

[Siler 89] Siler W.; Ying H.; "Fuzzy Control Theory: The Linear Case"; Fuzzy sets and Systems; Nr. 33; S. 275-290; 1989

[Späth 90] Späth H.; "Eindimensionale Spline-Interpolations-Algorithmen"; Verlag Oldenbourg, München, 1990

[Sripada 87] Sripada N. R., Fisher D. G., Morris A. J.; "AI Applications for Process Regulation and Servo Control; IEE Proc., Vol. 134, Pt. D. Nr. 4, 1987

[Stenz 93] Stenz R., Kuhn U.; "Vergleich: Fuzzy-Automatisierung und konventionelle Automatisierung einer Batch-Destillationskolonne"; atp-Automatisierungstechnische Praxis 35, Heft 5, S. 288-295; 1993

[Studenten 91-95] Baqué S., Bruder C., Grimm A., Haas G., Nilsson H., Seelert B., Soffel M., Stauch W., Traxel Ch., Wirtz A.; Studien- und Diplomarbeiten am Lehrstuhl *Regelungstechnik und Signaltheorie* von M. Pandit, Fachbereich Elektrotechnik, Universität Kaiserslautern; betreut durch D. Drechsel; 1991-1995

[Sugeno 83] Sugeno M., Takagi T.; "Multi-Dimensional Fuzzy Reasoning"; Fuzzy Sets and Systems; Nr. 9; S. 313-325; 1983

[Sugeno 1/85] Sugeno M.; "An Experimental Study on Fuzzy Parking Control Using a Model Car"; In Industrial Applications of Fuzzy Control; Verlag Elsevier Science Publisher; S. 125-138; 1985

[Sugeno 2/85] Sugeno M.; "An Introductory Survey of Fuzzy Control"; Information Sciences 36; S. 59-83; 1985

[Sugeno 3/85] Sugeno M.; Nishida M.; "Fuzzy Control of Model Car"; Fuzzy Sets and Systems; Nr. 16 ; S. 103-113; 1985

[Sugeno 4/85] Sugeno M.; "Industrial Applications of Fuzzy Control"; Verlag Elsevier Science Publisher; 1985

[Sugeno 89] Sugeno M., Murofushi T., Mori T., Tatematsu T., Tanaka J.; "Fuzzy Agorithmic Control of a Model Car by Oral Instructions"; Fuzzy Sets and Systems; Nr. 32 ; S. 207-219; 1989

[Sugeno 90] Aoki S., Kawachi S., Sugeno M.; "Application of Fuzzy Control Logic for Deadtime Processes in a Glass Melting Furnance"; Fuzzy Sets and Systems; Nr. 38; S. 251-265; 1990

[Sugeno 91] Sugeno M., Murofushi T., Nishino J., Miwa H.; "Helicopter Flight Control based on Fuzzy Logic"; Fuzzy Enigneering towards Human Friendly Systems (IFES'91); S. 1120-1121; 1991

[Takagi 83] Takagi T, Sugeno M.; "Derivation of Fuzzy Control Rules from Human Operator's Control Actions"; IFAC Fuzzy Information, Marseille; S. 55-60; 1985

[Takagi 85] Takagi T, Sugeno M.; "Fuzzy Identification of Systems and Its

Applications to Modelling and Control"; IEEE Transactions on Systems, Man and Cybernetics, Vol. SMC-15, Nr. 1; S. 116-132; 1985

[Takahashi 71] Takahashi Y., Chan C. S., Auslander D. M.; "Parametereinstellung bei linearen DDC-Algorithmen"; rt; S. 237-284; 1971

[Tang 87] Tang K. T., Mulholland R. J.; "Comparing Fuzzy Logic with Classical Control Designs"; IEEE Transactions on Systems, Man and Cybernetics, Vol. SMC-17, Nr. 6; S. 1085-1087;1987

[Teodorescu 1/93] Teodorescu H. N., Brezulianu A.; "Complete and Incomplete Fuzzy Logic Controllers"; Fifth IFSA World Congress; S. 1086-1089; 1993

[Teodorescu 2/93] Brezulianu A., Teodorescu H. N., Miroiu Ct.; "Effect of Rules Interpolation and Deactivation of Chaos in Chaotic Fuzzy Logic Systems"; EUFIT'1993 - First European Congress on Fuzzy and Intelligent Technologies, Aachen; S. 992-996, 7 - 10 September, 1993

[Tilli 92] Tilli T.; "Fuzzy-Logik: Grundlagen, Anwendungen, Hard- und Software" ; Franzis-Verlag, München, 1992

[Tong 77] Tong R. M.; "A Control Engineering Review of Fuzzy Systems"; Automatica, Vol. 13.; S. 559-569; 1977

[Tong 84] Tong R. M.; "A Retrospective View of Fuzzy Control Systems"; Fuzzy Sets and Systems; Nr. 14; S. 199-210; 1984

[Tong 85] Tong R. M.; "An Annotated Bibliography of Fuzzy Control"; In Industrial Applications of Fuzzy Control; Verlag Elsevier Science Publisher; S.249-269; 1985

[Wang 92] Wang L., Mendel J. M.; "Fuzzy Basis Functions, Universal Approximation and Orthogonal Least-Squares Learning"; IEEE Transactions on Neural Networks, Vol. 3, Nr. 5, S. 807-814, September, 1992

[Wendt 74] Wendt S.; "Entwurf komplexer Schaltnetze"; Springer-Verlag; 1974

[Wendt 82] Wendt S.; "Nachrichtenverarbeitung, Band III"; Springer-Verlag; 1982

[Wendt 89] Wendt S.; "Nichtphysikalische Grundlagen der Informationstechnik"; Springer-Verlag; 1989

[Wendt 93] Wendt S.; "Betrachtungen über Methoden des Steuerkreisentwurfes"; Signatur: ELT 910-074; Universität Kaiserslautern; 1993

[Werners 88] Werners B.; "Aggregation models in mathematical programming"; In Mitra, 295-319.

[Wirth 77] Wirth N.; "Compilerbau"; Teubner; 1977

[Wolf 91] Wolf T.; "Fuzzy, die Revolution aus japanischen High-Tech-Templen"; Microcomputer Zeitschrift; Nr. 3; S. 44-49; 1991

[Yager 80] Yager R. R.; "On a general class of fuzzy connectives"; Fuzzy Sets and Systems; Nr. 4, S. 235-242, 1980

[Yamakawa 89] Yamakawa T.; "Stabilization of an Inverted Pendulum by a High-Speed Fuzzy Logic Controller Hardware System; Fuzzy Sets and Systems; Nr. 32; S. 161-180; 1989

[Yakowitz 90] Yakowitz S, Szidarovzky F; "An Introduction to Numerical Computations"; Verlag Macmillian Company, New York, 1990

[Yasunubo 85] Yasunubo S., Miyamoto S.; "Automatic Train Operation by Predictive Fuzzy Control"; In Herausgeber: Sugeno M.; Indsutrial Applications of Fuzzy Control; Verlag Elsevier Science Publisher; S. 1-18; 1985

[Zadeh 65] Zadeh L. A.; "Fuzzy Sets"; Information and Control, Vol. 8; S. 338-353.

[Zadeh 68] Zadeh L. A.; "Probability Measures of Fuzzy Events"; J. Math. Analysis and Applications 10, 1968

[Zadeh 73] Zadeh L. A.; "Outline of a New Approach to the Analysis of complex Systems and Decision Processes"; IEEE Transactions on Systems, Man, and Cybernetics, Vol. SMC-3, Nr.1, S.28-44; 1973

[Zadeh 75] Zadeh, L. A.; "The Concept of Linguistic Variable and its Applications to Approximate Reasoning"; Information Sciences, 8, 199-249 (I), 8, 301-357 (II), 9, 43-80 (III); 1975

[Zadeh 78] Zadeh L. A.; "Fuzzy Sets as a Basis for a Theory of Possibility"; Fuzzy Sets and Systems; Nr. 1; 1978

[Zadeh 79] Zadeh L. A.; "A Theory of Approximate Reasoning"; Int. Machine Intelligence, Vol. 9; S.149-194; 1979

[Zadeh 91] Zadeh L. A.; "Fuzzy Logic: Principles, Applications and Perspectives"; SPIE Vol. 1468 Application of Artificial Intelligence IX; S. 582; 1991

[Zadeh 1/92] Zadeh L. A.; Foreword to Kosko B.; "Neural Networks and Fuzzy

Systems"; Verlag Prentice Hall; S. XVII-XVIII; 1992

[Zadeh 2/92] Zadeh L. A.; "The Calculus of Fuzzy If/Then Rules"; In Informatik Aktuell: "Fuzzy Logic", Hrsg. Reusch, Verlag Springer; S. 84-94; 1992

[Zadeh 3/92] Zadeh L. A.; "Interpolative reasoning as a common basis for inference in Fuzzy Logic, Neural Network Theory and the Calculus of fuzzy If/Then Rules"; Opening Talk, 2nd International conference on fuzzy Logic and Neural Networks, Iizuka; S. XIII-XIV, 1992

[Ziegler 42] Ziegler H. G., Nichols N. B.; "Optimum Settings for Automatic Controllers." Transactions of the A.S.M.E., Nov. 1942, S. 759-768.

[Zimmermann 80] Zimmermann H. J., Zysno P. ; "Latent Connectives in Human Decision Making"; Fuzzy Sets and Systems; Nr. 4; S. 37-51; 1980

[Zimmermann 91] Zimmermann H. J.; "Fuzzy Set Theory and Its Applications"; Boston, Dordrecht, London; Kluwer Academic Publishers; 1991.

[Zimmermann 93] Zimmermann H. J.; "Fuzzy Technologien"; Verlag VDI; 1993

Index